高等职业教育"十四五"规划畜牧兽医宠物大类新形态纸数融合教材

新形态教材

宠物饲养与管理

CHONG WU SI YANG YU GUAN LI

主　编　李丽平　刘凤华

副主编　王　晨　袁文菊　张伟彬　郝永峰　张正海

编　者　（以姓氏笔画为序）

王　晨　黑龙江农业工程职业学院

文　野　湖南环境生物职业技术学院

刘凤华　山东畜牧兽医职业学院

李丽平　湖南环境生物职业技术学院

张正海　吉林农业科技学院

张伟彬　河南农业职业学院

郝永峰　重庆三峡职业学院

袁文菊　周口职业技术学院

葛海燕　内蒙古农业大学职业技术学院

谭子旋　山东畜牧兽医职业学院

U0279356

华中科技大学出版社

http://press.hust.edu.cn

中国·武汉

内 容 简 介

本书是高等职业教育"十四五"规划畜牧兽医宠物大类新形态纸数融合教材。

本书内容包括绪论和宠物犬、宠物猫、观赏鸟、观赏鱼、宠物兔、宠物鼠和宠物蜥蜴的饲养与管理7个项目,共计23个任务和19项实训。本书以项目编排,对内容顺序进行了精心设计,设有项目导入、学习目标、案例导学、复习与思考等,充分发挥院校联合编写的优势,收集整理了丰富的数字化学习资源,可有效实现宠物饲养与管理技能培养的目标,力求符合我国职业教育发展方向,旨在培养高素质技术技能型人才。

本书可作为高等职业院校宠物医疗技术、宠物养护与驯导及相关专业的教学用书,还可作为各类宠物养殖企业技术人员、基层畜牧兽医技术人员和养殖户的培训资料与参考书。

图书在版编目(CIP)数据

宠物饲养与管理/李丽平,刘凤华主编. —武汉:华中科技大学出版社,2023.9(2024.7重印)
ISBN 978-7-5680-9777-2

Ⅰ.①宠… Ⅱ.①李… ②刘… Ⅲ.①宠物-饲养管理 Ⅳ.①S865.3

中国国家版本馆 CIP 数据核字(2023)第 157793 号

宠物饲养与管理
Chongwu Siyang yu Guanli

李丽平 刘凤华 主编

策划编辑:罗 伟
责任编辑:罗 伟 郭逸贤
封面设计:廖亚萍
责任校对:朱 霞
责任监印:周治超

出版发行:华中科技大学出版社(中国·武汉) 电话:(027)81321913
　　　　　武汉市东湖新技术开发区华工科技园 邮编:430223
录　排:华中科技大学惠友文印中心
印　刷:武汉科源印刷设计有限公司
开　本:889mm×1194mm 1/16
印　张:14.25
字　数:428千字
版　次:2024 年 7 月第 1 版第 2 次印刷
定　价:49.90 元

高等职业教育"十四五"规划
畜牧兽医宠物大类新形态纸数融合教材

编审委员会

网络增值服务

使用说明

欢迎使用华中科技大学出版社医学资源网 yixue.hustp.com

1 教师使用流程

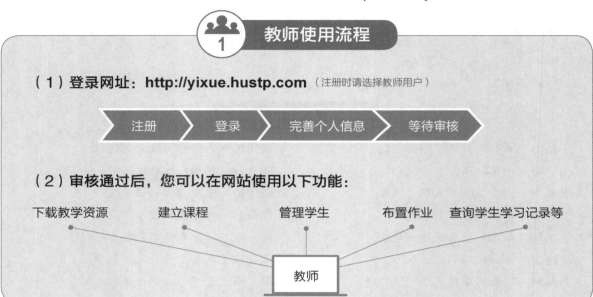

（1）登录网址：**http://yixue.hustp.com**（注册时请选择教师用户）

注册 〉 登录 〉 完善个人信息 〉 等待审核

（2）审核通过后，您可以在网站使用以下功能：

下载教学资源　　建立课程　　管理学生　　布置作业　查询学生学习记录等

教师

2 学员使用流程

（建议学员在PC端完成注册、登录、完善个人信息的操作）

（1）PC 端操作步骤

① 登录网址：http://yixue.hustp.com（注册时请选择普通用户）

注册 〉 登录 〉 完善个人信息

② 查看课程资源：（如有学习码，请在个人中心 - 学习码验证中先验证，再进行操作）

选择课程

首页课程 〉 课程详情页 〉 查看课程资源

（2）手机端扫码操作步骤

手机扫码　→　登录　→　查看数字资源

注册

出版说明

随着我国经济的持续发展和教育体系、结构的重大调整，尤其是 2022 年 4 月 20 日新修订的《中华人民共和国职业教育法》出台，高等职业教育成为与普通高等教育具有同等重要地位的教育类型，人们对职业教育的认识发生了本质性转变。作为高等职业教育重要组成部分的农林牧渔类高等职业教育也取得了长足的发展，为国家输送了大批"三农"发展所需要的高素质技术技能型人才。

为了贯彻落实《国家职业教育改革实施方案》《"十四五"职业教育规划教材建设实施方案》《高等学校课程思政建设指导纲要》和新修订的《中华人民共和国职业教育法》等文件精神，深化职业教育"三教"改革，培养适应行业企业需求的"知识、素养、能力、技术技能等级标准"四位一体的发展型实用人才，实践"双证融合、理实一体"的人才培养模式，切实做到专业设置与行业需求对接、课程内容与职业标准对接、教学过程与生产过程对接、毕业证书与职业资格证书对接、职业教育与终生学习对接，特组织全国多所高等职业院校教师编写了这套高等职业教育"十四五"规划畜牧兽医宠物大类新形态纸数融合教材。

本套教材充分体现新一轮数字化专业建设的特色，强调以就业为导向、以能力为本位、以岗位需求为标准的原则，本着高等职业教育培养学生职业技术技能这一重要核心，以满足对高层次技术技能型人才培养的需求，坚持"五性"和"三基"，同时以"符合人才培养需求，体现教育改革成果，确保教材质量，形式新颖创新"为指导思想，努力打造具有时代特色的多媒体纸数融合创新型教材。本教材具有以下特点。

（1）紧扣最新专业目录、专业简介、专业教学标准，科学、规范，具有鲜明的高等职业教育特色，体现教材的先进性，实施统编精品战略。

（2）密切结合最新高等职业教育畜牧兽医宠物大类专业课程标准，内容体系整体优化，注重相关教材内容的联系，紧密围绕执业资格标准和工作岗位需要，与执业资格考试相衔接。

（3）突出体现"理实一体"的人才培养模式，探索案例式教学方法，倡导主动学习，紧密联系教学标准、职业标准及职业技能等级标准的要求，展示课程建设与教学改革的最新成果。

（4）在教材内容上以工作过程为导向，以真实工作项目、典型工作任务、具体工作案例等为载体组织教学单元，注重吸收行业新技术、新工艺、新规范，突出实践性，重点体现"双证融合、理实一体"的教材编写模式，同时加强课程思政元素的深度挖掘，教材中有机融入思政教育内容，对学生进行价值引导与人文精神滋养。

（5）采用"互联网＋"思维的教材编写理念，增加大量数字资源，构建信息量丰富、学习手段灵活、学习方式多元的新形态一体化教材，实现纸媒教材与富媒体资源的融合。

（6）编写团队权威，汇集了一线骨干专业教师、行业企业专家，打造一批内容设计科学严谨、深入浅出、图文并茂、生动活泼且多维、立体的新型活页式、工作手册式、"岗课赛证融通"的新形态纸数融合教材，以满足日新月异的教与学的需求。

本套教材得到了各相关院校、企业的大力支持和高度关注，它将为新时期农林牧渔类高等职业

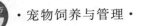
教育的发展做出贡献。我们衷心希望这套教材能在相关课程的教学中发挥积极作用,并得到读者的青睐。我们也相信这套教材在使用过程中,通过教学实践的检验和实践问题的解决,能不断得到改进、完善和提高。

高等职业教育"十四五"规划畜牧兽医宠物大类

新形态纸数融合教材编审委员会

前言

　　随着宠物行业的快速发展,急需大量高素质技术技能型人才,也急需能对接生产过程的专业教材指导高职学生和相关技术人员。为适应新时期培养高素质新型农牧人才的需求,全面落实思政纲要和涉农院校耕读教育的指示精神,本书根据"三教改革"提出的开发新型教材的要求,同时结合宠物饲养员的岗位标准编写。本书内容符合高等职业教育培养高素质技术技能型人才的培养目标,理论以必需、够用、实用为度,突出技能培养,依据国家职业标准和专业教学标准,结合企业实际,突出新知识、新技术、新工艺、新方法,注重职业能力培养。在内容上与市场岗位需求保持一致,将培养学生的学习能力、分析能力及创新能力放在首位,同时提出课程思政目标,围绕高职院校培养第一线技术技能型人才的需要,结合高职学生的思想特点和成长成才规律,注重培养高职学生的综合素质,为学生未来的职业发展打下坚实的基础。

　　习近平总书记在全国高校思想政治工作会议上指出:要坚持把立德树人作为中心环节,把思想政治工作贯穿教育教学全过程,实现全程育人、全方位育人,努力开创我国高等教育事业发展新局面。在本书教材编写中,我们始终秉承这一重要讲话精神,落实立德树人根本任务,将价值塑造、知识传授和能力培养三者有机融合,寓价值观引导于知识传授和能力培养之中,帮助学生塑造正确的世界观、人生观和价值观。

　　"宠物饲养与管理"是涉农类高等职业院校宠物类专业的一门主干课程。在课程内容的选择上以"应用"为主旨和特征,突出实用性和实践性,紧扣工作实际过程和规程。本书内容包括绪论和7个项目。其中绪论由葛海燕编写;项目一由李丽平、刘凤华、谭子旋编写;项目二由李丽平、刘凤华、谭子旋编写;项目三由郝永峰、李丽平编写;项目四由王晨、张正海编写;项目五由张伟彬编写;项目六由李丽平、文野、张正海编写;项目七由袁文菊、张正海编写。

　　本书的编写,参考了较多的同类专著、教材和有关文献资料,在此对有关作者表示由衷的感谢。本书的编写和出版得到了华中科技大学出版社的大力支持,在此表示衷心的感谢!

　　本书的编写力求做到结构紧凑、文字精练、通俗易懂、特色鲜明,但由于编者水平有限,不当之处在所难免,欢迎广大读者提出宝贵的意见和建议。

编　者

目录

绪　　论

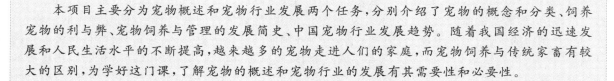

扫码看课件

项目导入

　　本项目主要分为宠物概述和宠物行业发展两个任务,分别介绍了宠物的概念和分类、饲养宠物的利与弊、宠物饲养与管理的发展简史、中国宠物行业发展趋势。随着我国经济的迅速发展和人民生活水平的不断提高,越来越多的宠物走进人们的家庭,而宠物饲养与传统家畜有较大的区别,为学好这门课,了解宠物的概述和宠物行业的发展有其需要性和必要性。

视频:
宠物饲养与
管理课程简介

学习目标

　　▲知识目标

　　1. 熟记宠物的概念和分类。

　　2. 掌握饲养宠物的利与弊。

　　3. 熟悉中国宠物行业的四个发展阶段以及宠物行业的发展趋势。

　　▲能力目标

　　1. 养成自主学习的习惯,培养善于思考、归纳总结的能力。

　　2. 树立科学养宠的意识。

　　▲思政与素质目标

　　1. 提高职业道德意识,加强爱岗敬业、勇于奉献的职业素质教育。

　　2. 培养勤于思考、勤于交流、勤于总结、勤于记忆的习惯。

　　3. 中共十七大报告提出在加强和改进思想政治工作中注重人文关怀和心理疏导。通过视宠物为家庭成员,城市养宠智慧化、温度化、人性化服务,引导学生正确对待自己、他人和社会,正确对待困难、挫折和荣誉。

案例导学

　　您的家中是否有宠物? 讲讲自己和宠物的故事。饲养宠物有什么意义? 宠物给你的生活带来的困惑是什么? 带着这些问题让我们开始宠物饲养与管理绪论部分的学习。

视频:
宠物概述

任务一　宠物概述

一、宠物的概念

宠物即宠爱之物,它有广义的宠物和狭义的宠物之分。广义的宠物包括动物宠物、植物宠物、虚

Note

拟宠物等。狭义的宠物仅指人们出于非经济目的而精心饲养的,以供玩赏愉悦的动物宠物,包括伴侣动物、观赏动物等,其中饲养数量居多的是犬、猫。它们能够与人生活在一起,进行亲密沟通和相互情感交流,给人们带来生活快乐。

二、宠物的分类

宠物种类繁多,按目前可以当作宠物的动物种类不同,大致可以分为以下几类。

1. 哺乳类 多数哺乳动物是全身被毛、运动快速、恒温胎生、体内有膈的脊椎动物。因其能通过乳腺分泌乳汁来给幼体哺乳而得名。哺乳动物中可做宠物的动物有犬、猫、兔、鼠、马、猪等动物。宠物犬饲养历史悠久,与人之间的交流非常充分,它忠诚于主人及同伴,形态各异。在发达国家,国家越发达,经济活动越繁荣,生活节奏越快,宠物猫饲养量越高。宠物猫具有独立性强,身材优美,宝石色的眼睛,不需要牵遛的特点。马是人类挚友,它忠实、能读懂人的喜怒哀乐,能分辨人的手势,是人们心心相印的伙伴,因体型较大,饲养不普遍,但我国的马文化历史悠久,从猎马食肉,到将多余的马驯服、饲养,再到骑乘、劳作、运输、战争、通讯、科技,再到现在的赛马等运用,马文化对中华民族的进步和发展起到了极大的促进和推动作用。猪作为宠物我们首先想到的就是"迷你猪","迷你猪"作为宠物饲养历史短暂,我国宠物猪市场主要是巴马香猪。

2. 鸟类 鸟类是由古爬行类进化而来,是两足、恒温、卵生的脊椎动物,身披羽毛。作为宠物的鸟类有鹦鹉、雀科鸟等被驯服的观赏鸟,赛鸽、斗鸡等。饲养最多的是鹦鹉类的,一些雀科鸟也较多。观赏鸟优美的体形、令人羡慕的技艺、清脆的鸟鸣,使人心情愉悦、身心放松。在热带地区,比如巴西、印度尼西亚、新加坡,还有澳大利亚以及非洲一些热带地区,观赏鸟的饲养并不比犬猫少。观赏鸟常为适应自然的花和其他环境条件形成掩护色,羽毛非常鲜艳。北方的观赏鸟基本上都比较暗或者仅一种颜色。

3. 观赏鱼 观赏鱼可分为温带淡水观赏鱼、热带淡水观赏鱼和热带海水观赏鱼。温带淡水观赏鱼主要有红鲫鱼、中国金鱼、日本锦鲤等,主要来自中国和日本。热带淡水观赏鱼主要来自热带和亚热带地区,较著名的品种有三大系列:一是灯类品种,如红绿灯等;二是神仙鱼系列,如黑神仙等;三是龙鱼系列,如银龙等。热带海水观赏鱼较常见的有雀鲷科、鲽鱼科、棘鲽鱼科、粗皮鲷科等,如女王神仙、红小丑等。热带海水观赏鱼颜色特别鲜艳,体表花纹丰富。现在许多家庭养有各种观赏鱼,在工作闲暇之余,欣赏鱼那艳丽的色彩、奇特的造型、自由自在的游动,不失为放松紧张生活最好的调节剂。观赏鱼离不开水,它不需要过多的照顾,只需几天或者一周换换水,定时投一些食物,很适合在家庭中饲养;其次,最大的优点是观赏性强,它体态优美,颜色鲜艳,使人赏心悦目,这些是人们喜欢它的原因。观赏鱼跟水质关系密切,水质跟两种东西有关系,一个是饲喂的食物是不是污染水质,另一个就是粪便,因此要求对水定期进行清理。

4. 另类宠物 随着大众宠物的增多和普及,一些追求时尚、新潮和猎奇的宠物爱好者又掀起了饲养另类宠物的热潮。另类宠物打破了人们长久以来,饲养猫、犬、鸟、观赏鱼等传统宠物的格局,成为年轻人的新宠,其中包括两栖与爬行动物、节肢动物。两栖与爬行动物的外形奇特、色彩多变,易饲养,常见的有蛇、蜥蜴、乌龟、蛙和蟾蜍等。节肢动物的外形奇特,体型较小,携带方便,常见的有蜘蛛、蟋蟀、竹节虫、千足虫、蜈蚣等。

三、饲养宠物的利与弊

随着人们生活水平的提高,宠物不仅走进了百姓生活,其数量也在急剧地膨胀。这些宠物既给人们带来快乐,同时也带来了一些烦恼。

1. 饲养宠物的益处 随着科技的发展,生活和工作节奏的加快,新的社会问题出现,如工作压力增大、离退休老人的失落、孤寡老人及独生子女的孤独等,人与人的疏远,转而向动物寻求安慰,使得宠物备受人们喜爱。饲养宠物的益处主要体现在以下几个方面。

(1)陪伴和缓解压力,促进身心健康 一方面宠物乖巧玲珑、俊朗美丽或外表奇特、叫声美妙、感情纯真,它们的陪伴,带给人们满足感,带给人们视觉、听觉、心灵上愉悦享受,减缓工作压力,减轻生活苦闷。另一方面儿童饲养宠物,可培养孩子的爱心和社会责任感,老年人饲养宠物可缓解孤独感,使生活更加充实,作为情感寄托,还有助于改善主人的生理和精神健康,甚至可达到治疗疾病的效果。

（2）解决就业问题　宠物饲养数量的增加,使得宠物医疗、用品、药品、美容、繁育等产业逐步壮大,形成产业链,带动社会经济的发展,可为社会解决许多人的就业问题。

2.饲养宠物的弊端　饲养宠物虽然会使人们身心健康,但也会给城市卫生、安全、环境等带来一系列隐患,引发许多社会问题。

（1）传播疾病　狂犬病是人类传染病中死亡率最高的人畜共患病,犬猫最容易感染和携带狂犬病病毒,一旦发生将会对人类带来生命的威胁。弓形虫病也是人畜共患病,犬猫易感,如果孕妇密切接触患病宠物,感染后可能会引起孕妇流产和胎儿的畸形。宠物的肠道寄生虫和皮肤的真菌感染也较普遍,与人密切接触很有可能感染饲养者。宠物也能感染结核病、布氏杆菌病等疾病,严重威胁人类的健康。部分人对宠物的毛屑过敏,接触后会引起红疹、瘙痒症状。因此,饲养宠物的同时我们也要对这些疾病引起重视。

（2）污染环境,影响邻里关系　宠物在小区或公共场所随地大小便,加之死亡尸体随便丢弃,不仅污染环境,也为疾病的传播创造了条件。当宠物犬遇见陌生人或其他动物时就会吠叫,影响周围人们生活、工作、学习,造成邻居矛盾。宠物咬人、伤人,不仅对人造成肉体和精神伤害,一些野犬和流狼犬也成为感染疾病的隐患,同时被咬后也要支付较高的治疗和免疫费用,加重经济负担。近年来,吠声扰民、宠物伤人、乱排粪便、医疗纠纷等方面的投诉案件逐年增多。

（3）增加负担　宠物不仅挤占了人们的居住空间,食品、药品、用品、美容、娱乐、保健等支出还增加了经济负担,另外需要精心照顾,也限制主人的许多自由。

任务二　宠物行业发展介绍

视频:
宠物行业的
发展

一、宠物饲养与管理的发展简史

1.我国古代宠物饲养史　宠物是从家畜发展而来的,我国饲养宠物的历史可追溯到原始狩猎时期。商代时期,甲骨文出现了"犬"字,家犬不仅用于狩猎和食用,更是重要的贡品和祭祀神灵的家畜。西周时期,有关记载表明家犬已经具有高超的狩猎能力,出现了专门的养犬管理机构,周王朝重视养犬。春秋战国时期,诸子百家的典籍如《韩非》中提出了犬、马、牛、羊、猪、鸡并称"六畜",把养不养六畜提高到富国强民的高度来认识。秦汉时期,养犬不仅具有祭祀、食用、守卫、狩猎几方面用途,而且已经出现"玩赏""陪伴"用途,开始了宫廷养犬。魏晋南北朝时期城乡养犬普遍,有"犬吠深巷中,鸡鸣桑树颠"的记载,犬的饲养已不再仅为富人、贵族所有,而是已进入广大平民百姓家,养犬数量增多,好犬价格昂贵,开始鼓励品种犬的培育,宫室内的犬竟然曾享有和人一样的诰封,被赐为"郡主"等爵位。隋唐时期,上至王公贵族,下至平民百姓,人与犬的互动关系进一步升华,不论是在画作还是在唐诗中都有体现。明清时期,养犬普遍,记载更多,已经培育出北京狮子犬、哈巴狗等著名品种,人们对家犬的生理习性有了更深入的认识。

2.宠物行业的概念　宠物行业是指围绕宠物繁育、训练、食品、医疗、美容、保健、保险、殡葬等形成的生产、流通、销售和服务等一系列产业,主要分为活体、商品、服务三大类别(图0-1)。

3.中国宠物行业的发展阶段　国内宠物行业于20世纪90年代初才开始起步,中国宠物行业发展分为四个阶段。

（1）启蒙期(1990—2000年)　1992年,中国小动物保护协会成立,"动物是人类的朋友"等观念的植入,饲养宠物的生活方式高度提升,促使了国内宠物产业的萌芽。一方面养宠政策逐步解禁,如养犬从"禁养"转变为"限养",各地区相继出台《限制养犬规定》以规范居民养犬行为,宠物数量开始提升。另一方面,以玛氏公司和法国皇家为代表的西方宠物品牌开始进驻中国一线城市,将宠物经

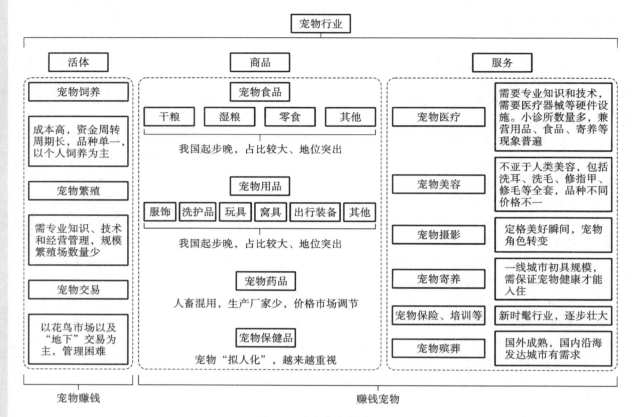

图 0-1　宠物行业结构图

济理念正式引进国内。

（2）孕育期（2000—2010 年）　进入 21 世纪，宠物相关产业逐渐发展。一是我国居民宠物饲养数量开始快速增长，由 1999 年的不足 4000 万只，迅速增加到 2010 年的约 1.5 亿只宠物犬、1 亿只宠物猫。二是宠物饲养量的快速增加，带动了国内宠物店和宠物行业经销商的兴起，出现了开展宠物产品生产制造的规模化工厂，宠物诊疗业、美容业、服饰业等新兴行业兴起和发展，宠物产业呈现多种经营的方式。三是养宠政策由限养逐步转变为规范养宠，人们的养宠观念发生较大转变，对宠物倾注了越来越多的情感，宠物开始充当家庭成员的角色，宠物情感经济逐渐启蒙。在 2008 年国家质量监督检验检疫总局和国家标准化管理委员会发布了《宠物食品　狗咬胶》（GB/T 23185—2008）和《宠物干粮食品辐照杀菌技术规范》（GB/T 22545—2008）两项宠物食品标准。

（3）快速发展期（2010—2020 年）　2010 年以来，我国宠物行业进入快速发展阶段。一是宠物食品和用品生产销售等传统宠物相关领域蓬勃发展，宠物医院、宠物零售店、宠物养殖场等企业也逐渐成立，对产品的需求不仅仅满足于功能性需求，产品的颜值、理念等属性也是重要的选择依据。二是宠物种类不断丰富，除传统的猫、犬等宠物类型外，诸如爬行动物、昆虫、马等另类宠物也逐渐增加，并拥有与传统宠物平分市场的潜在可能。三是宠物食品行业标准，如《宠物饲料生产企业许可条件》《宠物饲料卫生规定》《宠物饲料管理办法》等相关政策相继出台，推动行业向规范化方向发展。四是庞大的单身人口和老龄人口对情感和陪伴的需求，推动了宠物经济的发展。五是互联网宠物服务平台的兴起，新的宠物服务模式出现。

（4）成熟期（2020—2030 年）　全球新冠疫情常态化，刺激人们养宠心理，催生宠物经济继续高涨，国内企业崛起，行业逐渐发展出覆盖宠物全生命周期的服务产业链，线上线下全渠道模式逐渐完善并走向成熟，宠物食品个性化、丰富化，宠物用品智能化、物联化，医疗和服务逐渐完善，区域连锁直营发展。

二、中国宠物行业发展趋势

中国宠物行业发展整体趋势可以归纳为宠物消费已经发展到情感消费的阶段。

1. 养宠结构转变　据统计,2021年中国宠物行业宠物类型结构中,宠物犬和猫仍是养宠的主要类型,占比大于50%,饲养总数量同比微增,但随着养犬政策、邻里关系、居家环境等影响,犬的数量有所下滑,猫的数量超过犬,成为饲养最多的宠物。水族类占比16%,为非宠物犬猫中的头号选择,异宠中鸟类、爬行类和兔子类均占到9%,啮齿类和两栖类相对更稀有,占比分别为6%和4%。

2. 养宠人群转变　以前养宠人群是以老年人为主,现在"80后""90后"成为养宠主力,他们消费能力、消费意愿以及对于宠物的接受度均较高,促使养宠数量急剧提升,其中女性养宠人数多于男性,高学历高收入人群养宠人数增加,人群年龄集中在18～35岁的单身或已婚有小孩的家庭。

3. 养宠方式转变　过去养宠物主要注重其看家护院、逗乐等功能性,饲养方式都是粗养为主,如剩菜剩饭等。而现在宠物角色"拟人化",充当家人、朋友、毛孩子,服务于宠主精神需求,再加之宠主自身可支配收入的提升,养宠理念转变,已从吃饱吃好升级到了全面营养的饮食调整,注重宠物的营养、健康、外在形象,市场上针对不同品种宠物的各种食品和营养品层出不穷。医疗、美容支出增加,宠物摄影、宠物训练等提高宠物颜值、活力的服务增多。

4. 养宠地域转变　从前的猫和犬主要存在在农村,现在已经转移到城市,主要原因是城市化进程加快,现代家庭规模变小,消费能力提升和工作压力增大,城市人越来越愿意养宠物作为陪伴。宠物的主要分布与城市经济发展水平有关,东部地区、一线城市或省会城市数量较多。

复习与思考

1. 什么是宠物?
2. 宠物是如何分类的?
3. 辩证分析饲养宠物的利与弊。
4. 中国宠物行业的四个发展阶段是什么?

项目一　宠物犬的饲养与管理

项目导入

　　本项目主要介绍宠物犬的饲养与管理,主要分为四个部分,分别为宠物犬的认知、宠物犬的选购、宠物犬的饲养管理、实训。宠物犬是目前国内饲养数量最多的宠物,宠物犬的饲养与管理应用场景广泛,所以本项目内容在教学和学习过程中占有重要的地位。

学习目标

▲知识目标

1. 了解宠物犬的生物学特性、行为特点和生活习性。
2. 熟悉宠物犬的品种。
3. 掌握宠物犬选购的方法。
4. 掌握宠物犬饲养管理的要点。

▲能力目标

1. 能够识别不同品种宠物犬,能够挑选适宜宠物犬,并做好饲养宠物犬的准备。
2. 能够根据宠物犬的营养需要,制作食品,能够为宠物犬挑选适宜的宠物食品。
3. 能够鉴定宠物犬发情,并能够在发情旺期对犬只配种。
4. 能够对不同品种、不同生理阶段及不同季节的犬只进行精准饲养与管理。

▲思政与素质目标

1. 培养学生吃苦耐劳、热爱劳动的美好品德。
2. 培养学生良好的职业道德意识,以及精益求精的职业素养。
3. 具有较强的自我管控能力和团队协作能力,有较强的责任感和科学认真的工作态度。
4. 培养学生关爱宠物,热爱生活,积极向上的人生态度。
5. 培养学生的民族自豪感,激发学生落后就要挨打的觉醒意识,努力学习。

案例导学

　　《2021年中国宠物行业白皮书》显示,中国城镇家庭中,宠物犬的饲养数量已达5429万只,庞大的基数背后是越来越多的养犬人群。最近,王女士就特别想买一只宠物犬饲养,可是不知道买什么品种,到哪里去购买,怎样去饲养管理就更不清楚了。根据这样一个案例情况,怎样识别宠物犬品种? 如何选购宠物犬? 怎样对其进行饲养管理? 让我们带着这些问题学习宠物犬的饲养与管理内容。

任务一 宠物犬的认知

视频：
认识宠物犬

一、犬的感觉系统

犬的感觉系统能感受外界刺激,并将外界刺激引起的兴奋传导到中枢,使大脑产生感觉。犬通过嗅觉、听觉、视觉、味觉、触觉和超感觉等感知外面的世界,不断接受新鲜刺激,积累经验,分析世界,交流感情,做出相应的行为表现。

1. 嗅觉 犬的嗅觉极其灵敏,其灵敏度位居各种家畜之首。在犬的鼻腔中,嗅黏膜的面积为 150 cm^2,是人的 4 倍;犬的嗅觉细胞约有 2 亿 2 千万个,是人的 40 倍,而且嗅觉细胞的表面布满了粗而短的绒毛,这大大增加了接触面积。犬的嗅觉灵敏度比人高出 3000～10000 倍;在分辨混合气味方面,犬的能力比人强 3000～30000 倍。

犬的嗅觉能力,不仅表现在犬能感受各种气味的超常敏感性上,还表现在犬对各种气味感觉的超常精确性上。犬能感受 200 万种物质的不同浓度的气味,能嗅出 400～500 m 远处人的气味,能在一大堆石头中辨别出一块仅在手中握过 2 s 的石头,公犬能嗅出 1500 m 外发情母犬的气味。犬对人的脂肪酸非常敏感,据报道,一个人的一只脚一天分泌的汗液为 16 mL,只要其中的千分之一透过鞋散发出来,犬即可据此准确地沿其足迹进行追踪。而经过专门训练的犬,可在十分相近的丙酸、醋酸、羊脂酸等混合气味中辨认出丙酸的存在。犬的这一超常的辨别能力,已远远超过了现代许多先进的科学仪器。

犬的嗅觉在其生活中具有举足轻重的地位,犬主要根据嗅觉信息识别主人,鉴定同类性别、发情状态,识别母子,辨认路径、方位、猎物与食物等。如两只犬相遇,先是互嗅头部,再嗅身体,后嗅臀部。在外出时,犬会不停地嗅闻,如嗅闻领地记号、食物、粪便、新异物等等,还会不断地小便或蹲下大便,把它的粪便布撒在路途,犬识别路线就是依靠这些"嗅迹标志"。

犬的嗅觉利用度为 100%。根据犬嗅觉灵敏的特点,人们常训练犬来进行缉毒破案、千里追踪犯罪嫌疑人、茫茫林海狩猎野兽、瓦砾中救人或搜爆等活动。如经过训练后,搜爆犬可准确地嗅出墙壁内或箱包内的炸药气味,缉毒犬可准确地嗅出行李包中的大麻、海洛因等毒品,救难犬可准确地找出埋在瓦砾或沙土中的人员,追捕犬可以穷追不舍地追捕犯罪嫌疑人等。由于犬可敏锐地感受到人因恐惧而导致的肾上腺素分泌过多,近些年,利用犬嗅觉的仿生学原理研制测谎仪已取得成功。

犬不仅能够通过人使用或接触过的东西闻出这个人的气味,而且通过人的气味,能够辨别出人的情绪反应。因为人高兴、哀伤、生气、害怕等情绪的激烈变化,会引起血液中肾上腺素分泌增加,身体的气味也会随之产生变化。经过汗腺的传递,种种基于感情的气味如温柔的气味、憎恶的气味、恐惧的气味等会从身体中散发出来,而犬对这类气味格外敏感。

虽然犬嗅觉灵敏,但犬的嗅觉记忆消失得很快,通常 6 周内就忘了它从前嗅过的物体,只能识别与它有过亲密接触的人的气味。所以,警犬在进行气味鉴别训练过程中要定期对其进行气味的条件刺激,以便其产生较为巩固的条件反射。

2. 听觉 犬的听觉系统非常发达,它不仅能分辨极为细小的声音,还能听到高频率的声音。人的听觉范围为 20～20000 Hz,而犬的听觉音频上限可达 80000～90000 Hz。犬的听觉灵敏度是人的 16 倍,人在 6 m 内才能感觉到的轻微声音,犬在 24 m 外便可清楚地听到,尤其在夜晚安静时,犬可以清楚地听到半径 1 km 内的各种声音。更令人叹服的是,犬能够听到人类所不能察觉的自然界的超声波。这些生理特点使犬具有预感能力,如地震前夕,犬会烦躁不安,并及时逃到安全地带。

犬听到声音时,由于耳与眼的交感连锁作用,犬眼会立即注视音响发出的方向,所以犬对声源的判别能力很强,犬能够听到和分辨出来自 32 个不同方向的极微弱的振动声,而人只能分辨来自 10 个方向的声音。从生理上讲,立耳犬要比垂耳犬的听觉强一些,这是因为立耳犬的耳朵就像一个雷达天线一样,可以微微地转动搜索声音。

Note

犬可以通过声音区分来人,辨别敌友。犬能够区别每个家庭成员的说话声音和脚步轻重,甚至能区别心跳、呼吸声音的大小和快慢等。对主人和熟悉的声音,犬表现出安详、欢快的行为;对外人和异常的声音,会产生困惑、怀疑、警戒等心理,并伴以防御、愤怒、仇视、攻击等行为。

对于人的口令或简单的语言,犬可根据音调、音节变化建立条件反射,完成主人交给的任务。犬可以听从很轻的口令声音,主人没有必要大声喊叫。相反,过高的音响或音调高低变化过于频繁、音调高低反差强烈的声音,对犬来说是一种逆境刺激,会使犬产生痛苦、惊恐的感觉,以致躲避。因此,对犬应多采用温和的声音,尽量减少大声训斥。

犬的听觉不会因睡眠而丧失,出于安全的需要,犬习惯于卧下时将耳贴在地面上,以便更好地感受周围声音的变化。睡熟的犬耳朵会像雷达一样转动,它的耳朵永远朝向声源,一旦有情况,它就会立刻做出反应。

3. 视觉 犬的视觉比人类差,与人类有许多不同之处。

犬的颜色辨识能力差,犬是色盲。色盲并不表示看不到任何颜色,只是面对同样的颜色时,犬与正常视力的人看到的颜色范围不一样。犬能识别的色觉光谱范围是429~555 nm。红色和绿色色觉的丧失,导致犬的光谱更有限,但不限于只有黑色和白色。最近有研究人员发现,犬能分辨不同色阶的灰色,能够分辨深浅不同的蓝色、靛色(夹杂在蓝色与紫色之间的蓝紫色)、紫色、黄色,但对光谱中红色等高彩度的色彩却没有感知能力。

犬的远视能力有限,对静止的物体不敏感。犬眼的调节能力只是人的1/5~1/3。犬对远处的物体看得较清楚,犬能看到的固定目标的距离是50 m左右,对于100 m外的目标就会模糊不清;但对于移动的目标,成年犬的视力可达到800 m左右。

犬的弱光感觉能力强,傍晚及有月光的晚上犬的视力较人类发达。这是因为犬的祖先是夜行性动物,昼伏夜出,犬进化出了卓越的夜视能力。此外,犬的角膜较大,可进入更多的光线。因此,在有微弱光线的情况下,尤其是在夜晚,犬能看清东西,但在没有光线的黑暗处,犬也无法看到东西。犬对强烈的光线或强弱变化反差过大的亮光,常常表现出莫名的恐惧。

犬的视野比较开阔。人类的视野为180°,而犬的全景视野为250°~270°,加之犬的头部转动非常灵活,完全可以做到"眼观六路、耳听八方",可以轻易地观察到身后的一切。一般而言,犬的鼻部大小对犬的视觉有些影响,短鼻犬(如英国斗牛犬)能看到较长的距离,而长鼻犬(如德国牧羊犬)则有较宽的视野。少数凸眼型的犬种如北京犬视野更大,可达210°~240°,所以在与犬游戏时不宜从犬的后面、侧面切入,应由犬的正前方迎合,以免受到犬的误伤。

4. 味觉 犬的味觉不如嗅觉灵敏,而且显得有些迟钝。研究证明,犬采食主要是依靠灵敏的嗅觉,对食物适口性的评价也依靠嗅觉。这是因为犬的祖先要不断寻找远处的猎物,无论什么猎物都非吃不可。犬吃东西时很少咀嚼,几乎是吞食,因此犬不是通过细嚼慢咽来品尝食物的味道,而是靠嗅觉和味觉的双重作用。

犬不喜欢洋葱、大蒜、辣椒、生姜等有刺激性气味的调味品,也不喜欢发烟的物品。犬不喜欢酒精,在兽医院给犬注射时,擦酒精之前,犬表现乖巧,一旦擦过酒精,犬闻到酒精气味后,被毛马上直立,哆嗦不安。因此,给犬注射时,速度要快,尽量减轻犬的不安情绪。

犬对某些食物有所偏爱,大多是因为其散发的气味刺激了犬的嗅觉。因此,给犬选择食物时,要特别注意对食物气味的调理。因犬较喜欢水果及甜食,可在犬食中添加少量的蔗糖或苹果等甜味水果,也可通过少餐多次或经常改变食谱的方法来刺激犬的食欲。至于口味,通常以清淡为宜,要有嚼劲,但也不要太硬。

犬的呕吐中枢较为发达,很少看到因食物发霉变质而导致犬食后中毒现象。当饲料变质不很严重时,犬食后会刺激胃黏膜,沿传入神经传至呕吐中枢,沿传出神经传至食道壁上丰富的效应器,食道壁横纹肌收缩,导致犬呕吐,从而减轻中毒症状。日常生活中常可见到犬采食过多或采食不洁食物后到偏僻处自行呕吐现象。

5. 触觉 触觉是犬获取外界信息、求得心理满足不可忽视的感觉功能。犬的触觉是由皮下丰富的神经末梢等构成的,触觉感受器主要集中在犬躯体的终端部位,在犬的脚、尾巴、耳朵、嘴等部位触觉发达,犬的唇、颊、眉间和脚趾等处的触毛粗而长,其根部神经末梢丰富,故其触觉非常灵敏。

犬喜欢人的触摸,对犬的梳刷或拥抱在犬的心目中是最佳的爱抚表示。同样,犬也用摩擦、舔或轻咬主人,表达自己的友好之情。利用这一特性,在训练犬时,可抚摸其头部或轻拍其两肩侧,以表示对犬完成动作或任务的奖赏。但必须注意两点:顺毛抚摸能使犬舒服和兴奋,逆向抚摸只会使犬反感;犬的肛门尾根是禁区,千万不可触及,否则,凶猛的成年犬会咬伤主人的手。

犬不喜欢人们触摸其臀部和尾巴,尤其是陌生人,一旦触摸犬的这些部位,犬往往十分反感,从而呈现攻击的姿势,甚至伤人。犬的鼻部也是触觉敏感区域,训练时如犬不能执行命令,可用手指轻击其鼻部以示惩罚。

6. 超感觉 有研究表明,在地震、洪水等大的灾难到来之前,犬表现异常兴奋,如不停吠叫、不肯进屋、爬高、被毛直立、不思饮食等。所有这些现象都表明犬在某些情况下确实表现出超常规感觉能力,称为超感觉或第六感觉。

犬有电磁感应能力,地球上极小的颤动和振动都能被感觉到,犬的这一特性可用来预测地震。据报道,美国一考察队到非洲的大沙漠考察,在迷路缺水的情况下,经一只犬的引路,终于找到水源,顺利完成考察任务。

犬的直觉观察也非常敏锐,而这种能力使得它们能揣摩主人的情绪。比如,当犬很兴奋地从别处回来,但看见主人忧伤、悲痛的表情后,兴奋性立即下降,有时甚至会处于抑制状态。经常被主人牵引外出散步的犬,一看到主人拿牵引带,便会兴奋、欢悦不已,但若主人将牵引带放回,犬的兴奋性便会很快下降,有时甚至会表现出一种失望感,这些均是在直观的基础上发生的一种思维活动。可以看出,人和犬之间虽然智力上有很大差别,但这种差别仅是程度上的而并非性质上的。

二、犬的行为特征

犬对于自身所感受到的一切刺激所做出的各种应答性动作,称为犬的行为。犬在感知外部环境时,常表现出好奇、探究、分析和认识的过程。在不断变化的环境作用下,犬的心理也是多变的,从而表现出不同的行为。只有真正掌握了犬的行为,才能与犬进行正确的沟通,进而采取合理的方法进行调教和训练。

1. 捕食行为 犬属于以食肉为主的杂食性动物,远古时代的犬以捕食小动物为主,如追捕和杀死小动物,追逐兔、狐、猫、鸡、鸟、羊等,甚至追咬人类。人们可充分利用犬这种特性,训练犬牧羊,驱赶羊群、牛群,看家护院,保护人类,也可用作一种训练手段来对犬的常见科目进行训练。目前小型纯种犬的捕食行为已大大减退,在家养条件下,基本靠主人来提供食物。

2. 排泄行为 犬的排泄属不定时不定量排泄。母犬排尿时,两后肢下蹲,呈下蹲坐姿势;公犬则抬起一侧后腿,在选定地方撒尿,尿液呈水平射出,但未成年小公犬的尿液一般不水平射出。

犬的排尿多发生在采食后或睡觉醒来后的 0.5～1 h,此时排尿量相对较多;如犬在户外玩耍时,排尿则表现为不定时,每次排出的尿液量相对较少。犬常认定第一次排便的地方,应注意防止犬随地大小便,以至养成不良的排泄习惯。在家养条件下,应从小进行犬的定点排便训练。

犬的排泄不仅是一种排出代谢废物的方法,也是和其他犬交往的一种手段。犬的排泄物中含有特殊的性外激素,在犬与外界交往的过程中发挥着重要的作用。当两只犬在相遇之时,双方互嗅对方的身体、轻轻地触碰口鼻,并在相互了解的基础上对对方的外生殖器进行程序性的检查,彼此双方相互传递着信息,而尿、粪便、唾液、阴道分泌物以及身体中其他腺体的气味等都是这些信息传播的载体。

在所有有效的气味散发物中,尿液是最重要的一种,仅从犬频繁地排尿和嗅闻其他犬的尿迹,就可以说明这一点。犬的尿液具有如下几个方面的作用。

(1)吸引异性 这一点对于母犬来说尤为重要。母犬处在发情期的时候,它常会在很大的范围内进行活动,并频频地在经过的路段小便,为它周围居住的公犬布下了一串连续的开放式的吸引物,一直引向它的住处。

（2）划定区域　犬在户外玩耍时,常会在路的拐弯处如墙角、树干、电线杆、草垛边排尿作为标记,以划定自己的"势力范围",不容许外来者侵扰。犬有大范围游走的习性,可以说是没有严格界定观念的动物。在一般情况下,犬仅对住处附近的区域进行保护,划定区域,抵御入侵者。犬用人为的界墙作为自己的区域界限,当其他的人或犬未经许可而擅自闯入时,犬会有明显的保护行为,通常的做法是用吠叫声来对擅入者发出警告。藏獒的区域界限最强烈,会对入侵的犬甚至人实施攻击。

（3）布设环境　犬在充满自身气味的环境下生活感到很舒服。为了保持这种熟悉而舒服的气味,犬常常在各种异味源上排便,如在入侵者的粪便上。犬喜爱调整位置使尿液排在引人注目的物体之上,以强化这种标记。犬在排尿后,常用力抓挠地面以做出醒目的标记,使味源更易被发现。

（4）回程标记　当在进行远距离的游走时,中途留下的尿液气味可能是犬在返回时判断路线正确与否的重要依据,常看到犬在沿原路返回时低头嗅迹。

3. 嫉妒行为　犬听从于主人,忠诚于主人,但也有嫉妒心,无法忍受主人对除自己外的其他犬或动物表示关心和爱抚,否则会表现出不满,甚至愤怒。

对犬群来说,只能是地位高的犬被主人宠爱,如地位低的犬被主人宠爱,则其他犬特别是地位比它高的犬将会做出强烈反应,有时会群起而攻之,这是犬嫉妒心理的表现。当饲喂多只犬时,如果犬主人在感情上厚此薄彼,往往会引起受冷淡者对受宠者的妒忌之心,其具体表现:受冷淡者同时冷淡主人,消极对待主人的命令,伺机对受宠者施行攻击。一只平时较温顺的犬,在发觉主人喜欢其他犬或人时,或多或少会表现出嫉妒心理,有的表现为精神沮丧,不爱动,或注视主人和新宠,有的则表现为异常攻击行为,不时发出低沉的呼噜声,表示不满,企图赶走"敌人"。有时出于对主人的畏惧,主人在时表现平静,主人一离开就原形毕露,开始攻击。对于攻击对象可以是除主人以外的任何人或动物,所以对其他宠物和小孩要有防护措施,可先让双方认识,有助于调节犬的情绪,减少嫉妒心理。

犬的嫉妒心理在训练犬拉雪橇时可充分利用,但通常情况下需要纠正。纠正攻击行为应先解决犬的心理问题,不可体罚,否则会更加激怒它。应该让犬和其他人或犬有一定的沟通,如在主人的注视下一起玩,主人看到其表现出友善行为后,要及时奖励,若犬情绪容易激动,可按住其身体,抚摸头部和前胸,让它感觉主人对它很在意。如果同时饲养几只犬,千万不可偏疼偏爱,见到它们时,要叫它们所有犬的名字,公平地爱抚它们,否则它们会因争宠而互相威胁斗斗。

同时,犬也具有虚荣心和好胜心。虚荣心促使犬非常喜欢得到人们的称赞、表扬。当犬做了一件好事或完成一些技巧动作时,主人的赞美或抚拍会使犬非常满足,并表现得极为愉悦。犬也有害羞心理,如果做错事,或体貌上发生一些变化(如被毛被剪得太短等),它也会躲起来,害怕见到人,直到饥饿难忍才出来。两只猎犬在一起追捕猎物时,往往你争我夺,互不相让,有时甚至会暂时放下猎物,进行内战,以决高低,这是犬好胜心理的外在行为。在犬的具体科目调教时如能有针对性地利用其虚荣心、好胜心和害羞心理,往往会起到事半功倍的效果。

4. 母性行为　犬的母性行为是指母犬向仔犬提供照料和关照,包括分娩、哺乳等行为。犬的母性行为是一种先天行为,是与性反射相联系的一种非条件反射,它使得分娩后的母犬能照管自己的后代,在养殖实践中,大多数时候可以完全放心并相信犬的母性行为能力。

犬的母性行为明显。母犬在妊娠后,性情变得极其温顺,行动小心翼翼,临产前自行咬(拔)掉乳房旁的腹毛,一方面有利于乳腺的分泌,另一方面有利于仔犬的吮乳。母犬分娩时能咬破胎膜,舐干仔犬身上的黏液。母犬产仔后的母性表现得更强,为了保护其仔犬,对陌生人往往会有些神经质和过度谨慎,甚至是对平时与母犬很接近的人都有戒备心理。如果人此时随便抚摸和接近仔犬,母犬会误以为其要去伤害仔犬,从而会为保护仔犬而对人发起攻击、为仔犬挪位,有的甚至会将仔犬吃掉。因此,母犬产仔后,陌生人与小孩不要随便围观和抓摸仔犬,以免被母犬抓伤或导致仔犬遭到伤害。随着仔犬独立生活能力的增强,犬的母性行为逐渐减弱,最终消失。

少数母犬分娩后出现的食仔癖是其畸形母爱的残留,往往是母犬产后缺水、人为产仔检查不当、母犬过度溺爱仔犬等原因造成的。对于具有食仔癖的母犬,应给予足够的耐心进行调教,否则应及时淘汰。

5. 性行为 与其他动物一样,犬也有繁殖及传宗接代的本能,但母犬只有在特定时期才交配,通常是一年两次。而成年公犬在一年中任何时候都可能交配,如果允许的话,公犬会走得很远去寻找一只正处在发情期的母犬。

公犬在母犬愿意接受配种前很长时间内为母犬所吸引,常表现出对母犬的友好动作,但此时母犬往往拒绝求爱,甚至显得很凶恶。只有在发情期流血即将停止时,母犬的行为才发生改变,此时的母犬变得轻佻,爱调情。公、母犬见面后相互嗅闻对方的外阴,然后相互追逐挑逗。母犬将尾巴举向一侧,露出阴门,延长阴唇,而使前庭呈平直状态。对于不甚主动的公犬,母犬会做出公犬交配时的动作,爬到公犬脊背上抱住公犬,后躯来回推动。

公犬阴茎里有特殊的阴茎骨,交配时不需勃起便可插入阴道。当阴茎插入阴道后,尿道海绵体和阴茎海绵体迅速膨胀,阴道壁括约肌强烈收缩,阴茎头被母犬耻骨前缘卡住,形成类似的"栓",以致阴茎无法退出,所以犬交配后常会出现"臀对臀"的锁配现象。犬交配后出现锁配时,不能用硬物如木棍、竹子等强行将公、母犬分开。锁配时公犬正在射精,如强行分开,一方面会导致公犬的精液损失,性器官受伤;另一方面经常强行分开会导致公犬的性欲丧失,多次以后很难再激发其性欲。经20~60 min射精结束后,阴茎海绵体因充血减少而缩小,阴道壁括约肌舒张,阴茎会自行从阴道里退出。

6. 表情行为 犬的表情变化很丰富,犬常用自己身体的动作、姿势或吠叫声来表达自己的喜、怒、哀、乐。掌握好犬的行为变化有利于与犬的交流,更有利于对其进行饲养、管理和训练调教。犬特别具有表现力的部位是头部、嘴部、眼睛、耳朵、尾巴和四肢等。

(1)头部 犬有前突的鼻口,其构造使得牙齿向前延伸,加上发达的嘴部肌肉,这种构造在一定程度上限制了可能产生的表情的丰富程度。尽管如此,犬的脸部构造也保证其有足够的灵活性来产生相应的交流信号。犬面部放松,嘴微张,舌头有时可见,或者微微伸出覆在下齿上,表示高兴放松,有点类似人类的笑脸;犬嘴闭合,不见舌头或牙齿,朝某个方向看,稍前倾,表示注意或者兴趣,此时的犬不再漠不关心,但还没有担心和生气;犬嘴仍多闭合,唇缘曲卷,暴露几颗牙齿(牙齿的暴露是显示武器)以示警告,但是还有机会避免争斗,如果任何一方做出让步或平息的姿态,这种警告便减弱;犬嘴部张开,唇缘曲卷,暴露犬齿和前臼齿,鼻子上出现皱褶,这是主动进攻的反应,这种表情既可能由挑战统治权引发,也可能由害怕引起;犬唇缘曲卷暴露,不但露出所有牙齿,还暴露前排牙齿上部的牙龈,明显可见鼻子上的皱褶,这表示主动进攻性升级至最高程度,极有可能展开攻击。

(2)嘴部 嘴部表情的一般规律:牙齿和齿龈暴露越多,威胁信号的程度越强;嘴巴张大并呈"C"形,这种威胁是统治性的主动威胁;嘴张开,但嘴角后缘后拖,这种威胁属于害怕,是被动防御性的。犬嘴部表情常见的还有以下几种情形:打哈欠是压力和焦虑的简单信号;舔人或者犬的脸是主动屈从的姿势,表示愿意接受对方的优势地位,也用于乞求食物;舔空气是一个极端的屈从姿势,表示很害怕。

(3)眼睛 俗话说"眼睛是心灵的窗户",犬眼神的变化,往往真实地反映了犬的心态变化。犬愤怒惊恐的时候,瞳孔张大,眼睛上吊,眼神显得凶狠可怕;犬悲伤寂寞的时候,眼睛湿润,眼神如诉如泣;犬高兴淘气的时候,眼睛晶莹,目光闪烁;犬自信或渴望得到信任的时候,目光沉着而坚定;犬犯错心虚的时候,转移视线,眼睛上翻;犬不适或消沉的时候,眼睛半张半合,眼神慵懒;犬紧盯对方时,表示挑战;犬用眼睛扫来扫去是感到了不安,想避开争斗。

(4)耳朵 犬的耳朵不仅听力很强,而且有许多动作。如犬的精神集中时,耳朵强有力地向前扬起;犬打探四周动静时,耳朵会随着声音来回转动;犬的情绪紧张准备进攻时,耳朵会有力地向后背;犬高兴、撒娇或犯错心虚时,耳朵会柔软地贴向脑后;犬因较惬意而屈服时,耳朵会向两耳的连线处折倒(如截耳的迷你雪纳瑞犬)。

(5)尾巴 犬的尾巴是全身表情行为最丰富的部位,可以从犬的尾巴状态上准确地看出它的精神状态。犬尾巴高翘并随着屁股来回摆动,表示它非常高兴;犬尾巴缓慢摇动,表示亲昵;犬尾巴充满力量,向上竖起,一点一点地摇动时,表示向对方挑衅,试探对方的力量;犬尾巴笔直地向上竖立时,表示自己有充分的自信;犬尾巴自然下垂而不动,表示事不关己的懒散状态;犬尾巴下垂或夹着尾巴,表示害怕;犬尾巴卷在肚子底下,表示它非常害怕,害怕对方伤害自己,而尾巴正是其要害所在。

（6）其他　与人类相仿,犬通过肢体可以准确表达出态度和企图。它们利用身体的姿势、爪子的放置、移动的方式等来传递出它们的情绪状态以及和社会群体联系的信号。犬肢体语言的一般规律:企图表达自身更高或更大时显示统治信号,试图使自己显得更小时显示屈从或平息信号,显示统治性和威胁性时将身体、头部或眼睛朝向另外一只犬,将身体、头部或眼睛移开是平息和屈从信号。在犬群体的交流中,降低身体不见得是真正的恐惧,更有可能是避免打斗,避免不必要的群体间内耗。

犬的表情变化与人类相比略显简单、贫乏,而且有的表现非常相似,必须仔细观察才能准确地加以鉴别。例如,犬高兴的时候耳朵下垂,但少数情况下愤怒时耳朵也下垂;尾巴也是如此,高兴时摆尾,愤怒时也摆动,而高兴和愤怒几乎是两种完全相反的情绪变化。此时应借助于犬的叫声、眼神及身体其他部分的状况来综合判断,只有这样才能正确地把握住犬的情绪变化。下面介绍几种常见的表情变化。

①高兴　抬起前腿拥抱主人,或去舔主人的手和脸,眼睛微闭,目光温柔,耳朵向后伸,鼻内发出明快的哼哼声,身体柔和地扭曲,全身被毛平滑,尾巴自然地轻摆。

②愉快　当犬的心情愉快、对人友善时,常表现为尾巴懒散地下垂或轻轻摆动尾巴,身体轻松地站立,两耳同时向后方扭动,目光温柔,身体柔和地扭曲,全身被毛平滑。

③期待　犬摆动尾巴,身体平静地站立,耳朵竖起,有时呈现高兴或鞠躬状,伸出前爪,前腿交叉向上抬,两眼直视主人,多是期望主人与之嬉玩或做游戏。

④亲热　当犬舔人脸,尤其是舔人嘴,或犬将前腿弯曲,肩部下落,脖子上抬或身体蹲下,将低垂的尾巴左右摇摆、耳朵向后伸时,表示与人亲热,要求玩耍。

⑤服从　身体侧卧,后腿上举,露出腹部,尾巴夹于两后肢之间,耳朵向后倒,眼睛眯成细缝,视线避开对方;或姿势向下低趴,低到几乎接触地面,将头伸给对方,耳朵向后倒,眼睛眯成细缝,都表示犬被动服从的动作。

⑥愤怒　当犬愤怒时,其尾巴陡伸或直伸,与人保持一定距离,全身被毛竖起,两眼圆睁,目光锐利,耳朵向斜后方向伸直,全副牙齿裸露,身体僵硬,四肢用力踏地,并不断发出"呜—呜—"的威胁声。犬前肢下伏,身体后坐,头部保持高抬,则可能是即将发动进攻的最后信号。

⑦恐惧　当犬受到惊吓而发生恐惧时,犬尾巴下垂或夹在两后肢之间,耳朵向后扭动,全身被毛直竖,两眼圆睁,脸部呈现僵硬状,浑身颤抖,呆立不动或四肢不安地移动,或者后退,少数犬全身紧缩成一团,嘴巴埋在两前肢下,呈睡眠状。

⑧哀伤　当犬感到悲伤时,低头,两眼无光,不思饮食,尾巴自然下垂而不动,主动向主人靠拢,并用乞求的目光望着主人或摩擦主人的身体;有时则会蜷卧于某一角落,变得极为安静。

⑨警觉　当犬处于警觉状态时,其身体常挺直地坐着,头部高举转向有声音或气味的方向,耳朵竖起,全神贯注,不放过一点动静,有时会对着声源发出吠叫声。

7. 修饰行为　犬的修饰行为是指犬在休息时会花许多时间整理和保养其体表的行为。此行为与犬的虚荣心和好胜心强有一定的关系。当它完成一项任务或表演一个小技巧成功,主人拍手赞美它或抚摸它时,犬表现出摇头摆尾、心满意足、得意洋洋;当它做错事或未完成主人嘱咐的任务时,它会感到羞愧,表现为尾巴下垂、全身退缩而蹲下、躲在一侧整理自己的体表,如用舌头舔自己的四肢被毛等。

犬爱清洁,冬、春季喜欢晒太阳,夏季爱洗澡。犬在休息时常常会用很多时间去整理和保养其体表,以清除体表的皮屑、污垢以及其他刺激,如用舌头舔被毛、阴部或伤口,用牙啃咬皮肤,用肢爪搔痒等。对于犬的这些行为,一般不予制止,但对于长毛犬而言,在换毛季节要多替它梳刷,防止脱落的毛发被吃进胃中引起毛球病。

8. 结群行为 犬的结群行为是指由于犬的结群倾向而引起的行为,在求偶、取食、游戏等因素作用下促使犬形成一定的社会性群体。

从犬的进化过程来看,由于犬类是中型动物,为了保护自己免遭不幸,它们必须靠群体合作才能捕杀比它们大得多的动物,尤其是在冬季猎物较少时,经常集结成群进行狩猎,形成一股连猛兽都逃避的巨大力量。因此,很早之前,犬的祖先都是成群结队地生活,犬通过一定的声音、视觉等信号相互联系,不仅能聚集,而且可以有共同的行动。犬群中的头领(领袖),一旦得到承认,其他犬对其绝对服从,在群体中有优胜序列,主从关系明确,群内等级稳定。对于宠物犬而言,经过一段时间的相处,它会认同主人为其生活的领袖。犬的结群行为在军犬的集体科目(如搜索科目)或牧羊犬的牧畜训练过程中可较好地运用,能起到明显效果,在犬的吠叫科目中也可适当加以运用。

野生条件下,犬群中如有犬生病或受伤,其他犬则会杀死它,以免全群受到连累。家养条件下的犬生病后,会本能地避开其他犬或人类,自己躲到阴暗处康复或死亡,这是一种"返祖"现象。犬主人需特别注意,发现犬生病后应及时请兽医诊治。

9. 优胜序列行为 优胜序列行为是指犬群中某一成员较其他成员在群体行为中表现出更为优先的地位。这种行为是通过群内争斗建立起来的,失败的一方会随时对胜利者避让和屈服,从而维持犬群的稳定。

犬原本是群居动物,敬畏领袖,努力保护同伴。在犬群中,总有一只犬处于首领的位置,支配和管辖着犬群。作为首领犬,通常有以下几种特定的动作:只允许自己而不允许对方检查其他犬的生殖器;不准对方向自己排过尿的地方排尿;只允许对方在自己面前摇头、摆尾、坐下或躺着,只有其离开时对方才可站立。等级优势的确立消除了犬群的敌对状态,增强了犬群的和睦性、稳定性及防御、战斗等能力,减少了因食物、生存空间等争夺而引起的恶斗。

犬的群体位次很明显,常会在墙角、树干、电线杆、草垛边排尿或涂擦趾间汗腺分泌的汗液作为标记,或利用后肢在地上画圈,以划定自己的"势力范围",不容许外来者入侵干扰,如有生人(陌生动物)闯入它的领地,它会不停地吠叫,甚至主动攻击,以保护它的权利。人类也正在积极利用犬的这种性格,训练犬看家护院或守卫要地。

犬的领地意识除表现为自己的领地不容侵扰外,还表现出对主人及与其接触的一些物品、用品的占有方面,视主人、食具、水盆、玩具等为"势力范围"的一部分,一旦主人、食具、水盆、玩具受到侵害时,犬会做出积极防御反应。犬在睡觉前总要在其领地内巡视几圈,这也是其祖先遗传下来的行为。野犬在睡觉休息时,总是喜爱踏倒青草,将其作为席子,以表示自己的存在。

犬常常按照视线的高度来判断对手的强弱。犬惧怕比它高大的动物,对跟它同高或低些的动物或人,犬反而会产生好奇,有时会对它们产生强烈的保护欲望。当陌生人靠近时,从上向下的压迫感会使犬不安;若采用低姿势,犬则会接受。因此,在接触受训犬时应正面低位迎合,且动作幅度不能过大,以免使犬产生不安甚至抵触情绪,从而影响到正常的调教训练。

三、犬的生活习性

在长期的自然进化过程中,在自然和人为选择的双重作用下,犬逐渐形成了适合本物种生存繁衍的生活习性。犬的生活习性是有规律可循的,是可被认知的。认识犬的生活习性,有助于做好犬的常规饲养与管理工作,更重要的是能合理地加以运用和引导,纠正一些不良的行为,培养好的习惯,从而达到调教良好生活习性的目的。

1. 共性

(1)野性 虽经过了几千年的驯养,但犬的野性如性情凶残还有所保留,在某些特殊情况下会表现出来,从而出现犬咬人、伤人等事件,目前大型、超大型烈性犬伤人事件时有发生,已引起越来越多人的重视,各地政府纷纷出台相关政策,限制超大型犬、烈性犬的饲养。

在训练野性较强的犬只时,应选择适宜的训练装备,并控制好犬只,防止犬只伤人。

(2)排汗习性 通常犬较耐寒,不很耐热。犬体表无汗腺,只有舌头和脚垫上有少量汗腺。但犬的唾液腺发达,能分泌大量唾液,湿润口腔和饲料,便于吞咽和咀嚼。在炎热的季节,犬常常张嘴伸舌,并粗重地喘气,这是犬依靠唾液中水分蒸发散热,借以调节体温的最简捷有效的方法。此外,犬的四个脚爪的肉垫上有少量汗腺,炎热天气犬可舔肉垫散热,也可通过肉垫与地面的接触完成排汗。

因犬不易排出积蓄在体内的热量,应尽可能避开夏季的正午时间训练,通常在清晨较凉爽的时间进行。

(3)清洁习性 犬具有保持身体清洁的本能习性,如犬会经常用舌头舔身体,还会用打滚、抖动身体的方式去掉身上的不洁之物。犬的皮脂腺分泌物有一种难闻的气味,容易黏在皮肤和毛上。因此,家养的犬应经常洗澡,除去犬体上的不洁物、异味等。在每一次训练结束后,应让犬游散片刻,做好犬体的保洁工作。

犬喜欢水,天生会游泳,让犬在清洁的水中游泳,是一种比较好的清洁方式。犬害怕眼睛和耳朵进水,因此在洗澡时要注意保护犬的眼睛和耳朵,防止进水。洗澡时保持适当的温度,以防着凉、生病。在炎热的夏季,可驯犬下河游泳。

(4)吠叫 吠叫是犬继承于狼的一种行为习性,而狼的这种本能是联系同伴的一种方式。虽然犬像狼一样联系同伴的能力在与人类共同生活过程中已有所下降,但吠叫却成为犬与人联系的一种方式。在主人不在场或置于一个陌生的环境中时,多数犬会叫个不停,其目的就是希望能引起主人关注或陪伴它。在训练过程中,训导员可充分利用犬的这一习性,培养犬的亲和力,也可用来进行犬的吠叫科目训练。

此外,犬的吠叫有许多其他功能,可以表现出犬的一些情感变化,如喜、怒、悲、哀、仇视、警觉等。高兴时,犬的叫声短促、快速,音调高而尖;受到伤害时,犬的叫声变得低而粗,并会稍微延长两次吠叫的间隔时间;当伤害者接近犬时,犬的叫声会变得更快,音调稍高且尖细,上下颌猛咬;当伤害者到犬身边时,犬的叫声会变得更加强烈;当具有咬斗意图时,犬的叫声中会带有嘶叫;当两只犬发生咬斗时,开始的叫声会较大,而当叫声变低、牙齿外露时,便会开始咬斗。在多犬同时训练时,应及时洞察犬的情绪变化。

(5)智商高 犬的智商较高,反应灵敏,神经系统发达,具有典型的发达的大脑半球,被公认为世界上聪明的动物之一,如训练有素的英格兰牧羊犬的智商能达到7~8岁儿童的智商。犬的智商表现在对于特定信息的联系、记忆速度及自我控制与解决问题的能力。犬具有较好的记忆力,主要是依靠其感觉器官的灵敏性,对于曾经和它有过亲密接触的人,犬会较长时间地记住他(她)的气味、容貌、声音等。

犬能对主人、训导员发出的言语、动作以及表情等产生较强的理性理解力,并能在一定范围内洞察出意图,从而顺利地完成一些简单任务,如看门、追捕猎物等。在犬的调教训练过程中,应最大限度地挖掘犬的智商,训练一些较有难度且极具观赏性的动作。

2. 适应性强,归向性好 犬的适应性强主要体现在两个方面。犬对外界环境的适应能力很强,能承受较热和寒冷的气候,对风、沙、雨、雪都有很强的承受能力,尤其对寒冷的耐受力强,如藏獒在−40~−30 ℃的冰雪中仍能安然入睡;但如果气候变化太剧烈,忽冷忽热,犬容易患病,尤其是一些娇小的玩赏犬品种。犬的适应性强还体现在犬对饲料的适应性上,犬属于以食肉为主的杂食性动物,所采食的饲料中动物性饲料占10%~60%时犬都能很好地适应。

犬的归向性很好,有惊人的归家本领。中国有句俗语"猫找八百里,狗找一千里",讲的是猫和犬虽都具有归家本领,但犬却比猫强得多,能从千里之外返回主人的家中。目前还没有比较准确的科学解释能说明犬的归家能力,有人认为这与犬灵敏的感官、较强的记忆力以及很强的方向感有关,但无论怎样,犬的归家本领是世人公认的。

据报道,在美国西部俄勒冈州的西巴尔顿,一对夫妇饲养了一只名叫博比的苏格兰牧羊犬,在一次随主人乘汽车到东部旅行途中,当到达印第安纳州奥尔那特时走失,寻找不到。但半年后,博比却伤痕累累、奇迹般地出现在主人的面前。初步测算,从犬的遗失地到主人家的距离至少有3300 km,这不能不说是个奇迹。

3. 合群性强 犬是结群的动物,喜欢多只犬在一起游戏玩耍,或一起攻击陌生人或其他动物,这就是犬的合群性。犬的合群性比较明显,主要因为犬的祖先狼和其他群居动物一样,必须和平地群居生活,才能适应复杂的大自然环境,群居生活是野生条件下犬赖以生存的必要条件。但犬的合群性,并不是像其他动物那样简单组合在一起,而是有严格的等级地位,等级地位一旦确立,地位低的犬就要服从首领犬的领导。

成年公犬爱打架,并有合群欺弱的特点,在犬群中可产生主从关系,这种主从关系使得它们能比较和平地成群生活,减少或避免为争夺食物、生存空间等引起的打斗。仔犬在出生后 20 天就会与同窝的其他仔犬游戏,30 天后会走出自己的窝结交新伙伴,此时正是更换新主人和分群的最佳时机。当然,在分群时还应考虑犬的身体状况,避免以强欺弱,尽量使发育状况一致的犬在同一群内。

犬的合群性在犬的调教训练过程中被广泛使用。人们利用犬的这一特性,进行群猎或群犬追踪,可以大大提高狩猎和侦破效率。实践证明,在警犬的扑咬、搜捕罪犯、跟踪、缉毒等科目的调教训练过程中,群体调教训练的效果要远比单个调教训练好得多。

4. 忠性强 犬是人类最忠诚的朋友,这是其他动物所不能比拟的。犬与主人相处一定时间后,会建立起深厚的感情,至死忠贞不渝。犬善解人意,忠心耿耿,当主人遭遇不幸后,犬会表示悲伤,表现为不吃东西或对任何事情都不感兴趣、无精打采。犬绝不因主人的一时训斥或武断而背弃逃走,也不因主人家境贫寒而易主,而是与主人同甘共苦。同时,犬对自己的主人有着强烈的保护意识,当主人受到他人的攻击或伤害时,它会拼死相助;当主人处于水中、火中、倒塌的房屋等危险的境地时,犬会奋力营救,许多资料中都有义犬救主的感人报道。"子不嫌母丑,犬不嫌主贫",这是对犬忠性最直接、最好的褒奖。而猫却与之相反,所以有"犬是忠臣,猫是奸臣"之说。

在一个家庭中,总有一个成员被犬视为首领。犬通常会对与之相处时间最长的人表现出极强的忠心,进而表现出较强的依赖性,同时也会顺服于常接触的其他成员。但如家庭中有人对之不敬,常对之进行训斥或体罚,犬也会对他敬而远之。在犬的调教训练过程中,常出现主人在场时犬不听他人指挥的情形。因此,在训练时,主人应暂时回避,留给训导员足够的时间与犬建立感情,以保证训练的顺利完成。

5. 嗜睡性强 睡眠是犬恢复体力、保持健康所必不可少的休息方式。野生时期的犬是夜行性动物,白天睡觉,晚上活动。在被人类驯养后,其昼伏夜出的习性已基本消失,现已完全适应了人类的起居生活,改为白天活动,晚上睡觉。

但与人类不同的是,犬不会从晚上一直睡到早晨。犬每天的睡眠时间为 14~15 h,但不是分一段完成,而是分成若干段,每段最短为 3~5 min,最长为 1~2 h。只要有机会,犬随时随地都可以睡觉。相对而言,犬多在中午前后和凌晨附近睡觉。犬的睡眠时间因年龄的差异而有所不同,通常老龄犬和幼犬的睡眠时间较长,而年轻力壮的犬的睡眠时间则较短。

犬在睡觉时始终保持着警觉的状态,总是喜欢把嘴藏在两个前肢的下面,以保护其鼻子灵敏的嗅觉,且头总是朝向房门、院门的外面,以便随时可以敏锐地察觉到周围情况的变化,一旦有异常便可迅速地做出反应。也有人认为,犬处于睡眠状态时,嗅觉丧失,犬在睡觉时的警觉反应是依靠灵敏的听觉,而不是嗅觉。

犬的睡眠状态多为浅睡眠状态,稍有动静即可醒来,但有时也会沉睡。处于沉睡的犬不易被惊醒,有时还会发出梦呓,如轻吠、呻吟,还会伴有四肢的抽动和头、耳轻摇等。浅睡时,犬一般呈伏卧的姿势,头伏于两个前爪之间,经常有一只耳朵贴近地面;熟睡时,犬常呈侧卧姿势,且全身舒展,睡姿十分酣畅。

犬在睡眠时,不易被熟人和主人惊醒,但对陌生的声音仍很敏感。被陌生声音惊醒的犬会有心情不佳的表现,偶尔会对惊醒它的人表示不满,如以吠叫的方式发泄其不满的情绪。有个别的犬在刚被惊醒时,仍处于朦胧状态,可能会出现猛然间连主人也认不出来的现象。

一般情况下,犬的嗜睡性应给予保持,不应人为地干预。犬睡眠不足时,主要会出现以下情形:一是对训练命令的执行能力明显下降,频繁出错;二是情绪变得时好时坏,不利于注意力的集中;三是出现明显的懒惰行为,如一有机会就卧在地上,不愿站立,常导致动作的执行不到位或错误。

6. 以肉食为主的杂食性 犬的祖先以捕食小动物为主,偶尔也用块茎类植物充饥。在被人类驯养后,犬的食性发生了变化,变成以肉食为主的杂食性动物。虽然单一的素食也可以维持犬的生命,但会严重地影响到犬的营养状况,因为犬的消化道结构决定了其仍然保持着以肉食为主的消化特性。

(1)采食速度快 从犬的生理学角度看,犬的臼齿咀嚼面不发达,但是犬的牙齿坚硬,特别是上、下颌各有一对尖锐的犬齿,同时犬的门齿也比较尖锐,易切断、撕咬食物,啃咬骨头时,上、下齿闭合时的咬力通常可达 100 kg(藏獒的咬力可达 400 kg)。

当犬采食大块肉时,能很快将肉撕开,经简单咀嚼立刻吞咽下去,体现了肉食动物善于撕咬但不善咀嚼的特点。当犬采食粥样食物时,能用舌卷起,很快喝光;当犬吃干料时,能叼起并很快咽下去。因此,犬采食速度快,往往属于"狼吞虎咽"式的吞食方式。

(2)对动物性饲料的消化能力强 犬是以食肉为主的杂食性动物,能较好地消化动物性蛋白质和脂肪,但如果用全鱼肉型的饲料饲喂犬时,常会导致"全鱼肉综合征"的发生。经过几千年的驯养,犬在人为饲养条件下捕食小动物的机会大大减少,其食物的主要来源靠人类供给。目前,我国通常在犬的日粮中添加 30%～40% 的动物性饲料,以满足犬对动物性饲料的需求。

犬嗅觉灵敏而味觉迟钝,若在食物中加一点肉或肉汤,可提高犬的食欲,增加采食量。在犬的饲养管理中,应注意动物性蛋白质饲料的添加和饲料气味的调制,这样既能提高饲料的适口性又能满足犬的营养需要。

犬喜欢啃咬骨头,啃咬骨头能使犬腭及口腔肌肉进行运动,促进胃液分泌,锻炼牙齿和咀嚼功能。但不是所有的骨头都对犬有益,一般供应大的股骨、肱骨、肩胛骨、蹄骨(不切碎)、软肋骨,而鸡骨、鱼骨等带刺的骨不可供给犬食用,以防发生意外。

(3)犬的消化道较短,消化吸收不够彻底 犬的食道壁上有丰富的横纹肌,呕吐中枢发达。当犬吃进毒物后能引起强烈的呕吐反射,把吞入胃内的毒物排出,这是一种比较独特的防御本领。犬胃排空速度较快,比其他草食或杂食性动物快许多,5～7 h 即可将胃中的食物全部排空。小肠是犬消化吸收营养物质的主要器官,但犬的肠道较短,约 4.5 m,是体长的 3～5 倍,而同样是单胃的马和兔的肠管为体长的 12 倍。由于消化道较短,食物在犬体内的存留时间也较短,为 12～14 h。

7. 食粪性 犬具有食粪性,其原因可能有三个:一是源于古代犬类作为中型肉食性动物,为避免踪迹被其他动物发现而食粪或为了跟踪捕食;二是因长期找不到食物而以粪便充饥;三是因患有胃肠疾病或缺乏维生素所致。

犬不仅吃人、猪的粪便,而且吃同类的粪便。犬的食粪性是一种不正常的行为,应予以制止,因粪便中含有多种病原微生物,犬采食后易患各种各样的疾病,在日常的饲养及训练过程中,应坚决制止。发现粪便要及时清理,努力减少粪源。此外,也应注意驱虫和补充维生素。

犬爱洁性强,有定点排便的习惯,常常认定第一次排便的地方。所以,除经常给犬梳理被毛、洗澡外,可对犬从小进行定点排便训练,促使其养成良好的卫生习惯。

8. 换毛的季节性 犬季节性换毛主要是指春季脱去厚实的冬毛,长出夏毛,秋季脱去夏毛,长出冬毛的过程,此时会有大量的被毛脱落。室内养犬一年四季都有被毛的脱落,尤其是春季和秋季。春季脱毛有利于犬度过炎热的夏季,秋季脱毛以便犬安全越冬。脱落的被毛若被犬舔食后在胃肠内形成毛球,会影响犬的消化。此外,脱落的被毛常附着在室内各种物体和人身上。因此在春、秋两季饲养长毛犬时,应经常给犬梳理被毛。在犬的训练过程中,也应及时清理脱落的被毛,防止被犬误食。

9. 繁殖的季节性 野生条件下,母犬的繁殖具有明显季节性,通常在一年中的春季和秋季发情、配种,公犬的发情无明显规律。随着犬的家畜化进程不断推进及犬生活条件的改善,犬繁殖的季节性已不很明显,仅有极少数品种(如北美的格林兰犬)仍受季节的影响,主要是由于光照、温度等因素造成的。少数内分泌正常的母犬常年不发情,多数情况下是由于饲料中缺乏某些对繁殖影响极大的营养因子(如蛋白质、维生素 A、维生素 E、Se 等),或因年龄偏大而导致繁殖功能障碍。

在日常的饲养与管理过程中,应密切关注犬的繁殖情况。在训练期,发情的犬不宜进行群体科目的训练,以防相互干扰;妊娠后期的母犬不宜进行科目训练,以防流产或形成产后叼仔、咬仔、食仔等恶癖;哺乳期的母犬应减少科目训练,以保证母犬有足够的休息时间。

四、宠物犬的品种

(一)宠物犬的分类

视频:
宠物犬
品种认知

犬和人类共同生活后,由于人类不断对其进行驯化、改良,其性格和身体发生了巨大变化,并由此衍生出许多犬种。目前,世界上具有纯正血统的名犬大约有 400 种,其中有 100 种以上为人们所喜欢。我国也曾培育出 10 多种名犬,如北京犬、巴哥犬、松狮犬、拉萨犬、西施犬、中国冠毛犬、西藏猎犬等。由于宠物犬的品种较多,形态、血统十分复杂,而在用途上也可兼用,因此,对宠物犬进行准确分类有一定的难度。从不同的标准出发,宠物犬通常有以下几种分类。

1. 按体型大小分类 一般分为超小型犬、小型犬、中型犬、大型犬和超大型犬 5 类。

(1)超小型犬 超小型犬是玩赏犬中最受宠爱的一类。它们体重不超过 4 kg,体高不足 25 cm,因体型小又有"袖珍犬""口袋犬"的美名。比较著名的品种有吉娃娃犬、博美犬等。一般来讲,此类犬的饲养与管理需特别精细,对调教与训练的要求不高。

(2)小型犬 小型犬大多数也属玩赏犬。它们的体重以 10 kg 为限,体高 40 cm 以下,又称为"家庭犬"。该类犬性格开朗、聪明活泼、警惕性高、吠叫激烈,具有看家的本领,但需训练。比较著名的犬种有北京犬、西施犬、马尔济斯犬、蝴蝶犬、日本独犬、巴哥犬等。

(3)中型犬 中型犬是指体重 11～30 kg,体高 41～60 cm 的犬。这类犬护卫能力强,主要作为护卫犬使用。这类犬在饲养与管理上与小型犬有较大区别,一般需要男性出面管理,平时要拴牢或关严,以防伤人。常见品种有斗牛犬、拳师犬、松狮犬、北海道犬等。

(4)大型犬 大型犬是指体重 31～40 kg,体高 61～70 cm 的犬。这类犬拥有粗壮结实的身躯、纯正的血统和悠久的繁育史等优点,是最能吸引爱犬人士注意的犬种。它们个性鲜明、工作能力强、用途广泛,但需要专门的训练和管理。较杰出的品种有德国牧羊犬、杜宾犬、波音达犬、秋田犬等。

(5)超大型犬 超大型犬是犬家族中体型最大的一类,一般体重 41 kg 及以上,体高 71 cm 及以上,饲养与管理和大型犬基本相同,但更要注意严管,以防伤人。常见品种有藏獒、圣伯纳犬、纽芬兰犬、阿富汗猎犬、苏俄牧羊犬、大丹犬、大白熊犬等。

2. 按功能用途分类 美国养犬俱乐部(AKC)根据犬的功能用途,将犬分为运动犬、狩猎犬、工作犬、牧羊犬、玩具犬、家庭犬、梗类犬 7 类,这也是目前比较通行、专业的一种分类方式。

(1)运动犬 又称枪猎犬,是指用于猎鸟的犬,多数从狩猎犬演变而来。一般体型较小,性格机警、温顺、友善。它们能从隐藏处逐出鸟供猎人射击,并能衔回被击落的猎物。主要品种有波音达犬、金毛犬等。

(2)狩猎犬 用于狩猎作业的犬。这类犬体型大小不等,但都很机警,视觉、嗅觉敏锐。它们不但能发现猎物的踪迹,衔回被击中的猎物,而且具有温和、稳健的气质。主要品种有比格犬、阿富汗猎犬等。

(3)工作犬 从事除狩猎、牧羊以外的各种劳动作业,如担负护卫、导盲、侦破等工作的犬。它们一般体型高大,比其他犬机敏、聪明,具有惊人的判断力和独立排除困难的能力。这类犬是对人类贡献最大的犬,有许多品种已成为人类忠实的工作者。主要品种有大丹犬、杜宾犬、藏獒等。

(4)牧羊犬 也称畜牧犬,是指专业负责牧羊、畜牧的犬种,其作用是在农场避免牛、羊、马等逃走或遗失,也可保护家畜免于熊或狼的侵袭。牧羊犬是农场主不可多得、必不可少的好帮手。随着历史的发展,牧羊犬逐渐受到各国皇室的喜爱,上流阶层和普通民众都逐渐把它当成玩赏犬饲养。主要品种有德国牧羊犬、苏格兰牧羊犬等。

(5)玩具犬 专门作为家庭宠物的小型室内犬。它们在室内玩耍自如,出门可以抱着走,它们体态娇小,容姿优美,惹人喜爱,举止优雅,被毛华美,可增加人们生活的情趣。主要品种有北京犬、蝴蝶犬、吉娃娃犬、玩具贵宾犬、博美犬等。

(6)家庭犬 适合家庭饲养的一类犬。它们对主人忠心耿耿,热情而又任劳任怨地为主人效命,虽然它们不承担狩猎、拉拽等繁重工作,但也能给人们增添许多生活的乐趣。它们活泼好动、待人亲切,适合独居者与老年人饲养,也深受儿童和少年的喜爱。主要品种有贵宾犬、狐狸犬、西施犬、斑点犬、松狮犬、拳师犬、纽芬兰犬等。

(7)㹴类犬 原产于不列颠群岛,专门用于驱逐小型的野兽。㹴类犬善于挖掘地穴,猎取栖息于土中或洞穴中的野兽,多用于捕获、狐、水獭、兔、鼠等。㹴类犬感觉敏锐、大胆、机敏,行动迅速而富有耐性。㹴类犬多属小型犬。现在许多㹴类犬已演变为漂亮的玩赏犬而遍布全球,主要品种有西高地白㹴、苏格兰㹴、波士顿㹴等。

(二)运动犬

1. 拉布拉多寻回犬

(1)历史起源 拉布拉多寻回犬(图1-1)源自18世纪末英国海员从纽芬兰带到英国的圣·约翰犬。由于表现出色,该犬成为英国育犬专家最喜爱的犬种。这些育犬专家制定了严格的繁育项目,只繁育最优秀的品种。直到19世纪末,这一犬种的名称才正式确立下来,命名为拉布拉多寻回犬(简称拉布拉多犬)。

彩图 1-1

图1-1 拉布拉多寻回犬

(2)形态特征 身高54~57 cm,体重25~34 kg。被毛有黑色、黄色和咖啡色,有的胸部带有一小块白色斑点。被毛短而浓密,光滑油亮,从水里出来后即可弹净身上的水分。身体壮实,腰部稍阔,眼睛有黄色或黑色,基本上和毛色一样。

(3)性情能力 性情温和,喜欢外出,天生容易被调教;渴望取悦主人,且对人类或其他动物没有攻击性。拉布拉多寻回犬对人们的吸引力非常大,它聪明,适应性强。拉布拉多寻回犬如果对人类或其他动物具有攻击倾向,或成年犬有明显的羞怯迹象,都属于严重缺陷。

拉布拉多寻回犬是非常均衡和全面的一个品种,有许多用途,同时也是很好的宠物。它们非常友好,尤其是对儿童友好。它们通常不具备占地盘、不安全、攻击性、破坏能力等特性。

其智商排在第7名,平均寿命为12~14年。

(4)挑选要点 通常在初次接触拉布拉多寻回犬时,如果它主动而有信心地向你走来,其眼睛明亮,摇动尾巴,说明那是一只正常而健康的拉布拉多寻回犬。相反,如果人接近它时,它哼着鼻子,偷偷摸摸地躲在阴暗处,那可能是一只性格孤僻的拉布拉多寻回犬。如果你用手温柔地抚摸它,它猛然一跳或大声吠叫,这可能是"近亲繁殖"所生的神经质拉布拉多寻回犬,它长大以后可能也会有这一特征。

(5)品种鉴别 金毛寻回猎犬与拉布拉多寻回犬都是中大型的犬种,由于它们的性格温顺、聪明且没有攻击性,常常被选作导盲犬或其他工作犬,深受人们的喜爱。金毛寻回猎犬与拉布拉多寻回犬的外形极为相似,其主要的区别在于以下几点。

从外形上看,金毛寻回猎犬的脸比拉布拉多寻回犬短,耳朵也比拉布拉多寻回犬短,且位置高于眼睛。拉布拉多寻回犬的耳朵紧贴头部垂挂,比较靠后,尾巴根部较粗,且没有边毛。

从步态上看,金毛寻回猎犬英姿焕发,拉布拉多寻回犬则大摇大摆。

从被毛上看,金毛寻回猎犬被毛平直或呈波浪状,被毛较长一些,属于绒毛,毛色金黄由深到浅均有;拉布拉多寻回犬有双层被毛,毛质短而直,且光滑致密,有黄色、黑色、巧克力色等。

2. 金毛寻回猎犬

（1）历史起源　金毛寻回猎犬（图 1-2）是在 19 世纪由苏格兰的一位君主用黄色的拉布拉多寻回犬、爱尔兰赛特犬和已经绝迹的杂色水猎犬培育出的一种金黄色的长毛寻回猎犬，后来该品种逐渐成为著名的金毛寻回猎犬（简称金毛犬）。此犬天生具备取回猎物的能力，善于追踪及具有敏锐的嗅觉。1908 年首次展出以后，金毛寻回猎犬便获得人们的青睐，在世界各地也颇受欢迎。

彩图 1-2

图 1-2　金毛寻回猎犬

（2）形态特征　金毛寻回猎犬身高 51～61 cm，体重 25～34 kg。被毛浓密，毛色为奶油色或各种金黄色。金毛寻回猎犬的身体平衡性良好，腰短，胸深，四肢肌肉发达、强健，奔跑能力强。

（3）性情能力　金毛寻回猎犬是一个匀称、有力、活泼的犬种，其身体各部位配合合理，腿既不太长也不笨拙，表情友善，个性热情、机警、自信。因其是一种猎犬，在困苦的工作环境中才能表现出它的本质特点。

金毛寻回猎犬有灵敏的嗅觉，发现和追踪猎物的能力强。除作为家庭犬外，也当作为展览犬、猎犬，还可以用来搜寻毒品、导盲。

其智商排在第 4 名，平均寿命为 12～13 年。

（4）挑选要点　在挑选金毛寻回猎犬时应注意，任何与该犬种的描述相背离者均可视为缺陷，缺陷的严重程度根据其与该犬种的用途相矛盾或与该犬种的特质相悖的程度来决定。

3. 美国可卡犬

（1）历史起源　美国可卡犬（图 1-3）原产于美国，其祖先是西班牙的猎鸟犬。大约 10 世纪初，由西班牙带到英国，培育成英国可卡犬，而后带到美国大量繁殖和改良，成为体型较小和美丽的犬而称之为美国可卡犬。1946 年该犬被公认为新犬种，深受人们的喜爱。至今该犬仍是美国流行犬中较受欢迎的犬种之一。

图 1-3　美国可卡犬

（2）形态特征　美国可卡犬体高 35～38 cm，体重 10～13 kg。毛色有黑色、褐色、红色、浅黄色、银色以及黑白混合等色，被毛因长而呈波浪状，丰厚密实。其头圆，吻部深，下颌短而方平；眼睛圆，眼神温柔，呈深色；耳长而下垂至鼻，饰毛丰富，较长，呈大波浪状。体躯结构紧凑，肌肉丰满而结实，胸厚，背部稍斜，短尾，四肢粗短，强健有力，指爪紧凑如猫爪，步伐优美而不凌乱。

彩图 1-3

（3）性情能力　美国可卡犬性情温和，感情丰富，行事谨慎，性格开朗、活泼，精力充沛，热情友好，机警敏捷。但有时美国可卡犬容易激动和兴奋，尾巴一直激烈地摇摆，这在行动和狩猎时尤其明显。

其智商排在第 20 名，平均寿命为 12～15 年。

（4）挑选要点　选购美国可卡犬时，注意选购与特征特性相符的个体，尤其是被毛应长且呈波浪状，丰厚密实，切忌短而稀疏。

4. 爱尔兰雪达犬

（1）历史起源　纯红色的爱尔兰雪达犬（图 1-4）在 19 世纪第一次出现在爱尔兰的弗曼耐夫郡。爱尔兰本土的资料对爱尔兰雪达犬作了如下记述：毛色为血红色、深栗色和赤褐色的爱尔兰雪达犬为该品种的上品，被毛中不得混有黑色。在强光下检测，不能有黑色的阴影或波纹，耳或体侧的黑色

Note

纹理必须是极少的。

现代培育者认为,出现黑色纹理是因为培育过程中混入了戈登赛特犬的血统。在犬展中,爱尔兰雪达犬的黑色被毛是绝对禁止的,甚至存在几根黑毛都被认为是瑕疵。如果爱尔兰雪达犬缺少其他明显特征的话,那么它的外部特征就显得更为重要。作为一种猎鸟犬,爱尔兰雪达犬具有耀眼的红色被毛,十分擅长跑猎或蹲猎。

(2)形态特征　爱尔兰雪达犬身高 64～69 cm,体重 27～32 kg,有非常鲜艳的红色作为身体的颜色,身体结构十分坚韧、牢固,四肢十分强壮、健美。

(3)性情能力　爱尔兰雪达犬表现出的气质非常温文尔雅,不仅外表具有极其招人喜爱的魔力,而且还可以在各种恶劣环境中工作。它勇敢、温和、可爱、忠

图 1-4　爱尔兰雪达犬

诚、坚韧而健壮,精力充沛,能在灌木丛中连续工作,具有较佳的脚力和运动关节,在训练中不会感到厌烦。

爱尔兰雪达犬性格温顺,秉性善良,对儿童、老人尤为爱护。因而,爱尔兰雪达犬在国外经常被用作儿童自闭症、阅读障碍、老人陪护等福利用途。

其智商排在第 35 名,平均寿命为 12～13 年。

(4)挑选要点　爱尔兰雪达犬以拥有一身红褐色的被毛而闻名于世,但是其幼犬的毛色则是比较浅的,它那又直又细、美丽的红色被毛会随着年龄的增长而逐渐变深。

爱尔兰雪达犬一副睡眼惺忪的样子十分惹人喜爱,充分显示出它们可爱的个性。该犬与生俱来的性格活泼、温顺、善解人意且顽皮,所以挑选幼犬时,不应在它们的眼中看到羞怯、敌意或害羞的神情。

爱尔兰雪达犬作为猎犬,挑选时要特别留意骨骼是否匀称、长而瘦的头部、宽度适中的胸部、肌肉发达的腿、发育良好的关节、娇小但结实的脚,这些是一只标准的爱尔兰雪达犬必须具备的条件。

5. 英国史宾格猎犬

(1)历史起源　英国史宾格猎犬(图 1-5)是各种英国犬的祖先。17 世纪开始在美国普及,美国养犬俱乐部的英国史宾格猎犬标准形成于 1927年,并于 1932 年第一次修订。英国史宾格猎犬俱乐部每年举行一次野外测试,通过测试向公众展示这个品种作为射猎犬的良好表现。

(2)形态特征　英国史宾格猎犬是一种中型猎犬,其身高 48～51 cm,体重 18～23 kg。颜色有两色或三色,被毛长度适中,在腿部、耳朵、胸部、腹部有羽状饰毛。其下垂的耳朵、温柔文雅的表情、坚定的结构和友好摆动的尾巴,表明它确实是古老猎犬家庭的一员。其身躯紧凑,胸腔较深,腿部强壮且肌肉发达,腿足够长使它能轻松自如地活动。要求断尾。

图 1-5　英国史宾格猎犬

(3)性情能力　英国史宾格猎犬运动性强,极易兴奋,衔取欲强,敏捷性高,有强大的弹跳能力,不知疲劳,服从性好,会看家。

其智商排名在第 15 位,平均寿命为 11～13 年。

(4)挑选要点　挑选英国史宾格猎犬,首先要考虑整体印象,如看上去是否典型,是否具有稳固

性。因为,如果它拥有平顺、轻松的步态,说明它必定拥有健康和匀称的结构,这一点值得高度关注。

6.英国可卡犬

(1)历史起源 英国可卡犬(图1-6)来自体型、类型、毛色和狩猎能力高度多样化的西班牙猎犬家族,是已知的古老的陆地猎犬之一。17世纪之前,可卡犬无论高矮、长短、胖瘦和跑动快慢,都被统称为西班牙猎犬。后来,猎人们渐渐发现了它们的不同点,体型较大的可以猎杀大动物,而小型的一般捕猎丘鹬。于是,就出现了两种不同的名字:史宾格猎犬(激飞猎犬)和可卡犬(猎鹬犬)。直到1892年,英国可卡犬和英国史宾格猎犬才被英国养犬俱乐部承认为两个独立的品种。

图1-6 英国可卡犬

(2)形态特征 英国可卡犬的公犬高40～43 cm,母犬高38～40 cm。头部被毛短而细,躯干部被毛长度中等,质地呈丝状,平直或稍有波纹,毛色多样。其头方正,额段明显,鼻直、大,上唇边缘下垂,齿呈剪式咬合;耳大而下垂,布满长而丰厚且呈波浪状的饰毛;眼大且有神,颈粗,躯干结实、短而紧凑,臀部圆;四肢短而有力,后肢强劲,被毛丰密柔软呈波浪状;尾巴应断尾,使尾平翘至背水平线。

(3)性情能力 英国可卡犬欢乐而热情,性格平稳,既不迟钝又不过度活跃,作为工作犬和伴侣犬均可。

其智商排在第18名,平均寿命为10～15年。

(4)挑选要点 注意选购与特征特性相符的个体,尤其是被毛密而柔软,细滑如丝,有波浪状,微曲,是此犬的重要特征之一。选购时,要辨别毛质,毛质粗硬而不柔软的,与本品种标准不符,不可入选。

(三)狩猎犬

1.阿富汗猎犬

(1)历史起源 阿富汗猎犬(图1-7)又名喀布尔犬,属古老犬种。约4000年前,阿富汗的绘画中即有该犬画像。此犬原产于中东地区,后来沿着通商路线传到阿富汗,被用来狩猎狼、雪豹等动物。

阿富汗猎犬种于1886年首次登陆英国,成为英国皇室猎犬。阿富汗猎犬进入美国后,经过半个世纪的改良而拥有了高雅威武的外观。阿富汗猎犬因其美丽的姿容而形成独特的风格,在任何恶劣的环境中都有较强的忍耐力、惊人的敏捷度和强壮的体魄,并且具有极高的观赏性,随后此犬种再次传入欧洲并风靡全世界。

图1-7 阿富汗猎犬

(2)形态特征 阿富汗猎犬身高64～74 cm,体重23～27 kg。其外貌高贵,态度超然,是一种贵族犬。它的前部挺直,骄傲地昂着头,顶髻长而且如丝般光滑,毛发外形独特,表情丰富。

(3)性情能力 阿富汗猎犬有高雅、威武的外观,因其美丽的姿容而形成独特的风格。它身体强壮,独立性强,对人温和,但有时也有神经质的一面。阿富汗猎犬需要适当的运动空间,需要每天

彩图1-6

彩图1-7

Note

梳理被毛。

其智商排在第 79 名,平均寿命为 11～14 年。

(4)挑选要点

①头部 长度恰当,脑袋和前脸显得均匀和谐。轻微突起的鼻梁骨形成了罗马面貌,其中心线沿着前脸上升到止部,消失在眼睛前面,所以视线清晰,下颌显得非常有力;牙齿为钳式咬合,无上腭突出或下腭突出。后枕骨非常突出,头顶的头发是丝状的。耳朵长,位置大约与外眼角在同一水平线,耳朵的长度可以延伸到鼻尖,被长而呈丝状的被毛所覆盖。眼睛呈杏仁状,不能太突出,颜色深。鼻镜大小合适,黑色。有缺陷的阿富汗猎犬可能上腭突出或下腭突出,眼睛圆、突出或颜色浅,具有过分夸张的罗马鼻,脑袋上缺乏头发等。

②颈部 颈部足够长,结实而圆拱,呈曲线状与肩部连接,肩中长而向后倾斜。有缺陷的阿富汗猎犬颈部太短或太粗,颈部缺乏肌肉或骨骼。

③尾巴 尾根位置不过于高,呈环状或末端弯曲,但不能过分卷曲,或卷在背后,或甩向身体一侧,且绝不能太粗。毛不应过于浓密。

④四肢 前肢直而结实,肘部贴合身体,前足爪长、宽,脚趾圆拱,足爪上覆盖着浓厚的长被毛,质地精细,脚垫非常大且支撑在地面上。若肩关节太直导致骹骨被压垮,属于严重缺陷。阿富汗猎犬的四个足爪都与身躯保持同一方向,既不向内弯,也不向外翻。后躯有力而肌肉发达,飞节与臀部间有足够的长度;从飞节到胯部略微弯曲呈弓形。有缺陷的阿富汗猎犬前后足爪向内弯或向外翻,脚垫缺乏足够的厚度,足爪太小,足爪有其他显著的缺点,骹骨松懈或被压垮,膝关节太直,飞节太长。

⑤被毛 后躯、腰窝、肋部、前躯和腿部都覆盖着浓密、丝状的被毛,质地细腻;耳朵、四个足爪都有羽状饰毛;从前面的肩部开始向后面延伸为马鞍形区域(包括腰窝和肋骨以上部位)的被毛略短且紧密,构成了成熟犬的平滑后背,这是阿富汗猎犬的传统特征。阿富汗猎犬以自然形态出现,被毛不需要修剪或修整。若成熟的阿富汗猎犬缺乏短毛的马鞍形区域,则是有缺陷的标志,挑选时要注意。

⑥气质 高贵超然、活泼。要避免刻薄、胆怯、凶狠的个体。

⑦步态 阿富汗猎犬会高速飞奔,在有力而平顺的步伐中,显示出极大的弹力。如果不加约束,阿富汗猎犬奔跑的速度极快;向前奔跑时,后面的足爪直接落在前足爪的足迹上,前后足迹都是笔直向前的。跑动时,头部和尾巴都高高昂起。

彩图 1-8

图 1-8 巴吉度猎犬

2. 巴吉度猎犬

(1)历史起源 巴吉度猎犬(图 1-8)起源于法国西部,也称法国短脚猎犬,是一种相当古老的品种。1863 年,巴吉度猎犬在巴黎犬展上第一次出现,之后传到英美等国,并得到各国养犬俱乐部的认可。

(2)形态特征 巴吉度猎犬体高 33～38 cm,体重 18～27 kg。该犬毛质为硬性滑质短毛,皮肤有弹性,毛色由黑色、黄褐色、白色构成。该犬身长腿短,具有标志性的大耳朵、松弛的皮肤和敏锐的嗅觉。

(3)性情能力 巴吉度猎犬性情温和,非常热情。在田间活动时,它具有极强的耐力。

其智商排在第 71 名,平均寿命为 12～14 年。

(4)挑选要点

①身躯 巴吉度猎犬平顺的肋骨长且向后伸展。肋骨充分扩张,为心脏和肺部提供了充分的空间。肋骨鼓起或平坦的侧面均为缺陷。背部水平,无凹凸不平的地方。不平坦的背线则为缺陷。

②后躯 巴吉度猎犬圆拱的后躯十分丰满,后躯宽度与肩部大致相同。站立时,后腿的膝关节位置低。从后面看,后腿互相平行,飞节不向内弯曲,也不向外翻转。腿部弯曲呈弓形则为严重缺

陷。笔直的后足爪指向前方。弯曲或缺乏角度的后躯则为严重缺陷。

③尾巴 巴吉度猎犬有完整的尾巴,位于脊椎的延伸位置,略微卷曲。

3. 米格鲁猎兔犬

（1）历史起源 又称比格犬,与英国皇室的渊源颇深。16—17世纪,英国正值狩猎风潮。英国皇室养育了许多名犬以配合皇家出游打猎,米格鲁犬被训练成专门狩猎小型猎物的猎犬,而小型猎物中以兔子最为灵敏,因此,兔子经常是米格鲁犬猎捕的重要对象。因米格鲁犬猎捕兔子成果惊人,因此被冠上"兔子杀手"的称号,久而久之就被称为米格鲁猎兔犬（图1-9）。

图1-9 米格鲁猎兔犬

彩图1-9

后来,狩猎风潮逐渐退去,米格鲁猎兔犬开始转型成为家庭犬。活泼好动的米格鲁猎兔犬在成为家庭犬之初并不太受欢迎,原因在于其过于好动、难以驯服,但后来在专业驯犬人士与兽医的合作下,米格鲁猎兔犬才逐渐适应人类的家庭生活。

（2）形态特征 米格鲁猎兔犬身高33～38 cm,体重8～14 kg。被毛是浓密生长的短硬毛,颜色有白、黄、黑三色。头部大呈圆顶状;眼睛大呈褐色;耳朵下垂,长而广阔;躯体肌肉结实;尾粗壮似鳅鱼。

（3）性情能力 米格鲁猎兔犬体型较小,外形可爱,性格开朗,动作惹人怜爱,活泼,反应快,对主人极富感情,善解人意,吠声悦耳。由于成群时喜欢吠叫、吵闹,所以家庭饲养最好养单只,以纠正其喜欢吠叫的坏习惯。

其智商排在第72名,平均寿命为12～15年。

（4）挑选要点 垂耳是米格鲁猎兔犬最大的特征与卖点。米格鲁猎兔犬的耳朵不能长过鼻头,耳朵下缘圆且宽。以黄、黑、白三色为主。黄色散布于头、耳朵、四肢的上半部、尾巴的下半部;黑色主要在背部,同时也是快速辨别是否为米格鲁猎兔犬的最显著特征。标准的米格鲁猎兔犬必须要有"七白",即鼻部前端、脖子、四肢下半部以及尾巴尖端必须是白色。由于米格鲁猎兔犬的四肢下半部是白色的,因此又有"米格鲁猎兔犬穿白袜"的说法。

①体型 身长43～50 cm,属标准的中型犬。

②体格 腹部拍摸起来强健有肉。

③尾巴 除了生病、饥饿和心情不佳,米格鲁猎兔犬尾巴几乎都是往上翘的,尾巴的弧度如同锐利的镰刀。

4. 腊肠犬

（1）历史起源 也称猎獾犬。原产于德国,是专门用来捕捉狭窄洞内野兽的一种猎犬。由于它四肢短小,身体长,耳朵大,就像一条名副其实的大腊肠一样,因此取名腊肠犬（图1-10）。起初的腊肠犬是短毛型,1840年,德国成立了第一个腊肠犬俱乐部,后来经过多年的培育,又选出了长毛型、刚毛型以及迷你型。1850年,英国引进腊肠犬,经过不懈努力,最终培育出一种用作玩赏的迷你型腊肠犬,并于1935年成立了小型腊肠犬俱乐部。我国也引进了这种伴侣犬。腊肠犬为猎犬品种,是天生的兽穴狩猎能手。此犬在英国、德国和瑞士常常被用来娱乐狩猎。由于此犬聪明伶俐、善解人意、对主人忠心,因此也是非常优秀的伴侣犬。除此之外,此品种喜欢吠叫,具有很强的警戒心,同时也可作为

图1-10 腊肠犬

彩图1-10

护卫犬。

（2）形态特征　腊肠犬标准型体高为 20 cm,迷你型体高为 15 cm;标准型体重为 6.5～7 kg,迷你型体重则在 4.2 kg 以下。头部呈锥形(向鼻尖方向逐渐变细)。头略微圆拱,既不太宽,也不太窄,逐渐倾斜,过渡到精致、略微圆拱的口吻。耳朵位置非常接近头顶,中等长度,耳宽大并下垂;活动时,耳朵前侧边缘贴着面颊,成为脸的一部分。眼睛中等大小,暗色;如果皮毛呈斑纹状,眼睛则一部分或全部为淡青色,眼睛呈杏仁形,有深色眼圈。鼻色随皮毛色而不同,有黑色或茶色,鼻孔张开;鼻骨(越过眼睛)突出。嘴唇紧密延伸,覆盖下颌,嘴能张得很大,剪式咬合,下颌与头骨结合处位于眼睛下后方,骨骼与牙齿都很结实。

颈部长,肌肉发达,整洁,无赘肉,颈背略微圆拱,流畅地融入肩部;躯干长,背腰呈水平状,肌肉发达;胸深且宽,前胸骨突出;腰幅宽,腰部稍呈拱状;臀部长、圆而丰满;尾根高而且有力,尾梢逐渐变细、下垂,无明显弯曲。

胸骨强烈突出,使两侧都显示出塌陷或凹陷;胸腔呈卵形,向下延伸到前臂中间,支撑肋骨,肋骨呈卵形且丰满;肩胛骨长、宽,向后倾斜,肌肉坚硬而柔韧;前躯足爪都略向外倾斜,有 5 个脚趾,4 个脚趾紧密贴合在一起,圆拱而结实,趾甲短;后躯结实而肌肉清晰;腿既不向内弯,也不向外翻;跖骨短而结实;后足爪(后脚掌)比前足爪小,有 4 个紧密贴合、外形圆拱的脚趾,脚垫厚实;整个足爪笔直向前,足爪整体和谐,呈球状。

短毛型腊肠犬被毛平滑流畅,密生,较受欢迎;长毛型腊肠犬被毛软直,光滑,微呈波浪式;刚毛型腊肠犬拥有长须和浓眉,被毛刚硬,胸部和脚上的毛发较长。腊肠犬任何毛色都有,胸部上有白色小斑或各种颜色的斑点。

（3）性情能力　活动性强,动作敏捷,活泼聪明,开朗、勇敢、自信,喜爱哄闹,嗅觉十分灵敏,善良,对主人忠诚,可成为亲密的伙伴。

其智商排在第 49 名,平均寿命为 12～16 年。

（4）选购要点　选犬时要选胸部宽广,四肢矮短,站立或行走时胸骨几乎要贴到地面,背部水平,收腹,前肢笔直竖立、后肢强壮而有力,尾巴略长、向尾端逐步变细的犬。忌选背线倾斜或偏歪,拱背凹陷,腹部悬垂或者过于肥胖的犬。

彩图 1-11

图 1-11　惠比特犬

5. 惠比特犬

（1）历史起源　惠比特犬(图 1-11)是一种比较小型的英国灵缇,是 19 世纪末期,由灵缇、意大利灵缇和㹴类犬交配繁殖出来的新品种。此犬是目前世界上短距离赛跑速度最快的一种,所以它的犬名意思是"奔驰神速"。由于惠比特犬具备快跑的特性,人们将它作为竞赛用的跑犬。因这种活动常盛行于中下阶层之中,故此犬被称为"穷人的跑马"。惠比特犬有杰出的狩猎野兔的能力,有人称它为"快犬",它在追赶兔子的时候速度会突然加快,又因为它能够迅速一跃咬住正在疾跑的野兔,所以被冠以"扑咬之犬"或"追逐的扑咬犬"的称谓。

（2）形态特征　惠比特犬体高 41～51cm,体重 12～13kg,被毛精细而柔软,毛发短。几乎任何颜色和斑纹都有。它全身漂亮而和谐,身体的肌肉发达、强壮、有力,四肢修长。

（3）性情能力　惠比特犬具有温和而柔顺的性格,愉快、富有感情、高贵、聪明,易于训练,对主人很忠实,是非常优秀的伴侣犬,经适当训练也可用作护卫犬。该犬貌似虚弱,却具有惊人的力量,而且速度非常快。

另外,由于它具有意大利灵缇的血统,所以抗病力较强,寿命较长。惠比特犬每天需要充足的运动量。该犬有身体发抖的习惯,其症状并不表示害怕或寒冷,但应避免在寒冷或炎热的环境中长期生活。

其智商排在第 51 名,平均寿命为 14.3 年。

(4)挑选要点

①头部 头窄而长,鼻子很尖,止部不明显。脑袋相当长,几乎是平的。口吻长而纤细、秀气。鼻镜颜色暗,可能是黑色、褐色或其他与体色相配的颜色。剪式咬合。眼睛颜色暗、明亮。浅色眼睛属于缺陷。耳朵小,轻巧;非警戒状态时,耳朵都向后面摺,以适当的角度摺向脑袋。

②身体 颈长、细,且形成优美的拱形。身躯长度适中,连接紧凑;从侧面看,马肩隆、背部曲线和向下的后躯形成向上拱的弓形,弓形的最高点在腰的起点处。胸深而窄。尾巴细长,末端尖,呈曲线状,长度正好到飞节。尾根位置低,尾巴放得也很低。卷尾属于严重缺陷,甩尾也属于缺陷。

③四肢 肩长而倾斜。前肢长而直,位于肩膀下合适的位置;腕部结实强壮,骨骼纤细,足爪呈适合的拱形(兔形足)。后肢长,大腿肌肉发达。从后面看,两条后腿平行,飞节向下,后膝角度适合,足爪同前肢。

④被毛和颜色 被毛:精细而柔软,被毛短,摸上去像缎子一样光滑柔软。颜色:除了斑点和带黄褐色斑纹(通常是其他品种才有黑底带褐斑的颜色)之外,其他任何颜色和斑纹都可以接受。

(四)工作犬

1. 阿拉斯加雪橇犬

(1)历史起源 在最初北美移民的记录上,可发现有关阿拉斯加雪橇犬(图 1-12)的记载。此犬体格匀称,有顽强的精神和忍耐力。

阿拉斯加雪橇犬喜欢户外运动,以身强力壮以及极富忍耐力而闻名于世。在白人逐渐进入北极圈后,它们常被用来从事南北极的探险活动。

随着美洲的发现、阿拉斯加被征服,白人开始将北极圈内的犬和外来的犬杂交。1909—1918 年,阿拉斯加雪橇犬赌赛越来越流行,许多赛手尝试将北极圈的犬和外来犬交配,以期发现体力更好、速度更快、更漂亮的犬,结果事与愿违。这一时期后来被称为北极雪

彩图 1-12

图 1-12 阿拉斯加雪橇犬

橇犬的衰落时期。之后,由于和输入犬种的相互交配,原有的本土犬种被混入了各种外来犬的基因,传统意义上的纯种阿拉斯加雪橇犬几乎灭绝。

1926 年,美国的雪橇犬爱好者开始致力于以本土雪橇犬和哈士奇犬(西伯利亚雪橇犬)为基础,系统选育纯种阿拉斯加雪橇犬的活动。经过近 10 年的选育和发展,1935 年,美国犬业俱乐部正式确认阿拉斯加雪橇犬为一个犬种。

(2)形态特征 阿拉斯加雪橇犬身高 55~71 cm,体重 46~55 kg。被毛浓密,有足够的长度以保护内层柔软的底毛。身体结实、有力,肌肉发达,头部宽阔,耳朵呈三角形,警惕时保持竖立,眼神显得警惕、好奇,给人的感觉是充满活力而且非常骄傲。

(3)性情能力 阿拉斯加雪橇犬忠实、能力强,富有感情,酷爱户外运动,是优秀的警备犬和工作犬,也是理想的家庭犬。

和所有雪橇犬一样,阿拉斯加雪橇犬保持着对人类的友好,一只在正常环境下成长的阿拉斯加雪橇犬极易亲近人,富有好奇心和探索精神。阿拉斯加雪橇犬一般被认为是不攻击人类的犬种。

由于是原始犬种,阿拉斯加雪橇犬身上具有与原始犬种相应的特征,例如独立、不过分依赖主人。

(4)品种鉴别 阿拉斯加雪橇犬与哈士奇犬被认为是极为相似的两个犬种,它们都是原始犬,也同为工作犬,外观上也相似,但是如果仔细辨别,还是能发现很多区别之处的。

①体型　阿拉斯加雪橇犬属于大型犬,而哈士奇犬属于中型犬。阿拉斯加雪橇犬的平均体高一般比哈士奇犬高出 10 cm 左右,体重增加 10 kg 左右。

②眼睛　阿拉斯加雪橇犬不可以接受蓝眼,哈士奇犬则允许单眼或双眼为蓝色。

③耳朵　阿拉斯加雪橇犬耳朵分得很开且向外后侧,而哈士奇犬耳朵分得过开、耳朵过大为缺陷;阿拉斯加雪橇犬耳朵下垂,过高过近属缺陷,而哈士奇犬耳朵相距较近,位于头部较高的位置。

④尾巴　阿拉斯加雪橇犬的尾巴在多数情况下都是向上翘,卷在背部,特别是在工作的时候,像一根招展的"大羽毛";哈士奇犬的尾巴不会打卷,往往是平直的,像一把"圆头刷子",摇尾巴的时候也是朝正上方乃至斜上方摇动,而不是卷曲到背上摇动。

⑤性格　阿拉斯加雪橇犬比较敦厚和稳重;哈士奇犬大多对人类非常热情。

(5)挑选要点　在选购阿拉斯加雪橇犬的时候,除了要看其身体指标是否达标,还要注意观察阿拉斯加雪橇犬是否急躁。对于这种耐劳的犬种来说,急躁是一个不能容忍的毛病。

同时,在观察该种犬的时候,还需要用心细看四肢的情况。一只好的阿拉斯加雪橇犬必须具有强壮的四肢。在选购的时候,让犬只四处奔跑,仔细观察它们的四肢情况是十分重要的。

最后,还要亲手抱一抱,以此来考察犬只骨骼的轻重。骨骼过轻或者过重、身体比例不协调等都是致命的缺点。

2. 杜宾犬

(1)历史起源　杜宾犬(图 1-13)是一种混杂着多种血统的犬种,由一位名叫多伯曼的德国人繁殖培育出来。多伯曼从事征税工作,必须经常到山贼横行的地区执行任务,所征收的税款常常遭到抢劫。因此,他决心培育出一种兼具护卫和保镖功能的犬种,以便应对随时可能发生的突发状况。杜宾犬就在这种情况下由多种犬交配、繁殖、改良而成。1876 年,此犬首次出现于犬展后就受到众人的喜爱。杜宾犬之后传入苏格兰、荷兰、奥地利,后来传到法国、波兰、苏联,最后传入美国。

彩图 1-13

图 1-13　杜宾犬

(2)形态特征　杜宾犬体高 61～71 cm,体重 30～40 kg;头部狭长;吻部呈楔形;耳朵为直立耳,略朝前;眼睛椭圆形,暗褐色,眼神灵活机敏;尾巴修剪至第一或第二关节。体毛短硬、丰厚,贴身并有光泽;毛色有黑色、棕黑色和带着少许红褐色斑纹的蓝色。

(3)性情能力　杜宾犬体格健美结实,气质优雅高贵。雌雄犬各有特点:雄犬机敏大胆、十分聪明、坚决果断,但个性易猛烈冲动,具攻击性;雌犬安静、敏感、恋家,对陌生人往往持警戒心态。

(4)挑选要点

①头部　长而紧凑,不论从前面观察还是从侧面观察都呈钝楔形。眼睛呈杏形,适度凹陷,眼神显得活泼、精力充沛。眼睛的颜色单一,黑色犬的眼睛颜色为从中等到非常深的褐色,其他颜色如红色、蓝色、驼色的犬,眼睛颜色与身体的斑纹颜色一致。耳朵通常是剪耳,而且竖立。当耳朵直立时,耳朵上部位于头顶。

头顶平坦,脑袋通过轻微的止部与口吻衔接。面颊平坦、肌肉发达。黑色的犬有纯黑色的鼻镜,红色的犬有深褐色的鼻镜,蓝色的犬有深灰色的鼻镜,驼色的犬有深茶色的鼻镜。嘴唇紧贴上下腭,上下腭饱满、有力,位于眼睛下面。

②颈部、身躯　颈部骄傲地昂着,肌肉发达且紧凑。颈部略拱,颈部的长度与身体及头部的长度

比例匀称。马肩隆明显,是身躯的最高点。背短而坚固,有足够的宽度。腰部肌肉发达。从马肩隆到略圆的臀部呈直线。

③前躯 肩胛骨向前、向下倾斜,与水平面成45°角。与前臂成90°角相连,与上臂长度相等。从肘部到马肩隆与从地面到肘部的长度相等。前肢从肘部到脚腕,不论是从正面看还是从侧面看都是笔直的,彼此平行且有力,骨量充足。不管是站立时还是行走中,肘部都紧贴胸部。脚腕结实,与地面垂直。足爪拱起、紧凑,类似猫足,既不向内翻也不向外翻。

④后躯 后躯的臀骨与脊椎骨成30°角(向后、向下),使臀部显得略圆、外翘。大腿骨与臀骨角度恰当。大腿长且宽,肌肉发达;大腿骨长度约等于胫骨长度。

从后面观察,腿直,两腿彼此平行。两腿间有恰当的距离,可以稳定地支撑身体。平滑的被毛短、硬、浓密且紧贴身体。颈部可以有不可见的灰色底毛。

⑤步态 轻松、和谐、精力旺盛,前躯伸展良好,后躯有力;小跑时后躯动作有力。腿既不内翻,也不外翻。背部结实而稳定。快跑时,身体结构完美的杜宾犬会沿单一轨迹运动。

⑥气质 活泼、警惕、坚定、机敏、勇敢、忠诚、顺从。

3. 美系秋田犬

(1)历史起源 美系秋田犬(图1-14)的起源要追溯到日本秋田犬。以前日本不允许出口日本秋田犬,直到1937年,美国女作家海伦收到了两只日本秋田幼犬作为礼物犬。美国的士兵在日本认识了这种犬,第二次世界大战以后,美军把日本秋田犬带回美国,然后根据自己的知识继续培养,最终形成了与日本秋田犬有较大差别的美系秋田犬。但日本人强烈反对在美国培育的秋田犬品种,所以从1998年开始分别叫日本秋田犬和美系秋田犬,这种犬在美国继续被称为秋田犬。

(2)形态特征 美系秋田犬体高66～71 cm,体重45～55 kg。体型大,反应机敏,身体强壮,肌肉丰满。

尾大而卷曲,与宽阔的头部对称,被毛直、粗硬且竖立在身体上,颜色有白色、杂色。

彩图1-14

图1-14 美系秋田犬

(3)性情能力 美系秋田犬是强壮、自信、独立性强的犬种,对主人以及主人家的朋友忠心耿耿,对待儿童非常宽容、大度,但是对陌生人却充满敌意。由于它们有狩猎嗜好,所以需要一块用篱笆围起来的领地。

美系秋田犬的平均寿命为10～12年。

(4)挑选要点 注意选购与特征特性相符的个体。

4. 西伯利亚雪橇犬

(1)形态特征 西伯利亚雪橇犬(图1-15)又名哈士奇,外形酷似狼,体高51～60 cm,体重16～27 kg;头部宽阔有力;吻部中长渐细;鼻稍圆,呈暗色或褐色;耳朵竖立,呈三角形,内侧也有毛;眼睛蓝色,杏仁状,稍微倾斜;尾巴上长有大量毛,状如狼尾,通常翘至背上。体毛似绵羊毛那样稠密、柔软,保暖性能极好,可适应零下50 ℃至零下60 ℃的低温;毛色多样,从狼灰色到银灰色、浅沙石色、黑色杂有白色斑纹。

(2)性情能力 哈士奇智商较高,性情开朗,警觉性高,反应灵敏,服从性好,友善多情,因此易于训练,但较顽固倔强,且缺乏耐心,常狂吠不息,易无聊厌烦。

早期,哈士奇被用于拖雪橇、狩猎动物、护卫主人,以及帮助渔夫在水中拉动用皮革制成的轻舟和小船。与阿拉斯加雪橇犬相比,此犬体态轻巧、跑速快,所以常常参加拉雪橇比赛。此外,它还可作为伴侣犬。哈士奇天生爱清洁，没有许多长毛犬身上的气味。这种犬对生活条件的适应能力极强，天生喜欢闲逛，所以必须注意看管。

其智商排在第 45 名，平均寿命 11.8 岁。

图 1-15　西伯利亚雪橇犬　　　　　　　　　　　图 1-16　拳师犬

5．拳师犬

（1）历史起源　拳师犬（图 1-16）的祖先是獒犬种，中世纪时，用其攻击野牛，猎野猪与鹿。拳师犬与斗牛犬有血缘关系，它们都有莫洛苏斯血统，其他品种的犬很少有拳师犬这样的勇气和精力。几个世纪以来，拳师犬一直是迷人的浅黄褐色。

经过几百年的选育，拳师犬在德国发展到了较完美的程度。19 世纪，在德国慕尼黑以伯连巴塞方獒犬和斗牛犬交配育种，和其他一些品种交配改良成现在的拳师犬。第二次世界大战后，该犬不但在美国、英国有一定影响，同时在世界各地作为家庭犬及警卫犬，深受人们的喜欢。19 世纪中叶，拳师犬曾一度被视为斗犬。

1904 年，美国养犬俱乐部首次将拳师犬登记在册。

（2）形态特征　理想的拳师犬体型中等大小，正方形比例，身体结实、背短，四肢强壮，被毛短、紧密而合体。它肌肉发达、线条清晰，坚硬的肌肉被紧而光滑的皮肤包裹着；动作显示出力量感；步态稳固，富有弹性，步幅舒展，显得骄傲。拳师犬头部必须与身躯保持恰当的比例，宽而钝的口吻是其最大的特点。

（3）性情能力　拳师犬喜好嬉闹，感情丰富，有较强的自制力，年老时仍充满活力。它喜欢小孩，对儿童富有感情，易训练。作为守卫犬，拳师犬机警、自信、有威严。在犬展中可以表现出适度的活泼。与家人和朋友在一起时，拳师犬很喜欢嬉戏，对孩子非常有耐心。拳师犬对陌生人机警而谨慎，对威胁毫不畏惧，但对友好表示的反应很温和。拳师犬的聪明、温顺使它成为理想的伴侣犬。

拳师犬平均寿命 10～12 年。

（4）挑选要点

①眼睛　明亮、没有泪水和异常分泌物。

②耳朵　粉红，没有异味，没有异常分泌物。

③脸部　脸上表情好奇、轻松、无害怕迹象。

④被毛　柔软有光泽、干净、无油腻、皮屑和脱毛迹象。

⑤四肢　腿笔直，无弯曲、内翻现象。

⑥其他　肌肉发达而丰满；肛门清洁干爽、生殖器无异常分泌物；被人举起不紧张，说明它成年后可能性情比较温顺。

6．萨摩耶犬

（1）历史起源　萨摩耶族人群居在俄罗斯北部极辽阔的冰冻原野上，他们豢养的萨摩耶犬（图

1-17）能帮助他们捕捉北极熊、驱赶野狼、看护饲养的驯鹿，因而以这个民族之名称其为萨摩耶犬。

19世纪末期，因探险北极而获得诺贝尔和平奖的南森曾在颁奖大会中声泪俱下地赞扬该犬，称应该将这个奖颁给排除万难帮助他完成使命，并护卫他生命安全的萨摩耶犬。这个被欧美人称为"撒咪"的犬种，之后成为探险家们最钟情的雪橇犬。据说，1889年，探险家罗伯特斯科特将此犬带回英国，并成立萨摩耶俱乐部，此后该犬风靡全球。

彩图1-17

（2）形态特征　萨摩耶犬体高48～60 cm，体重23～30 kg；头部宽大，呈楔形；吻部中长稍细，下颌强壮；耳朵小，竖立，耳尖稍圆、灵活；眼睛小、暗色、深陷，呈椭圆形，稍倾斜；尾巴多毛，卷于背上。体毛长短适中，厚而直，从不卷曲，内层被毛柔软保暖；毛色以纯白色和淡黄色居多。

图1-17　萨摩耶犬

（3）性情能力　此犬耐力强，平静和善，性情好，气质开朗，对主人忠诚、服从。其面部似乎永远保持着微笑，因而有"微笑犬"的美称。

萨摩耶犬除了拉雪橇、护卫和放牧驯鹿之外，因它外貌美丽、性情温和，所以也是一种理想的伴侣犬，尤其能陪伴孩子们亲切地玩耍。

萨摩耶犬有着非常引人注目的外表：雪白的被毛，微笑的脸和黑色而聪明的眼睛，是现在的犬中最漂亮的一种。萨摩耶犬身体非常强壮，速度很快，是出色的守卫犬，但又是温和而友善的，从不制造麻烦，却能保持立场。萨摩耶犬的优秀品质在幼犬身上就已表现出来。

其智商排在第33名，平均寿命为12～14年。

（4）挑选要点　萨摩耶公犬外貌要显得雄壮，而没有不必要的攻击性；萨摩耶母犬的外貌娇柔，但气质上不显得软弱。无论公母犬，外观都显得具有极大的耐力，但不显粗糙。萨摩耶母犬的后背可以比公犬略长。

萨摩耶幼犬身体不长但肌肉发达，要求胸部非常深的同时还要求肋骨扩张良好，颈部必须结实，前躯直而腰部非常结实。好的萨摩耶幼犬其后臀肌肉要显得非常发达，后膝关节适度倾斜，后膝关节存在任何问题或牛肢都是严重的缺陷；好的萨摩耶犬腿部要足够长，由于萨摩耶犬的胸部很深，所以腿部要有足够的长度，而一条腿很短的萨摩耶幼犬是非常不好的。

萨摩耶犬拥有双层被毛，身体上覆盖着一层短、浓密、柔软、絮状、紧贴皮肤的底毛，被毛是透过底毛的较粗较长的被毛，被毛直立在身体表面，绝不能卷曲。被毛围绕颈部和肩部形成"围脖"。被毛的质量关系到能否抵御各种气候，所以质量比数量重要。下垂的被毛是不受欢迎的。

（5）品种鉴别　萨摩耶犬和银狐犬在外观上很相似，其区别在于以下几点。

①毛质　萨摩耶犬的毛质相对银狐犬来说更加松软，毛量也大得多。而银狐犬的毛质更像博美犬，感觉相对硬一点，呈打缕儿状，用手摸上去没有柔软滑顺的感觉。

②毛色　银狐犬的毛色更加趋于雪白，仿佛是漂染过的，反光的亮度也大于萨摩耶犬。而萨摩耶犬的毛色趋于乳白，像棉花的感觉，反光亮度也没有那么大。

③爪子　萨摩耶犬爪子的形状类似于哈士奇犬，而银狐犬的爪子形状类似于博美犬。

④表情　银狐犬的表情没有特点，萨摩耶犬的表情甜美。

⑤性格　银狐犬生性胆小，爱叫，容易发脾气，萨摩耶犬则愿意与人玩耍，更加聪明好动，但是也很淘气。

⑥嘴　萨摩耶犬和银狐犬的最大区别就是嘴。萨摩耶犬的嘴相对银狐犬较宽、较短，嘴两侧的肉相对银狐犬来说更加厚实。

⑦腮　萨摩耶犬的两侧腮毛比银狐犬多。

⑧眼　萨摩耶犬有着典型的杏仁眼，银狐犬的眼睛相对较小、较圆。

⑨脸　萨摩耶犬的脸与鼻梁骨所成的角度较大，而银狐犬相对来说，脸与鼻梁骨所成的角度

较小。

⑩耳　萨摩耶犬的耳朵相对更加厚实,银狐犬的耳朵则显得单薄。

7. 藏獒

（1）历史起源　藏獒（图1-18）原产于中国,又名西藏藏獒、西藏马士提夫犬。藏獒是源于雪峰的一种大型猎犬,形象威猛,又称为中华神犬。藏獒体格壮硕,高高的尾巴向一侧弯曲,令人生畏,是很出色的警卫犬,训练时反应敏锐,对成人乃至儿童都很友好。在西藏,习惯让该犬戴牛毛制的红色项圈,以作为地位的象征。

图 1-18　藏獒

藏獒是古老的犬种,数千年来一直活跃在喜马拉雅山麓和青藏高原地区,是青藏高原牧民的好助手。马可·波罗笔下曾这样描述藏獒:身高如驴,吼声如狮。由于长期以来缺乏选种选育,优良的纯种不足1%。因此,纯种藏獒一直是犬中珍品,目前河曲地区较多。藏獒是唯一不惧怕猛兽的犬种,世界上任何一种犬都比不上藏獒的强劲与凶猛,据称一只成年藏獒可斗败三只狼,两只藏獒可使金钱豹落荒而逃。因此,人们常用藏獒来对本国的犬种进行改良,如英国的牧羊犬、圣伯纳犬、匈牙利牧羊犬等。1973年,美国成立了美国藏獒协会,其宗旨是保护、促进和续存,并建立此犬的标准蓝图。

（2）形态特征　藏獒身高68～75 cm,体重65～80 kg。头部硕大,额头面宽阔,犬鼻的上部至后头部距离大而长,远看似方头,实际上为圆顶;嘴短而粗,嘴角略垂;牙齿排列整齐,咬合有力;耳朵较大,呈心形,自然下垂,耳皮厚,耳位低,耳部毛短而柔软,紧贴面部靠前;鼻筒宽大、饱满呈方形;眼球为黄褐色,主要为三角眼型,也有部分眼球上部隐藏在上眼皮下,下部眼球的红肉在眼底暴露出来称为吊眼;颈部粗壮有力,肌肉丰富,毛皮丰厚,下垂;双肩平落,骨骼肌肉发达;胸深、宽阔而饱满,肌肉发达;肋骨扩张良好;背宽平;臀部比前胸略窄;腹有丰富的肌肉,腹线前低后高呈收腹状;尾长适度,尾毛厚、蓬松、卷起,俗称菊花尾,可分为斜菊（尾毛长,尾根紧卷,斜卷于后背上方）和平菊（尾毛长,尾根紧卷,平卷于后背上方,形似大菊花）。

前腿直而粗壮有力,骨骼粗大,脚掌厚实;脚趾间有长毛,类似猫科动物;后肢健壮,大腿肌肉发达,膝关节角度适当,后脚踝关节间有飞毛。

双层被毛。全身外层被毛长而密且有光泽,内层绒毛柔软密度大;下层绒毛会因气候逐渐变暖而脱落。毛色有黑色、白色、黄色、棕红色等纯色或双色。

（3）性情能力　性格刚毅,力大凶猛,野性尚存,使人望而生畏,护领地,护食物,善攻击,对陌生人有强烈的敌意,但对主人亲热至极,任劳任怨。习惯生活在海拔3000 m以上的区域,适应高寒气候,偏肉食,善食腐肉。

平均寿命为12～15年。

（五）牧羊犬

1. 边境柯利牧羊犬

（1）历史起源 在公元前5世纪到公元前1世纪时，许多凯尔特人在欧洲四处迁移，其中部分凯尔特人来到爱尔兰，带来了牲畜、看牧牲畜的犬和猎犬。凯尔特人把对他们有用处的犬都叫做柯利犬。

虽然英国的柯利犬最早是在爱尔兰被发现的，不过它们却是在苏格兰被发展为牧羊犬的。由于苏格兰恶劣的气候，苏格兰人只好畜牧较易生存的绵羊。生活在山区峡谷内的苏格兰人把放牧绵羊作为他们最好的职业。而在崎岖的地理环境下，人们只有仰赖犬来帮忙驱赶、集合、看护牲畜。之后，在苏格兰与英格兰的边界处放牧的牧羊人发展训练出来一种具有"眼神控制"能力的犬，这种犬就称为"边境柯利牧羊犬"（简称边境牧羊犬）（图1-19）。

彩图 1-19

（2）形态特征 边境柯利牧羊犬体高46~54 cm，体重14~22 kg，有柔软、浓密、能抵御恶劣气候的双层被毛，颜色有多种，有各种不同的式样和斑纹。身体出现各种不同的颜色都是允许的，唯独全白色是例外。

（3）性情能力 边境牧羊犬是聪明、警惕而敏感的品种，对朋友非常友善而对陌生人明显地有所保留，所

图 1-19 边境柯利牧羊犬

以是一种非常优秀的看门狗。它还是一种卓越的牧羊犬，乐于学习并对此感到满足。有明显的凶恶倾向或非常羞怯都属于严重缺陷。

大部分的边境牧羊犬都具有搜寻的能力，只要在适当的时机鼓励它们去做就好了；它们大部分都是敏感的，对手掌的触摸会有所反应，可以抚摸它们的头、双颊及耳朵周围来安抚它们。

其智商排在第1名，平均寿命为12~13年。

（4）选购要点 挑选花色出众、体态优美的个体。公犬的胸前若有长垂及地的白色鬃毛，则是种公犬中的极品。

图 1-20 澳大利亚牧羊犬

2. 澳大利亚牧羊犬

（1）历史起源 澳大利亚牧羊犬（图1-20）是从美国发展起来的，可能起源于西班牙和法国之间的巴斯克地区。之所以被称作澳大利亚牧羊犬，是因为它与18世纪从澳大利亚进入美国的巴斯克牧羊犬有关。

澳大利亚牧羊犬最初也有许多名字，包括西班牙牧羊犬、牧羊断尾犬、追踪犬、新墨西哥牧羊犬和加利福尼亚牧羊犬等。

该犬种继承了多用途和指向能力的特点，使它在农场和牧场中广受欢迎。牧场主不断培育这个品种，并保持了它适应能力强、反应敏锐、富有智慧、牧羊能力极强等优点和悦目的外表。

澳大利亚牧羊犬在20世纪50年代就被其他国家所登记，但是没有被澳大利亚作为本地犬登记过。该种犬于1991年被收入AKC良种登记册，于

Note

1993 年1 月收录于牧羊犬集。

（2）形态特征　澳大利亚牧羊犬体高 46～58 cm,体重 16～32 kg。被毛中等长度,粗硬、直或略呈波浪状,颜色有蓝色芸石色、黑色、红色芸石色或全红色,有或没有白色斑纹（白色斑纹或许有褐色过渡）,这些颜色没有优劣之分,白色围脖不能延伸超过马肩隆。头部整洁,结实且干燥,口吻从根部向鼻镜方向略呈锥形,尖端略圆。表情显得专注而聪明,警惕而敏锐,目光敏锐但友好。眼睛可以是褐色、蓝色、琥珀色或不同颜色变化的结合,杏仁状。耳朵为三角形,中等大小,耳廓厚度中等,位置高,向前折叠,或类似玫瑰耳。颈部结实、中等长度,上部略拱,与肩部结合良好。背部（从马肩隆到臀部）直而结实,平而稳固。腿直而结实,骨骼强壮。

（3）性情能力　作为一只牧羊犬,澳大利亚牧羊犬是一种视野开阔的犬,它可以看护整群动物,但是不需要紧张地注视。

澳大利亚牧羊犬是一种真正的多用途犬,它很容易适应不同的环境。今天,澳大利亚牧羊犬在各个方面服务于人类,如作为牧场工作犬、导盲犬、毒品检查犬、搜寻犬和看家犬。

其智商排在第 42 名,平均寿命为 12～13 年。

（4）选购要点　要挑选躯体肌肉发达、背线水平、腰部宽深、整体结合强健的个体。

图 1-21　波利犬

3. 波利犬

（1）历史起源　波利犬（图 1-21）或称波利牧羊犬,是一种匈牙利牧羊犬,至今已有 1000 多年的历史。当马札尔人到达匈牙利时,他们顺便也带了一些牧羊犬。

16 世纪时期,入侵者杀害了大批匈牙利人。到 17 世纪时,西欧人连同他们的美利奴细毛羊与牧羊犬开始重新进入匈牙利。波利犬与法国、德国的牧羊犬杂交后得到了波米犬。波利犬与波米犬的名字互相交替应用了数年,使得波利犬这个品种几乎要消失了。

1912 年,埃米·瑞特塞特开始了复原波利犬的计划。记录了波利犬两种类型的皮毛:被毛粗浓杂乱与卷曲。1915 年,第一个鉴定波利犬的标准建立。

1923 年 8 月,最新复原的波利犬在布达佩斯犬展上展出。该品种被分为 3 类:祖传型犬或被毛浓乱的工作犬、华贵犬或展示犬、侏儒犬。

1935 年 2 月,匈牙利记录了 4 种大小不同的波利犬:大型犬、中型犬、小型犬、侏儒犬。中型犬是最普遍的。

1936 年,波利犬通过了 AKC 品种鉴定标准,收录进 AKC 登记册中。1951 年,美国成立了波利犬俱乐部。

（2）形态特征　波利犬体高 37～44 cm,体重 10～15 kg。其外层被毛长而结成毛索状,内层被毛如羊毛柔软而密实。毛色有纯黑色、铁锈色、灰色等。毛下皮肤颜色为此品种特有的蓝灰色。鼻、眼、嘴唇也应是黑色,否则不是纯种。身体呈正方体,中等体型,"V"形耳垂,四肢骨骼粗壮,尾巴卷曲在背上。

（3）性情能力　波利犬精力充沛,强健,敏锐,平衡性良好。波利犬天生就富有爱心,聪明、爱家庭,与其他宠物相处融洽,特别忠实于主人,是很好的看家犬。

其智商排在第 27 名,平均寿命为 12～13 年。

（4）选购要点　波利犬最好买幼犬,因为它感情丰富,如果 3 岁以上转让,会因怀念旧主人而不吃不喝,患上相思病。

4. 德国牧羊犬

（1）历史起源　戎马出身的冯斯蒂法尼茨当时梦想着培育出一种既不咄咄逼人又不胆怯怕生

的犬。他首先在自己的桌子上描绘出了他心目中的牧羊犬，然后用多种优良犬进行配种，直至达到理想的原型为止。

1902 年 4 月 17 日，德国牧羊犬（图 1-22）正式诞生于德国西部的卡尔斯鲁厄。当年，在一个犬展览会上，冯斯蒂法尼茨首次向人们展示了他经过无数次的配种试验，精心培育出的优良犬种。

图 1-22 德国牧羊犬

彩图 1-22

第一次世界大战后，大量的德国牧羊犬引进英国，而后又迅速输出至世界各地。德国牧羊犬成为分布最广、最受欢迎的犬类品种。但最钟爱牧羊犬的还是德国人，目前，德国境内大约有 50 万只德国牧羊犬，其中 90% 是由家庭饲养的，这些犬成为居民的好伙伴和守卫者，剩余的 10% 由警署、海关、救援组织等机构驯养。

（2）形态特征 德国牧羊犬体高 55～65 cm，体重 34～43 kg，德国牧羊犬体型适中，有轻微的延展性；强壮，有强健和发达的肌肉，以及强壮的骨骼，通体紧凑和谐。体长必须超过体高。外层被毛浓密，质硬，密布在外。基本颜色应该是黑色，并伴有云状的黑毛，同时其背部和面部也均为黑色，腹部被毛应为浅灰色。

（3）性情能力 德国牧羊犬具有非常明显的个性特征：直接、大胆，但无敌意。它表情自信、明显的冷漠，使它不那么容易建立友谊。这种犬乐于接受安排，不固执，有能力作为伴侣犬、看门犬、导盲犬、牧羊犬或护卫犬，不论哪种工作，它都能胜任。

其智商排在第 3 名，平均寿命为 10～11 年。

（4）选购要点 德国牧羊犬应挑选肌肉发达、敏捷，既不显得笨拙，也不显得软弱的个体。

5. 英国古代牧羊犬

（1）历史起源 关于英国古代牧羊犬（又称断尾犬）（图 1-23）的身世，有两种截然不同的说法。一种说法认为：英国古代牧羊犬名不副实，因为它的存在历史仅有 100 ～200 年之久，谈不上什么"古代"。此犬的起源是古波斯牧羊犬种的直属后代，或者更确切地说，它是由古波斯牧羊犬种和长须牧羊犬交配繁殖出的新品种。18 世纪时，从事贩卖家畜的商人所饲养的犬要担负起某些工作，而工作犬则需将其尾巴剪断，"断尾犬"因此而得名。另一种说法是，此犬因出生时常常没有尾巴，所以被称为欧洲大陆上的"断尾犬"，为了符合这一美名，有的长了尾巴，也要被剪短。犬学家沃森说，这一品种犬可追溯到 1800 年，那时英国的一些爱犬者们，将来自高加索山脉的牧羊犬同英国的牧羊犬杂交，产生了现在的品种。后来与藏獒相配，使该品种的体型增大。

图 1-23 英国古代牧羊犬

（2）形态特征　公犬体高在 65 cm 以上，母犬稍矮些，体重 28～35 kg。该犬头部硕大，呈四方形；吻部很短，鼻尖小、呈黑色；耳朵小，下垂，紧贴在头的两侧；眼睛不大，呈暗色，有时为淡蓝色；有些仔犬一出生时没有尾巴，或剪为 2 cm 长。体毛丰厚、蓬松，头部的被毛最特殊，几乎覆盖住整个头部，让人分不出它的五官；毛色有灰色、灰白色及蓝色，灰、白两色搭配的较受欢迎。

（3）性情能力　英国古代牧羊犬肢体语言丰富，拥有奇特的情感表达能力。若英国古代牧羊犬吐出舌头向主人撒娇、用力左右扭动屁股、步履轻盈地一路小跑等，表示它们快乐；若它们鼻子上提，上唇咧开，露出里面的牙齿，还发出"呼呼"威胁的声音，四肢用力踩地，身体僵直，与人保持一定距离，说明它很愤怒；若它们垂下头，向主人靠拢或者躲到墙角、凳子下面，变得极为安静，说明它们内心比较哀伤；如果它们浑身颤抖、呆立不动或四肢不安地移动，甚至向后退，说明它们内心恐惧。

英国古代牧羊成年犬在一般情况下都不喜欢乱跑乱跳，幼犬体力充沛，喜欢追逐活动的物体，还会把家里的东西乱叼乱放。

其智商排在第 63 名，平均寿命为 10～12 年。

（4）选购要点

注意选购与特征特性相符的个体。

图 1-24　苏格兰牧羊犬

6. 苏格兰牧羊犬

（1）历史起源　苏格兰牧羊犬（图 1-24）原是一种下等犬，生活于苏格兰草地，处于没人管理状态，人们对它的血缘关系也不清楚。1860 年，英国维多利亚女王在一次旅行中偶然看到一条苏格兰牧羊犬，她对此犬极感兴趣，并竭力称赞，因而使它有了名声。

1880 年，苏格兰牧羊犬在伯明翰第一次展览。到了 20 世纪 30 年代，此犬展出的数量减少。后来，此犬与苏俄牧羊犬杂交，产生后代，虽增添了些高贵的气质，但也使它变得忧郁。

（2）形态特征　该犬体高 51～61 cm，体重 18～29 kg；头部较长，呈楔形；吻部不尖；鼻尖为黑色；牙齿是剪式咬合；耳朵小，有时前垂，有三分之二直立，耳端自然向前倾斜；眼睛较小，呈杏仁状，暗褐色；尾巴长，下垂，休息时稍弯曲，运动时摇动。体毛长而密，颈部、尾部和四肢被毛特别丰厚，还有鬃毛和下毛；毛色为浅黄褐色或三色（白、黑、浅黄色），偶尔有黑、灰蓝色混合成的杂色；颈部呈白色。

（3）性情能力　苏格兰牧羊犬被人们视为最忠诚、最善良、最完美的护卫犬和宠物伴侣犬。它优美的外形极具观赏性，而温顺的性格、对人友善的态度，又非常适合家庭饲养。

苏格兰牧羊犬性格优良，聪明敏感，愿意取悦主人。该犬对主人感情丰富，对陌生人警戒心强。此外，该犬感受力强，从不轻易显露软弱或攻击性的一面，也永远不会胆怯或闷闷不乐。

苏格兰牧羊犬以其特有的表情而受到人们的赞美，在休息时这种犬耳朵伸直，警戒时耳朵会往前倾呈半直立状，听觉灵敏。

苏格兰牧羊犬工作时兴奋性高，工作耐力持久，活动起来不知疲倦；动作灵活，弹跳力好，爆发力强，它闪电般的速度是其他工作犬难以比拟的，这也是它突出的特色。

其智商排在第 16 名，平均寿命为 12～13 年。

（4）选购要点　注意选购与特征特性相符的个体。

7. 喜乐蒂牧羊犬

（1）历史起源　喜乐蒂牧羊犬（图 1-25）原产于苏格兰，因产地得名，已有 300 多年的历史。主要分布于英国和北美。

几个世纪以来,此犬一直在雪特兰群岛上担任驱赶羊群及守卫工作。雪特兰群岛是苏格兰沿海的礁岩岛屿,岛上动物体型均偏小。1908年,雪特兰群岛首先成立喜乐蒂俱乐部,翌年苏格兰亦成立喜乐蒂俱乐部。19世纪晚期,该犬种被引进英格兰。1911年,该犬种被引入美国,深受欢迎。

第一条在AKC注册的喜乐蒂牧羊犬是1911年注册的"斯科特领主",一只来自苏格兰设得兰群岛的深貂色牧羊犬。

由于该品种起源于苏格兰牧羊犬,直到1914年,该品种才获得单独分类,被命名为喜乐蒂牧羊犬(简称喜乐蒂),而非苏格兰牧羊犬。

图1-25 喜乐蒂牧羊犬

(2)形态特征 喜乐蒂牧羊犬的体高33～41 cm,从身躯的整体比例来看,身躯显得略长。头部从侧面看呈长而钝的楔形,从耳朵到鼻子逐渐变细。眼睛中等大小,呈杏仁状,颜色较深,眼角微微向上挑。耳朵的位置较高,耳端呈圆弧状,毛密实。颅骨顶部平坦,面颊平坦,平滑地与吻部融合。下颌深而发达,下巴圆。鼻子呈黑色,冰凉而且湿润。

喜乐蒂牧羊犬的身形非常优雅,肩胛骨以45°角向前、向下倾斜,而上臂骨与肩胛骨的结合处几乎成直角。股骨宽,肌肉发达。股骨与骨盆成直角,膝关节角度清晰。踝关节轮廓鲜明,有角度,足爪与前肢的相同。因此,在喜乐蒂跑步的时候,步伐轻盈、灵活、敏捷、自如,跑步的动作也非常优雅。

喜乐蒂牧羊犬最具特色的身体部位是它的被毛,该犬生有双层被毛:外层被毛质地直而且粗硬;内层被毛较短,但是柔软浓密。在喜乐蒂牧羊犬的颈部和胸部都有非常厚实的饰毛。被毛的颜色多呈现蓝灰色、深褐色。

喜乐蒂牧羊犬具有不常见的两种独特的步姿:第一种是在快速奔跑的时候,右前足沿一条直线踏出,左前足大步幅踏出,左前足离地的同时,左后足即接着其位置落地,因此足迹为两个两个地呈现。这种步姿与鹿、狼相同,是一种速度极快的步姿,而且可以保证运动的耐力。第二种是当喜乐蒂牧羊犬以极快的速度奔跑时,同样可以急转弯,并能保持身体重心,如同刹车器一样,即使在较狭窄或障碍物多的场地中也不会失去平衡性。这种转弯技巧是喜乐蒂牧羊犬特有的,在其他的犬种身上不多见。这种转弯技巧与四肢能够以单轨迹奔跑也有很大关系。

(3)性情能力 喜乐蒂牧羊犬集温顺体贴、高贵、沉静、华丽、俏皮、善解人意于一身,因而也被人称为"犬中女王"或"英国绅士"。

喜乐蒂牧羊犬有着挺直的鼻梁,看起来聪明而灵巧,是一种善良又忠实、温厚又沉静的犬种。它们对主人有着绝对的信赖,忠诚且富责任感。它们天生乐于与主人为伍,主人无须花费太大的力气去训练它。

喜乐蒂牧羊犬非常渴望主人的关注。它们喜欢被宠爱,有时甚至会仰起鼻子磨蹭主人的手臂,让主人抚摸它、抱着它。如果主人不照做,它就一直重复这样的动作,无休无止很有耐心,直到引起主人的注意为止。它很重视与主人的沟通与交流,时刻观察着主人是否重视它。

喜乐蒂牧羊犬最初生活环境的严酷性,使得它们拥有惊人的跳跃能力和能够翻越陡峭山岭的能力,现在这些能力一代一代遗传至今。同时,它们还具有超强的体力和耐力,能够长时间奔跑而不知疲倦。

其智商排在第6名,平均寿命为12～14年。

(4)选购要点 注意选购与特征特性相符的个体。

8. 威尔士柯基犬

(1)历史起源 1107年,在威尔士弗兰德居住的织布工漂洋过海,将彭布罗克威尔士柯基犬的祖先带到了英国,这种犬与荷兰狮毛犬、博美犬、萨摩耶犬、松狮犬、挪威猎鹿犬、芬兰尖嘴犬来自同一个家族。由于该犬长时间被饲养在英国彭布罗克,所以被人们称其为彭布罗克威尔士柯基犬。彭布罗克威尔士柯基犬一直是英国王室钟爱的宠物。在众多女王的画像中,都可在女王身边看见该种犬。1925 年,彭布罗克威尔士柯基犬第一次以威尔士柯基犬的名义正式在英国展出。1936 年,彭布罗克威尔士柯基犬第一次在美国公开展出。现如今,彭布罗克威尔士柯基犬种已被美国育犬协会、国际育犬协会、欧洲育犬协会、加拿大育犬协会及世界上其他育犬协会所认可。

(2)形态特征　威尔士柯基犬(图 1-26)个子矮小,骨量适中,胸深。整个身体的侧面轮廓的比例是长度远大于高度。尾巴位置非常低,而且像狐狸尾巴。给人的整体印象:漂亮、有力的小型犬,速度和耐力都非常好,结构坚固,但不粗糙,步态舒展、平滑。

图 1-26　威尔士柯基犬

头部精致,与其他部位十分协调。表情警惕、文雅,且保持友好。眼睛从中等大小到略大,不突出,眼圈为暗黑色。眼睛颜色深,且与被毛颜色相配。与整体尺寸相比,耳朵显得大而明显。耳尖略圆,耳廓非常健壮。耳根适度宽阔,立耳,警惕时略向前转。两耳间的头顶适度宽阔且平坦,两眼之间略微降低。面颊平坦,颧骨不突出。口吻圆但不钝;锥形但不尖。下颌深度适中,下巴较圆。

颈部长度适中,肌肉发达,胸部宽度适中,胸骨突出。腰短,结实,臀部略微向下,向尾巴方向倾斜。

毛中等长度,为浓密的双层被毛。外层被毛在质地上略显粗硬,但不是刚毛状、卷曲状或丝状。底毛短、柔软而浓厚。头部、耳朵、腿部的被毛短;身躯的被毛为中等长度;略长的被毛出现在脖圈、大腿后侧(形成"短裤")及尾巴下面。

(3)性情能力　威尔士柯基犬外表英勇,内心很温和,表现聪慧,凡事充满兴趣,从不羞怯或凶狠。虽然属于小型犬,但性格非常稳健,完全没有一般小型犬的神经质,是非常适合小孩的守护犬。它们的胆子很大,也相当机警,能高度警惕地守护家园,是最受欢迎的小型护卫犬。

威尔士柯基犬是一种精力充沛的小型工作犬。它在室外活动中表现出的速度、耐力和运动技巧让其牧羊犬特质展露无遗。在家庭生活中,它却可以安静得像一只猫,成年后很少在家中上蹿下跳、翻箱倒柜,更多时候,它喜欢趴在脚边陪主人看书聊天,养精蓄锐。

其智商排在第 26 名,平均寿命为 12～14 年。

(4)选购要点　注意选购与特征特性相符的个体。

(六)玩具犬

1. 北京犬

(1)历史起源　北京犬(图 1-27)起源于中国。北京犬作为皇宫的玩赏犬,在历代王朝中备受恩宠,视为珍宝。古代的北京犬只允许在宫廷内繁殖,供皇亲国戚、朝廷大臣玩赏。历代皇宫都用北京犬长长的被毛来代替西藏牦牛的毛做成拂尘,为佛像驱赶飞虫。由于长期深禁宫廷环境之中,北京犬保持了难能可贵的纯正血统,同时也带有几分高雅神秘的贵族色彩。

最早的起源时间无从考证,最早的记载始于公元 8 世纪的唐代。这种古老的犬种从有记载开始

图 1-27　北京犬

就一直只允许皇族饲养，如果民间有人敢私自养此种犬就会被判刑。据史料记载，唐代就有人因偷运北京犬而被判刑的事例，唐代皇帝驾崩会用此犬陪葬。清朝的慈禧太后非常宠爱这种犬，当时，为了显示皇权的尊严，除了皇宫和王公大臣可以饲养北京犬外，一般平民仍不许养，否则要受到严厉的惩罚。北京犬的独享尊荣还不止于此，官吏们对北京犬的宠爱到了必须"随身携带"的程度，出门时就把它放在宽大的衣袖内。因此，北京犬又被称作"袖犬"。

　　19 世纪中叶以前，北京犬还鲜为西方人士所知。直到 20 世纪初，几次殃及北京的战争使得这些深宫贵犬流落民间，甚至流传海外。1906 年，北京犬正式在美国养犬俱乐部登记注册。这种具有东方血统的犬迅速获得了美国人的喜爱。1909 年，美国北京犬俱乐部成立，并成为美国养犬俱乐部的会员俱乐部。

　　（2）形态特征　北京犬体高 30～45 cm，一般体重 3～5 kg。在一窝的犬仔中，有的体型特别小，体重不超过 2.7kg。它们头部宽大且扁平，吻部宽而多皱纹，鼻子短，眼睛大而圆，并稍凸出，耳朵为密布长丝毛的心形垂耳，尾巴上扬并长满放射状的丝毛。体毛长、茂密、光滑、亮丽、下垂，在人们喜爱的毛色中，金黄色最受人们的青睐。

　　（3）性情能力　北京犬对人的行为十分敏感，若得不到主人的尊重，它会一直闷闷不乐。北京犬具有自我意识强，和主人之间建立感情也需要一个漫长的过程。一旦它认可了主人，其对主人的热情和忠诚度都是其他犬种无法比拟的。北京犬对儿童十分友善，常会和儿童一起玩玩具。

　　尽管北京犬不具有进攻性，但它从不惧怕任何威胁，不会因害怕而逃走。该犬精力旺盛，甚至超过许多体型比它大的犬。

　　其智商排在第 73 名，平均寿命为 12～14 年。

　　（4）选购要点　要挑选体格健壮（但不能过胖）、行动灵活、看上去很有活力的个体。

2. 博美犬

　　（1）历史起源　从遗传学角度来讲，博美犬（图1-28）起源于冰岛和拉普兰岛的雪橇犬，是波美拉尼亚丝毛㹴犬家族中的一员。这种犬的名字来源于波美拉尼亚，但它的起源地并不是波美拉尼亚，博美犬可能通过在那里繁殖而使得体型变小。

　　19 世纪中期，博美犬在英国第一次引起人们注意。1870 年，英国养犬俱乐部正式承认博美犬。1888 年，维多利亚女王喜欢上了一只意大利博美犬，并将它带回英国。因为女王的一举一动都具有很大的号召力，该犬在英国受到广泛欢迎。维多利亚女王喜欢小体型的犬，推动了该犬的小型化。

图 1-28　博美犬

　　博美犬的外形漂亮，被毛的质地很好，但被毛没有现今品种浓密。美国的养犬者通过努力，使得

Note

该犬更接近今天的标准。美国的养犬者认为他们的博美犬是世界上最好的,并在犬展中几次打败对手获得玩赏犬组的冠军。

(2)形态特征　博美犬体高不超过 30 cm,平均体重 5 kg。体高 20 cm 以下,体重 1.8~2.25 kg 则最为理想。博美犬的头颅圆隆,鼻吻部尖,使整个头部呈楔形;眼睛小而明亮、黑色,眼神聪明;额段深凹,耳小而尖,尾弯曲在背上。除脸和四肢下部外,其被毛长而厚密、蓬松,毛色大多是单一的白色、茶红色、橘黄或灰色、黑色。被毛要到 3 岁时才完全长成,年老后可能出现杂色和秃毛斑点。

(3)性情能力　博美犬性格活泼、调皮、聪明,非常容易融入家庭。总是生机勃勃、活蹦乱跳,对于那些它信得过的人,会毫无保留地和他们玩在一起,至于那些它不喜欢的人,它会避而远之。但博美犬爱吠叫,容易扰民。

其智商排在第 23 名,平均寿命为 14~18 年。

(4)挑选要点　首先,按照国外犬会的规定,要确认是否为纯种的博美犬。为了确定这种身份,通常都会给纯种博美犬发血统证明书。因此,如果购买引进的国外博美犬幼犬时,一定要索要血统证明书。在国内购买时,由于国内体系还不完善,很多博美犬没有血统证明书,对于这种情况,要查清所要购买仔犬的父母犬及以上几代犬只的品质,弄清血统渊源,以分析幼犬的优劣。

其次,要选择头圆、身体短小紧凑者;背毛要柔软而直立、蓬松;两只眼睛与鼻子的连线成正三角形,这样的博美犬可称之为美脸犬;前肩脚骨要高,胸部要发达,前后肢直立且无脱白者;尾巴末端可以卷或不卷,但尾巴的起点要高,接近背部且端正地背于背上;体格结实,抱起来有重量感。

3. 巴哥犬

(1)历史起源　关于巴哥犬(图 1-29)的起源说法不一。有专家认为,此犬产于苏格兰低地,传到亚洲后,再由荷兰商人从远东地区带回西方。也有专家认为,此犬是东方犬种,源自北京犬的短毛种,实则为东北犬种,祖籍为我国东北,满族人称其为哈巴狗,后来和斗牛犬交配而成。还有人认为,巴哥犬是法国叫波尔多犬的獒犬的小型种,并且在许多绘画作品里都出现了作为装饰品的巴哥犬。

(2)形态特征　巴哥犬体高 25~28 cm,体重 6~8 kg。头圆而有力,吻部短,呈方形,前额有很深的皱纹,耳朵薄小并半下垂,眼睛突出,炯炯有神,体躯粗壮,四肢短而壮,尾巴卷曲成环状。体毛短而柔软,滑润而有光泽;颜色有银色、杏黄色、金黄色和黑色。

(3)性情能力　巴哥犬胆大而性情温和、善解人意,是体贴、可爱的小型犬种,但巴哥犬嫉妒心特别强。

其智商排在第 57 名,平均寿命为 10~12 年。

(4)挑选要点　购买巴哥犬时,最好从可靠的品种繁育场购买,巴哥犬属于小型犬,但给人感觉小中见大,有种紧凑感。在选购时要按照此犬的体型特征加以对照,购买比较符合外形标准、健康状况良好的幼犬。

图 1-29　巴哥犬

图 1-30　马尔济斯犬

4. 马尔济斯犬

(1)历史起源　早在公元前 4 世纪时,马尔济斯犬(图 1-30)便已成为罗马及希腊贵妇们的玩赏犬,它的祖先可能是欧洲最早的玩赏犬,亨利八世时被带入英国,成为宫廷中不可或缺的贴心伴侣犬,这是马尔济斯犬最早可追溯到的带入欧洲的时间。亨利八世时,马尔济斯犬已在英国流行,并成为宫廷妇人的心爱小犬。1877 年,马尔济斯狮子犬首次在美国展出。1879 年,一条有色犬作为马尔济斯犬展出。1888 年,美国养犬俱乐部登记了马尔济斯犬。

(2)形态特征　马尔济斯犬体高一般不超过 25 cm,体重在 2～2.7 kg。整体品质比体重重要。体型小且长。体长大约超过体高 38%。头长是体高的 6/11。整个头部略呈圆形,而且与体型大小比例合适。它的耳朵下垂,耳位比较低,有大量长毛形成耳缘饰毛,饰毛下垂至头两侧。眼睛呈圆形,两眼之间的距离比较宽,眼睛的颜色比较深。鼻子大小合适,呈黑色。下巴长短适中,精巧而逐渐收缩,吻部长而不显。牙齿呈钳式咬合或剪式咬合。被毛颜色主要有纯白色、淡黄色、柠檬色等,但是纯白色的最为珍贵。被毛为单层,没有绒毛层。尾巴上同样覆盖着丰富的修饰性被毛,尾巴优美地位于背上。行走时身形平衡稳定,步态流畅美观。从侧面看,给人优雅的感觉。

(3)性情能力　马尔济斯犬是从头到脚披着白色丝状长毛的玩具犬,它个性友善机警、温顺柔美、活泼聪明。对儿童友善,对陌生人敌视,对主人感情深厚。

其智商排在第 59 名,平均寿命为 12～14 年。

(4)选购要点　挑选马尔济斯犬时,被毛特征非常关键,要选择被毛长而直,质地像丝一样柔顺,颜色纯白且富有光泽的个体。

5．西施犬

(1)历史起源　西施犬(图 1-31)是起源于中国西藏的古老犬种,其祖先为西藏人民最钟爱的拉萨犬。早在隋唐时代,它的形象已进入绘画和文学作品之中。17 世纪,西施犬从西藏来到了北京紫禁城,被献给皇帝。1930 年,玛德莱·胡奇思女士将一对西施犬由中国带回英国,1935 年,英国西施犬俱乐部成立。第二次世界大战期间,美国驻英国的军人回国时将西施犬带到了美国。1969 年 3 月,美国养犬俱乐部的种犬手册将西施犬列入书中。1969 年 9 月 1 日,该犬开始正式参加玩赏犬组的比赛。

图 1-31　西施犬

(2)形态特征　西施犬一般体高在 27 cm 以下,体重不超过 7 kg。其名称源于中国古代四大美女之一的西施。西施犬全身披有华丽的长毛,毛直而硬,略带波纹状,毛色有黑、白、褐、金黄和蓝灰色。头盖骨窄,额宽适中,鼻端黑色,头部饰毛长而密,时常遮住眼睛,胡须长。眼大小适中,暗色。耳下垂,有饰毛,末梢毛黑色。体长大于体高,背腰水平,线条流畅。前腿直,后肢肌肉发达,四肢布满厚厚的长毛。尾向上卷至背上,尾饰毛散落于一侧。背毛长垂如鬃。

由于西施犬体毛长而蓬松,看上去个头很大。它头上的被毛呈放射状生长,宛如一朵盛开的菊花,所以有"菊脸狗"之称。修长茂密柔顺的光滑体毛,是西施犬外貌出色的主要原因。

(3)性情能力　西施犬体型小,聪明,非常温顺。由于西施犬一直被用来当伴侣犬,所以公犬、母犬的个性相差不多,都一样讨人喜爱,即使性别相同,同性之间亦不会互相排斥。西施犬喜欢和人亲近,被认为是玩具狂的西施犬,在玩弄自己的玩具时,也会试着引起主人的注意。

其智商排在第 70 名,平均寿命为 13～16 年。

(4)选购要点　选购的犬只应具备以下特点:面部短而饱满,两眼间距大、眼有神,长而厚的饰毛布满全身,口吻短而无皱纹,体小灵活,四肢短、尾巴上翘。

6．骑士查理王小猎犬

(1)历史起源　骑士查理王小猎犬(图 1-32)是英国玩具猎犬的现代改良品种。早在 17 世纪,查理王小猎犬就是极受英国贵族喜爱的宠物犬,而国王查理二世对这种犬的喜爱更是到了痴迷的地步。查理王小猎犬的风靡,使它成了宫廷画师笔下经常出现的角色,与主人一起出现在大师的画作

Note

中。20 世纪时，一位英国人想寻找一只如 17 世纪宫廷油画中一样的小狗，并出 25 英镑作为酬谢。虽然他最后一无所获，却激起了英国犬类繁育者的兴趣，数年间，一种吻部稍长于查理王小猎犬的现代品种出现了，并被正式命名为骑士查理王小猎犬。

图 1-32 骑士查理王小猎犬

1928 年，第一个骑士查理王小猎犬会成立，1945 年英国犬会认可了该品种。1956 年美国承认此品种。该犬深受英国上流人士的喜爱，在英国的玩赏犬中仅次于约克夏犬，位居第二。

（2）形态特征 骑士查理王小猎犬身高 33～39 cm，体重 12～17 kg。头部与身体的比例匀称，看起来既不太大，也不太小。眼睛大且圆，但不突出，眼圈是黑色的。耳朵位置高，但两耳距离不能太近，在头部上方。脑袋稍稍有点圆，但不像圆屋顶或山包那样隆起。整个口吻呈轻微的锥状。鼻镜应该是纯黑色的，不应该出现肉色斑纹，鼻孔发达。嘴唇发达但不下垂，末端干净利落。被毛为中等长度、丝质、卷曲的被毛，轻微的波浪形也可以接受。耳朵、胸部、腿上和尾巴上长有长长的饰毛，而且脚上的饰毛是这一品种所特有的。

骑士查理王小猎犬的被毛不需要每天梳理，一周梳理 3 次左右即可。但需要注意的是它的耳朵，因为长长的垂耳可能会因通风不好而滋生细菌。

（3）性情能力 骑士查理王小猎犬体型小，很友善，性格随和，活泼好动，不会攻击人，视觉和嗅觉俱佳。它是孩子和老人的好伴侣，把所有人视为朋友，甚至连吠叫都是一种表示欢迎的方式，骑士查理王小猎犬的适应能力极强，喜欢运动。

其智商排在第 44 名，平均寿命为 9～14 年。

（4）选购要点 要选择身体比例接近正方形，骨量中等、结构匀称的个体。

7. 蝴蝶犬

（1）历史起源 蝴蝶犬（图 1-33）又称作巴比伦犬、蝶耳犬。蝴蝶犬的祖先诞生于 16 世纪的西班牙，很可能含有长毛猎犬的血统，原为垂耳，后经改良培育成为大而直立的耳朵，整个头部就像是一只美丽的花蝴蝶，因而得名。16 世纪，在画家凡·戴克的油画中就可见蝴蝶犬的身影。当时这种犬受到法国宫廷贵族的宠爱，评价很高，而且法国贵族阶级家庭中以饲养这种犬为荣耀，当时售价很高。1935 年，蝴蝶犬已获得纯正血统的认定。其最大的特点是头部色彩多样，而且左右对称，加上一对外张而直立的耳朵酷似展翅高飞的双翼，所以整个头部就像一只美丽的花蝴蝶。如今直立耳的蝴蝶犬更受人们的欢迎，是良好的玩赏及伴侣犬。

（2）形态特征 蝴蝶犬体高 20～28 cm，体重 2.5～

彩图 1-33

图 1-33 蝴蝶犬

5.2 kg。头部小，头颅宽度中等，头颅部两耳间呈圆形；在口吻与头部结合的位置，额段的轮廓十分清晰。口吻精致，从头部下来突然变细。口吻的长度(从鼻尖到额段)大约等于整个头长度(从鼻尖到后脑)的1/3。耳朵大而且耳尖较圆，位于头部两侧相对靠后的位置，长有丰满的饰毛。耳朵为直立耳或者垂耳：立耳型的耳朵斜向伸展，酷似展翅飞翔的蝴蝶翅膀，当警惕时，每个耳朵都背到与头部约成45°角的位置；垂耳型的耳朵是下垂的，而且是完全向下的。鼻尖非常细，鼻镜呈黑色，圆形，上端略平。嘴唇紧、薄且黑。眼睛颜色暗、圆，不外突，中等大小，有黑色眼眶。

颈部长度中等，背线直而且平；胸深中等，肋骨扩张良好；腹部向上收。尾巴长，尾尖卷至背上，尾巴上有长而飘逸的饰毛，但不卷曲，尾毛下垂挂在身体两侧如羽饰。

肩部轮廓清晰，前腿纤细垂直；后腿细小，从后面看，两腿平行，飞节不向里或向外翻；足爪细而长，足尖不向内或向外翻。

被毛丰满，呈长绸缎状，精致、飘逸、有光泽，不卷曲，直且有弹性，无下毛。胸部长有丰富的饰毛；背上和身体两侧的毛发笔直；头部、口吻、前肢正面和后肢从足爪到飞节部分的毛发紧而且短。耳朵边缘长有漂亮的饰毛，里面则长有中等长度的柔软光滑的毛发。前腿背面长有饰毛，到脚腕处减少；后腿到飞节这段部分也长有饰毛。脚上的毛发较短，但精致的饰毛可能盖住脚面。毛色以白色为底色，从两耳到脸部为茶褐色或接近红色的茶色，身体部分有小小的斑点，如红色、黑色、褐色、栗色等斑点。

(3)性情能力 蝴蝶犬胆大灵敏、精力旺盛、活泼好动、喜欢被宠爱、温顺；不太喜欢陌生人，喜欢捕猎小动物，感情丰富。它是服从性相当高的犬种。此犬喜伴，养两只为好。

其智商排在第8名，平均寿命为12～13年。

(4)选购要点 选购耳大、竖立，整体外观酷似蝴蝶形状的；理想个体的颜色总是白色加其他颜色的斑纹。在头部，必须是除白色以外的其他颜色覆盖两个耳朵，并且延伸到眼睛，中间不能断开，脸部图案对称是很重要的。

8.吉娃娃犬

(1)历史起源 吉娃娃犬(图1-34)属小型犬种里的最小型，以匀称的体格和娇小的体型广受人们的喜爱。吉娃娃犬是世界上古老的犬种之一，其起源至今不详。有人认为此犬原产于南美，初期被印加人视为神圣的犬种，后来传到阿斯提克族。也有人认为此犬是随西班牙的侵略者到达新世界的品种，或者在19世纪初期从中国传入的。总之，吉娃娃犬的确切来源众说不一。这些说法的依据是在托尔提克族时代的修道院雕像以及在墨西哥发掘到了小型犬骸骨。根据中国冠章上的犬像，则认为此犬来自遥远的亚洲。以上各种判断，可以说明此犬绝非源自一种品种，而是自古以来就是由多种品种交配而来的。第二次世界大战后，吉娃娃犬一跃而成美国最流行的犬，并输送到世界各国。现在墨西哥的吉娃娃犬，大部分都是美国吉娃娃犬的子孙。品种分为长毛、短毛两种，大部分的美国专家认为长毛种是基本型。人们相信长毛吉娃娃犬是美国人将短毛吉娃娃犬同其他玩具犬杂交而培育出来的，这些玩具犬可能是蝴蝶犬或博美犬，也有人认为是北京犬、约克夏犬或玩具型贵宾犬。

彩图 1-34

图 1-34 吉娃娃犬

(2)形态特征 吉娃娃犬身体短小浑圆，体高15～23 cm，体重2.7 kg以下。其头部圆，似"苹果形"头，头盖细长，头顶部特有小圆洞(囟门)；面部双颊有细长的饰毛(长毛型)。眼睛大而明亮呈圆形，两眼距离大。耳朵宽大，与瘦小的身躯相比，两只三角形直立耳显得格外突出，在警觉时保持直立，但是休息时，耳朵会分开，两耳之间成45°角。鼻口部尖端略细，鼻子小巧；黑色、蓝色和巧克力色的品种的鼻子颜色都与自己的体色一致。口吻较短，略尖；剪式咬合或钳式咬合。

身体的比例为长方形，所以从肩到臀的长度略大于体高。颈部略有弧度，完美地与肩结合；背线

Note

水平,浑圆的肋骨支撑起胸腔,使身体结实有力。尾巴长短适中,呈镰刀状高举,或者卷在背上,尾尖刚好触到后背。

肩窄,向下渐渐变宽,前腿直,使肘部活动不受约束;肩向上,平衡且坚固,向背部倾斜,胸宽健壮,后肢肌肉强健且坚固。足纤细,且有弹力,脚趾恰到好处地分开,但彼此不远离。脚垫厚实,脚腕纤细。

短毛型的吉娃娃犬被毛质地非常柔软、紧密和光滑;被毛覆盖全身并有毛领者为佳,且头部和耳朵上被毛稀疏。尾巴上的毛发类似皮毛。长毛型被毛质地柔软,平整或略曲,有底毛;耳朵边缘有饰毛;尾巴上的毛丰满且长(羽状毛)。理想的吉娃娃犬是脚和腿上有饰毛、脖子上有毛领。吉娃娃犬有各种颜色,如淡褐色、沙色、栗色、银色或多色混合。

(3)性格能力 吉娃娃犬生性活泼、伶俐、警惕,虽小犹勇,知道如何利用精力充沛、灵活机敏的特点来与大型犬进行对抗,所以有些专家认为,它是小型犬种中最凶悍的代表。它对主人热情、忠诚,不喜欢外来的同品种的狗。

其智商排在第 67 名,平均寿命为 12～13 年。

(4)选购要点 忌选有下列情形的:眼球明显突出,体重超过 2.7 kg,上腭突出或下腭突出,耳朵不能竖立或剪耳,短尾或剪尾,长毛型被毛稀疏、近乎赤裸。尽量选择肥壮幼犬,放在手掌上有沉甸甸壮实感。

图 1-35 中华冠毛犬图

9. 中华冠毛犬

(1)历史起源 中华冠毛犬(图 1-35)又称作中华无毛犬、中华裸犬,是仅有的几个无毛品种之一。中华冠毛犬因为它的头盖顶上有一撮长冠毛,很像清朝官员戴的帽子,因此得名。中华冠毛犬在繁殖上有一些奇怪的现象:几乎在每一窝中总会有一两只带毛的幼仔;另一特点是它的皮肤有汗腺,不像有毛犬那样靠伸舌喘息来散热。该犬不但外形奇特,有的行为也很怪异。比如它甚至能用前爪抓东西,姿态酷似人类在用手抓拿东西,动作令人忍俊不禁。中华冠毛犬除无毛种外,也有软毛种(全身有疏松的软毛)。下面主要介绍无毛品种。

早在汉朝此品种已很突出,几个世纪以来在中国久负盛名。至1885 年纽约举办威斯敏斯特展览会中华冠毛犬才在西方露面。1975 年,美国成立专门的育种俱乐部,开始引进。中华冠毛犬的原产国至今还没有确切的记载,其说法不一,有人说来自墨西哥,有人说起源于中国。

(2)形态特征 中华冠毛犬体高 23～32.5 cm,体重 3.1～5.4 kg。中华冠毛犬的头部较长,额部稍圆,颊部干瘦,口鼻部为较长的楔形。牙齿为 26 颗,比一般犬少 16 颗,缺前臼齿。耳大且直立,有饰毛。鼻端颜色与皮肤斑块颜色一致。眼为杏核眼,眼距宽,眼为栗色或黄色,眼圈为紫红色或淡红色。身体无毛,头上却长了一撮长毛,看上去很是可爱。尾长向下,尾端向上微卷,尾下 2/3 处有饰毛,稍弯但不卷曲。前肢长且直,后肢弯曲明显,饰毛稀疏。

中华冠毛犬是犬中之稀有品种,外形极为奇特,全身除头顶、尾部和脚趾间有少许柔软的饰毛外,其他部分均裸露无毛,皮肤颜色较深并有斑块。被毛分为两层:下层毛是扑粉状的,上层毛是柔软而长的饰毛。毛色包括所有的颜色。皮肤光滑、柔软、无皱褶,肤色为花色,颜色多样,常见的有黑底配蓝色斑块的,还有粉红色底配咖啡色斑块的。皮肤颜色随季节变化,夏季稍浅,冬季加深。

(3)性情能力 此犬聪明、活泼、机警、勇敢、温顺,略深沉,不喜欢打斗,怕冷,很爱清洁,不掉毛,喜欢和人亲近,是一种很适合家庭养殖的玩赏犬。

其智商排在第 61 名,平均寿命为 12～15 年。

（4）选购要点　因中华冠毛犬目前已非常少见,选购时要注意其与有毛犬种剃毛之后的差别。鉴别要点如下:第一,中华冠毛犬没有下犬齿;第二,中华冠毛犬为兔型足,正常犬的足是一个瓣一个瓣的,这种犬的足是中间两个瓣连在一起;另外,它浑身皮肤搭配必须有花斑点。它身上的毛,正着摸、反着摸,都不会有扎手的感觉,这种犬身上即使有毛也是小绒毛。优秀的中华冠毛犬应为头部较长、额部稍圆、口鼻部长且为楔形的犬。世界上现存的无毛犬的数量在逐渐减少,一些国家已经发起了保护"无毛犬"的运动。我国的中华冠毛犬也面临着数量减少的危险。

（七）家庭犬

1. 卷毛比熊犬

（1）历史起源　卷毛比熊犬（简称比熊犬）（图 1-36）原是西班牙领地加那利群岛的当地犬,14 世纪以后,随欧洲水手往返于欧洲各国,是水手们的最佳伴侣;在 15 世纪时,人们用马尔济斯犬和长卷毛犬的血统对其进行改良而繁殖出新品种;16 世纪,法国、西班牙王室和贵妇将它作为宠物,用香水给这种犬洗澡,把这种犬作为怀抱着的玩赏犬。但在 19 世纪时该犬失宠,导致其流落民间在马戏团或街头艺人身边卖艺。一直到 1934 年才在法国被承认,并制定了品种标准。后来比利时和意大利也承认了这个品种。1972 年,美国犬俱乐部允许注册登记,并提出了卷毛比熊犬被毛梳理定型及独创发型的方案,从而提高了此犬在世界上的声誉。

彩图 1-36

图 1-36　卷毛比熊犬

（2）形态特征　卷毛比熊犬体高 23～30 cm,体重 3～5 kg。头部覆盖丰富的冠毛,通常修剪成特定的圆形;头略微圆拱,额段略微清晰。耳朵下垂,上面覆有波浪形长毛,当耳朵下垂部位朝向吻部时,可延伸到吻部中央;耳朵比眼睛水平部位略高,接近眼眶骨前面。眼眶部略圆,容纳圆形的前视的眼球;眼睛下部如刀削似地呈弧状,大且明亮,暗褐色;黑色或非常深的褐色皮肤环绕着眼睛,突出眼睛并能强调表情。卷毛比熊犬表情柔和,眼神深邃,好奇而警惕。鼻小巧,鼻孔大呈圆形,鼻镜突出呈黑色。口吻非常匀称,从鼻部到吻部凹陷的长度是从吻部凹陷到枕部长度的3/5,从两侧外眼角和鼻端分别连线,构成一个近似的等边三角形;嘴唇黑色,边缘锐利,但不下垂;下颌结实,剪式咬合。

颈部弓形,细长,支撑着高仰的头,向后与肩部连接;颈部从枕部到肩部的长度大约是从前胸到臀部长度的1/3。背中线水平,在腰部肌肉肥厚处有一小的弓形。胸部发育良好,胸廓宽,使两前肢伸展灵活;胸部最低点至少延伸到肘头处,肋骨稍微突出,往腹壁后延,腹部短而肌肉丰富。前胸沿肩关节往前伸展,腹中线适当有起伏。尾巴被毛丰富,尾根与背中线水平,由于卷曲,尾巴上的毛可以搭在后背上。

肩胛骨、上臂骨和前臂骨的长度几乎相等;肩胛向后倾斜,大约成 45°角;上臂向后延伸,从侧面观察时肘头刚好在肩部隆起的正下方。腿骨发育中等、直立,在前臂和腕部没有突出或弯曲;肘头与躯干紧贴。悬指可以去掉,足部圆形,连接紧密,像猫足,行进时两后肢笔直前伸。脚垫呈黑色,爪稍短。后肢也是中等程度发育,腿部呈弓形,肌肉丰富,较宽,后腿上下部长度几乎相等,以膝关节连接;后肢从飞节一直到脚垫与地面垂直,脚垫为黑色。

卷毛比熊犬的底毛柔软而浓厚,外层被毛粗硬且卷曲,有光泽;两种毛发结合,触摸时,产生一种柔软而坚固的感觉,拍上去的感觉像长毛绒或天鹅绒一样有弹性;毛长 7～10 cm;头部长长的毛发可以修剪成圆圆的外观;毛色主要为白色,可能在耳朵和躯干部有浅黄色、淡黄色或棕黄色的长毛。

Note

（3）性情能力　卷毛比熊犬性格友善、活泼、聪明伶俐,有优良的记忆力,会做各种各样的动作引人发笑,但对生人凶猛,喜欢自由奔跑,很容易得到满足。它们长期与人们相伴,对人的依附性很大,是很好的家庭伴侣犬。

其智商排在第 45 名,平均寿命为 12～14 年。

（4）选购要点　选购时要注意血统的纯正和优秀。要选择头圆、身体短小紧凑,体格结实,抱起来有重量感的个体。

彩图 1-37

图 1-37　迷你贵宾犬

2. 迷你贵宾犬

（1）历史起源　迷你贵宾犬(简称贵宾犬)(图 1-37)名字来自德文,但在法国最受喜爱,又称法国贵宾犬。贵宾犬是原产于法国还是德国,目前尚有争论,但多数认为其原产于法国。这种犬具有卷曲、漂亮的长毛,深受贵族阶级的喜爱。16 世纪该犬被改良成小型犬,成为贵妇人的宠物。18 世纪时,该犬经过进一步繁殖改良成为迷你型长毛贵宾犬。修剪贵宾犬的被毛并造型是由玛丽·安东尼发明的,广为大众喜爱。被毛经修剪美容后,十分俏丽华美,与众不同。

贵宾犬 19 世纪末被首次介绍到美国,但直到二次大战结束后才开始流行,并将最流行品种的荣誉保持了 20 年。贵宾犬在我国南北方都有一定的数量,但以黑色居多,其次为棕色、银灰色和白色,以纯白色最受人们的青睐。白色的品种多产于法国,棕色的品种的原产于德国,黑色的多产于俄罗斯,而意大利产的以茶褐色为主。

（2）形态特征　迷你贵宾犬体高 25～38 cm,体重 4～6.8 kg。贵宾犬头部呈稍长的楔形,双颊清瘦,面部及咽喉部皮肤紧;头颅稍圆,额小,吻部长而直呈尖细的楔形,整体非常结实。该犬没有嘴唇,使下巴显得很清晰;牙白色,结实,剪式咬合;耳长下垂至面颊,耳很宽,耳根高,饰毛丰富。它的眼睛颜色非常深,椭圆形,两眼间距宽。

颈部比例恰当、结实,长度足够使头能高高昂起。喉部皮肤整洁;颈部与结实、肌肉平滑的肩膀结合。背线水平;胸深,宽度适中,肋骨扩张良好。腰部短、宽,肌肉发达。尾根高,尾巴直,尾要修剪,一般断尾在 1/2 或 2/3 处,使尾向上举起,尾端有卷曲厚实的被毛;尾尖应修剪成毛球状,而全身修剪成狮子状。

四肢笔直,有卷曲厚实的被毛。前躯结实、肩膀肌肉平滑;肩胛平贴于身体,长度与前肢的上臂一致;前肢直而且相互平行。后躯与前躯平衡;后腿直,两腿相互平行;后膝关节骨骼适当弯曲,显著呈弓形,肌肉发达。飞节短且与地面垂直。站立时,只用到后足爪的小部分。脚腕结实。足爪小,呈卵形,脚趾上拱,脚垫厚实,趾间有绒毛;足爪不向内或向外翻。

被毛为天然的粗硬毛发,卷曲丰厚密实,身躯、头、耳朵及鬓毛等部位较长;多为单一毛色,有黑色、白色、褐色、杏黄色、银灰色或蓝色,以白色和浅灰色较受欢迎;被毛必须勤于修剪,常修剪成各种形状,常见的有绵羊型和狮子型;经过修剪后的贵宾犬有其他犬所不及的高贵典雅。

（3）性情能力　贵宾犬聪明机敏,动作灵巧,学习新动作能力和记忆力均佳,服从性强,有表演才能,喜欢被人夸奖,爱好游泳,耐力和韧性好,所以许多马戏团都用贵宾犬作为表演犬。但有时会吵闹,不宜作儿童的宠物。

其智商排在第 2 名,平均寿命为 13～15 年。

（4）选购要点　购买时应注意毛质和毛量非常重要。站立姿势要挺直,步幅均匀,步态轻盈。双眼无疾病。牙齿呈剪式咬合,整齐不外露。忌选:下腭突出式咬合、上腭突出式咬合、歪嘴。

3. 荷兰狮毛犬

（1）**历史起源**　荷兰狮毛犬（图 1-38）起源于北极或可能近北极地区，它和萨摩耶犬、松狮犬、猎麋犬、猎鹿犬、狐狸犬及博美犬同为一种属。它似乎与博美犬关系最为密切。一些权威人士认为博美犬由荷兰狮毛犬选择地培育而成。

在过去的两个世纪里，荷兰狮毛犬几乎没有什么变化，因为最早的有关荷兰狮毛犬的描述和今天的荷兰狮毛犬几乎完全一样。

1925 年，荷兰狮毛犬出现在英国，给人一种非常好的印象。1930 年，荷兰狮毛犬被美国美犬俱乐部承认并登记注册。美国早期的荷兰狮毛犬主要从英国进口，而英国的荷兰狮毛犬又是从荷兰和德国引进的。

图 1-38　荷兰狮毛犬

（2）**形态特征**　荷兰狮毛犬体高 43～46 cm，体重 25～30 kg，是一种中等体型，外形为方形的犬。眼睛为深褐色，中等大小，杏仁状，倾斜，眼边黑色。耳小，呈三角形，高位并且竖立。颈部长度适度，造型良好，于双肩中位置良好。躯干紧凑，背短、直、向下朝后躯稍倾。肋骨扩张良好，圆桶状，腰短，腹部收缩适度，胸深并且强壮。颈部、肩前部及胸部周围的被毛非常厚，形成狮子样的环状毛层。它的臀部和后肢同样也是被厚厚的被毛覆盖。毛色是灰白色、黑色和奶油色的混合色。色调变化可以从浅色到深色。

（3）**性情能力**　荷兰毛狮犬性情开朗，容易与人亲近，对主人忠心，记忆力好，对事物善于观察，是优良的警卫犬。荷兰狮毛犬耐寒，柔软的软毛层很容易帮助它抵御寒冷。

其智商排在第 16 名，平均寿命为 10～15 年。

（4）**选购要点**　选购时应选择眼眶周围有斑纹和明暗色调的个体。

4. 日本柴犬

（1）**历史起源**　日本柴犬（图 1-39）原产于日本，是一种古老的品种，据说其祖先是由中国松狮犬和日本纪州犬杂交繁育而成。柴犬大约在 2000 年前由中国传入日本，经长期豢养培育，养成忠实、服从、忍耐的天性。1928 年，一批日本爱犬者为保存日本柴犬纯正血统，成立了日本保犬会，保护日本柴犬和其他犬种。日本政府亦指定日本柴犬和其他 6 种日本犬为"天然纪念物"。该犬主要分布地区为日本关东、甲信、美浓及山阴等地。

图 1-39　日本柴犬

（2）**形态特征**　日本柴犬结构紧凑，肌肉发达。雄性和雌性在外貌上截然不同，雄性明显雄壮，但不粗糙；雌性显得柔美，但结构上不软弱。日本柴犬毛色主要为棕黄色、黄褐棕色，也有黑色白底或黄底等色，毛质为粗短的双层毛，非常密实。外观体型中等，头顶三角形的耳朵向前竖立，眼睛椭圆稍小，口吻部呈锥形，平而短的背部，尾巴浓密呈镰刀状，站立远望时精神抖擞，一看就让人觉得非常机敏聪明。

（3）**性情能力**　日本柴犬性情温顺、忠实，有服从性、忍耐性，朴实而雅致，灵巧机敏、英勇大胆，亲切而富有感情，这些特点使它显得高贵且自然、美丽。日本柴犬具有独立的天性，对陌生人有所保留，但对于得到它尊重的人，则显得忠诚而挚爱。日本柴犬有时会攻击其他犬。

日本柴犬是日本本土犬种中最小的一种，最初培养是为了在日本多山的地形中及浓密的灌木丛中,利用视觉和嗅觉进行捕猎。日本柴犬警惕而敏捷,因而亦能看家护院,是非常理想的伴侣犬。

其平均寿命为 10～11 年。

（4）选购要点　应选购张嘴时面带笑容,有亲和力的个体。

图 1-40　英国斗牛犬

5. 英国斗牛犬

（1）历史起源　英国斗牛犬（图 1-40）起源于希腊一种名叫"莫洛索司"的猛犬,与古老的亚洲藏獒及拳师犬也有血缘关系,但它真正的发源地在英国。一般认为,斗牛犬起源于大不列颠群岛,名字中之所以使用"牛"字,是因为该犬常被用来进行"纵犬咬牛"的游戏。由此可知,最初的斗牛犬是一种非常凶残的动物。虽然体型美丽而匀称,但具有攻击性,对疼痛不敏感。

1835 年,斗牛作为一种运动在英国被视为违法。因此,英国斗牛犬变得越来越没有价值,甚至有灭绝的可能。一些养犬爱好者为了挽救这个犬种,开始通过一些繁育措施保留并强化其优秀品质,消除一些不受欢迎的特性。科学的育种最终带来了满意的结果,经过几代的选择培育,英国斗牛犬成了最具有体力的犬种,并使其原始的野性降到了最低,这就是我们今天所知的斗牛犬。

（2）形态特征　英国斗牛犬体高 30～35 cm,体重 22～25 kg,有的也可超过 25 kg。头部大而呈方形,额部多皱纹,吻部很宽,鼻子极短,耳朵小而薄,呈玫瑰状,前躯大,后躯小,四肢短而有力,尾巴是短小的螺旋尾。体毛稠密,光泽贴身,毛色有红色、淡黄色和有斑纹的白色,无全黑色。

（3）性情能力　英国斗牛犬躯短体阔,体内似乎蕴藏着极大的力量。此犬虽有原始的凶悍外表,但性情已变得善良、忠诚、顺从,因其独特的品格与风采,人们赞誉它"丑陋中散发出强烈的美感"。中世纪时,英国斗牛犬就被称为"斗牛犬",这并非因为它的外貌很像小公牛,而主要因为它精力充沛、力大无比。1840 年,斗牛被英国政府禁止,此犬就作为看护犬、警犬之用。在美国,一只对战役有贡献的英国斗牛犬,官方会授予与军人相同等级的勋章。

其智商排在第 77 名,平均寿命为 8～10 年。

（4）选购要点　选购犬时应着重看其头部、躯干、四肢、皮肤等部位的特征。

6. 松狮犬

（1）历史起源　松狮犬（图 1-41）是原产中国西藏的古老犬种,至少已经有 2000 年的历史。汉朝有些文物中也可见到。19 世纪末在英国出现并加以改良。古代的松狮犬被视为恶灵的敌人,一向被用来看守寺院和拖拉小车。松狮犬属于工作犬类,是多功能的万能犬,可以胜任狩猎、护卫和拖曳等任务。

（2）形态特征　松狮犬体高 46～56 cm,体重 20～32 kg,眼睛深棕色,深陷,杏仁状,耳朵小,三角形,舌的上部和边缘为纯蓝黑色。颈结实、丰厚、肌肉发达、微弓,背线直而结实,身体呈方形。外层被毛厚密,直而竖立,内层被毛软,厚或呈羊毛样,颜色多样,一般纯色。

（3）性情能力　松狮犬性格独特,非常自我、独立、固执,可作为狩猎犬、拖曳犬、护卫犬、伴侣犬使用。

图 1-41　松狮犬

彩图 1-41

其智商排在第 76 名,平均寿命为 12～15 年。

（4）选购要点　选购时要注意,愁容是松狮犬独有的,蓝黑舌头及夸张的步态,是松狮犬最典型的特性。

（八）狸类犬

1．贝灵顿狸

（1）历史起源　贝灵顿狸（图1-42）原产于英国，起源于19世纪。19世纪初，惠比特犬、丹迪丁蒙狸等犬种混血后，改良出贝灵顿狸。

图 1-42　贝灵顿狸

彩图 1-42

（2）形态特征　贝灵顿狸体高38～43 cm，体重8～10 kg。整个头部为梨形，头上长有大量的头髻，几乎全是白色。鼻孔大，轮廓清晰。蓝色和茶色狗一定要有黑色的鼻子，而肝色和淡黄棕色狗一定要有棕色的鼻子。眼睛小、明亮且下陷，呈三角形。耳朵尺寸适当，呈榛子形，位置较低，平平地挂在面颊两边。耳朵薄，覆盖了一层绒毛，耳朵长度能到达鼻头处为最佳。全身肌肉发达而极其柔韧，体长略大于体高。腰部以上自然上拱，胸部深宽，肋部较平，深度达到肘部。尾长适度，根部较粗，逐渐变细，优雅地卷曲着。尾巴位置低，不能举过后背。四肢长度适中，结实，由于背部及腰部弯曲，后肢看起来比前肢长。被毛是软毛与硬毛相杂，非常易打卷，尤其是头上和面部的毛发。颜色有蓝色、肝色或淡黄棕色，部分伴有茶色。

（3）性情能力　贝灵顿狸聪明大胆、强健、敏捷，外形酷似小绵羊，但勇敢，不惧怕。

其智商排在第40名，平均寿命为12～14年。

（4）选购要点　应选购被毛浓密，与特征特性相符的个体。

2．迷你牛头狸

（1）历史起源　迷你牛头狸（图1-43）是现存斗牛狸的各个变种中体型最小的一种，是19世纪早期在英格兰培育的原始牛头狸的直系后裔，牛头狸是为逗引公牛而培育的，后来也用于斗狗。迷你牛头狸是牛头狸的小型版本，除了身体更小以外，其他特征与斗牛狸一致。1993年，该品种被联邦养狗人俱乐部登记注册。

（2）形态特征　迷你牛头狸身高25～35 cm，体重11～15 kg，头部呈蛋形，微微弯曲，中间高，鼻镜黑，鼻孔适当张开，鼻尖略向下弯。颈部肌肉非常发达，长且呈拱形。背部短而结实，腰部略拱。肋骨扩张良好。胸部宽。肩部结实、肌肉发达，但不显得笨重。腿部骨量充足，但不粗糙。前肢长度适中，非常直。尾巴短，尾根位置低。被毛颜色有纯白色、白色带其他斑纹或其他任何颜色。

（3）性情能力　迷你牛头狸聪明伶俐、活泼，勇敢无畏，喜欢与人为伴，特别热爱主人和家庭，渴望人们的陪伴与关爱，支配意识强。

其平均寿命为11～13年。

（4）选购要点　注意选购与特征特性相符的个体。

图 1-43　迷你牛头梗

图 1-44　西高地白梗

3. 西高地白梗

（1）历史起源　西高地白梗（图 1-44）来自苏格兰西部高地的纯白色类，起源于 19 世纪。西高地白梗最初用来捕猎水獭、狐狸和老鼠。

（2）形态特征　西高地白梗体高 22～30 cm，体重 7～10 kg，该犬体型小巧玲珑，头上被毛厚，头骨略圆，眼睛分得很开，中等大小，杏仁状，深褐色，位置深，机警而聪明。耳朵小，直立，彼此间距离比较宽，位于头顶两侧的边缘。鼻镜大而黑，嘴唇是黑色的。颈部肌肉发达，背线平坦、水平，身躯紧凑而且结实，腰部短、宽而结实。尾巴相对较短，骨量充足，形状像胡萝卜。四肢肌肉非常发达。两层被毛，外层被毛是直而硬的白色毛发。

（3）性情能力　西高地白梗体质强健、性格温和、活泼好动。

其智商排在第 47 名，平均寿命为 12～14 年。

（4）选购要点　注意选购与特征特性相符的个体。

4. 苏格兰梗

（1）历史起源　在苏格兰，短脚梗有几百年的历史，在不同的低地和岛屿上繁衍出不同种类，它们个个都是出色的捕猎狐狸、獾等的狩猎能手。在刚开始养犬的时候，人们给不同的梗取了不同的名字，并且把它们按种族划分，分开饲养。经过了数百年的繁殖，至 1882 年成立了首个苏格兰梗俱乐部，并由 J. B. 莫里森拟定了正式的标准，成为独立的犬种。第二个俱乐部在 1888 年成立。1920 年到 1940 年之间，苏格兰梗（图 1-45）在世界各地连续参展，非常受欢迎。

图 1-45　苏格兰梗

（2）形态特征　苏格兰梗的身体强壮而厚实，骨量十分充足，其体高 25.4～28 cm，体重 8.6～10.4 kg。头部很长，头颅和口吻相互平行。头颅略长、平滑，宽度中等，稍微呈拱形，头顶略短，被毛较硬。额段很清晰，位于头颅和口吻之间的位置，与眼睛水平，形成了苏格兰梗独特的表情。面颊平整而清洁，口吻与头颅的长度几乎一样，额段到鼻镜间的距离呈略微的锥形，位于眼睛的下方。口腔中，较大的牙齿整齐排列，咬合呈剪式或钳式，方正的颌部平而有力。小耳尖而直立、毛短。无论被毛呈何种颜色，鼻镜都是黑色的，大小恰当。眼睛小，杏仁状，暗褐色，眼间距大，眼上方及下颚有长须。

颈部长度适中，结实而粗壮，且肌肉很发达，与肩部平滑连接。肋骨扩张较好，其后面的腰部短而结实，侧腹略深。苏格兰梗的背线水平且稳定而牢固；胸部宽而深，位于两个前肢的中间位置。尾根位置高，向上举，呈垂直向上或略微向前弯曲；尾根部粗壮,至尾尖部逐步变细,短而粗硬的毛发覆盖在尾上。

前肢骨骼粗壮,垂直或略微弯曲,肘部靠近身躯,位于肩胛以下的位置,前胸在肘部的前面很清晰。前足爪向前方指,且大于后足爪,圆圆的足爪厚实而紧凑,足爪上面的趾甲坚固。大腿肌肉发达且非常有力,后膝关节适当弯曲,飞节与脚踝间很直,飞节位置较低,而且相互平行。

苏格兰㹴拥有凹凸不平的双层被毛:外层较硬的被毛为刚毛,内层的底毛柔软而浓密。胡须、腿部、身体下方的被毛略长一些,比身体上的被毛稍柔软。被毛颜色为黑色、小麦色,有的毛上有各种颜色的条纹,一般分布在胸部和下颌小范围内。

(3)性情能力　苏格兰㹴具有警惕、温和、优雅、活泼、可爱、聪明、高傲、勇敢的性格,同时也稳重而安静,抬头与昂尾的姿态,体现了这种犬的热情。对人类友善而温顺,忠实地对待主人,对陌生人具有警戒性。对奖励与惩罚很敏感,需要耐心训练。在别的犬面前具有攻击性。有的时候,该犬表现得蛮横而有力,因此有"顽固分子"的称号。

其平均寿命为 12～13 年。

(4)选购要点　被毛长、硬、浓密,下毛软而稀少;身体结实,体型匀称,骨骼强壮;头部大,耳朵小巧;尾巴长,颈、腰、臀部肌肉丰满而圆润;胸部宽,背短,腿短,具有这些特征的苏格兰㹴是首选。

5. 波士顿㹴

(1)历史起源　波士顿㹴(图 1-46)属于美国犬种,最能代表美国犬种的特征。19 世纪时,以波士顿㹴为中心的斗牛活动产生了波士顿㹴犬种,初期的波士顿㹴是斗牛犬及斗牛㹴杂交产生的犬种,后期经过和法国斗牛犬配种等很多的改良才发展为现在的波士顿㹴。1878 年,波士顿㹴第一次在犬展上露面,1893 年获美国波士顿㹴俱乐部承认,1933 年被公认,以后此犬成为美国最受欢迎的犬种之一。2001 年该犬在 AKC 热门犬种排行中列第 18 位。此犬具有良好的气质和非常高的智商,过去主要作为斗牛犬,如今已成为性情温顺的伴侣犬,也可作为优秀的警卫犬。

图 1-46　波士顿㹴

(2)形态特征　波士顿㹴背部身躯轮廓清晰,头部和颌部呈独特的正方形,又具有独特的斑纹,故此犬看起来很小却很迷人。其体高 28～38 cm,大型犬体重 9～11 kg,中型犬 7～9 kg,小型犬 7 kg 以下。

头部呈正方形,头顶平坦,没有皱纹,面颊平坦,眉毛生硬且额段清晰。口吻短、呈正方形。颌部宽而呈正方形,上唇大且下垂,嘴巴紧闭,完全将牙齿覆盖;牙齿短而整齐;钳式咬合或下腭突出式咬合。耳朵小,直立,位于靠近头顶部的两侧。鼻黑色而宽,鼻孔间有清晰的线条。眼睛大而圆,炯炯有神,眼间距宽,颜色深。

颈部整洁,平滑地与肩部结合,略微圆拱,优雅地托起头部;背部短,形成正方形的身躯外观,背线水平;胸深,肋骨支撑良好,向后延伸到腰部;腰部有些倾斜,臀部微翘成后蹲姿势;身躯显得短;尾巴位置低、短、细腻,尖端细,直形或螺旋状。

肩胛倾斜且向后靠,肘部既不向内弯,也不向外翻;前肢位置略宽,与肩胛骨顶端在同一垂直线上;前肢的骨骼直,前肢足爪小、圆而紧凑,既不向内弯,也不向外翻,脚趾圆拱,趾甲短;大腿结实而肌肉发达,膝关节弯曲;飞节到足爪的距离短,飞节关节清晰;后肢足爪小而紧凑,趾甲短。

被毛短、平滑、明亮且质地细腻;毛色有虎斑色、海豹色或黑色带有白色斑纹(吻有白色镶边,眼睛中间有白筋,前胸白色),其中虎斑色为首选。

(3)性情能力　波士顿㹴活泼好动,机警聪明,善解人意,喜欢玩耍与散步,好与陌生犬争斗,但对人热情,愿与人亲近。

波士顿㹴平均寿命为 12～13 年。

(4)选购要点　选择比例匀称,姿态美观而优雅的犬。忌选眼小而突出或深陷、色浅淡、吻尖、牙齿排列不齐,耳朵过大,颈细而长,胸狭,腰长而向下垂弯,脊背塌陷的犬。

任务二　宠物犬的选购

视频:
宠物犬的
选购

一、养犬用品准备

与人类一样,犬也需要衣食住行。在养犬之前,必须准备好养犬的各种生活用具。养犬的基本用具和设施主要有犬窝(包括被褥)、食具、出行用品、梳洗工具、玩具与食品及其他训练用具等。

1. 犬窝　犬窝是供犬休息和睡眠的场所,主要有柳条床、塑料床、犬屋、犬笼等,目前应用较多的是用铁丝做成的犬笼。

(1)柳条床　窝是用植物藤条编织成的长篮,一侧较低以方便犬的出入,底部内侧加有衬垫,四面透风,常需在其中加垫以保温。柳条犬窝易被犬啃咬,且缝隙间易藏污垢,不易清洗,主要适用于小型犬。

(2)塑料床　用塑料制成各种大小的盆状,一侧稍低或有缺口以方便犬的出入,不易损坏,清洗方便,但底和侧壁较硬,通常需要放入柔软的被褥或布垫来增加舒适度。塑料床也主要适合小型犬使用。

(3)犬屋　以棉布和海绵为基本材质,做成圆顶或人字顶的屋形,有底,保温性能较好,适合冬季使用,但易脏,且不便清洗,适合小型犬使用。犬屋的大小要适宜,以便冬季的保温。通常犬屋的入口檐高不低于犬只体高的 3/4,长度和宽度不低于体长的 25%,高度应大于从头到脚高度(自然站立时)的 50%。

(4)犬笼　用铁丝做成的一定规格、呈立方状的笼舍,多数对铁丝进行浸塑或喷漆处理,以保证犬笼不易因生锈而腐蚀。笼顶或笼的一侧面设有供犬只进出或取放犬只的通道,笼底离地面有 5～10 cm 的高度,笼底铁丝下方有塑料材质做成的承粪板。使用时,可在犬笼的一侧壁上挂自动饮水器,对犬体和犬笼都较卫生,目前被广泛使用,适用于各种类型的犬。在某些情况下,犬笼是唯一的选择。如参加藏獒展示会时,装放藏獒只能用浸塑的犬笼,笼体规格通常为 120 cm×80 cm×90 cm。

2. 食具　食具是犬的重要生活用品,一般要满足以下几个重要条件。首先应选择底盘较低、重量较大的食具,这样犬不易打翻食具。其次,食具的材料应该耐用、无毒性、不易潮湿腐烂。犬的食具有塑料、陶瓷或不锈钢制成的:塑料盆质轻、易打翻,价格相对较便宜;陶瓷盆美观、卫生且易清洗,但容易破碎;不锈钢盆经久耐用,底座加重后可防止打翻,但价格较高。通常食盆可用作水盆,也可同时准备两只食盆,一只用作食盆,另一只用作水盆,目前市场上有两联用的食盆出售。带有乳头式水嘴的水壶是犬的饮水用具,挂在犬笼的外侧,可防止饮水被犬污染,能保持犬笼的清洁卫生。

犬的食具的形状和口径大小应依据犬的品种和特征来选择。大型立耳、嘴筒较长的犬(如德国牧羊犬)要选择口径较宽大、深浅适度的食具,以保证犬的正常采食;嘴筒较短、耳朵较小的犬(如巴哥犬、北京犬等)则要选择口径较大、底部较浅的食具,一方面能保证犬吃到犬食,另一方面清洗食具也较方面;嘴筒较粗、耳朵较长的犬(如腊肠犬、巴色特犬等),应选择口径较小、底部较深的食具,这样保证犬在采食时耳朵不至于垂到食具中而污染耳朵。

此外,在给体型较大的犬(如大白熊犬、圣伯纳犬等)食物时,可将食具垫高些,以方便犬的采食,更重要的是犬在长期抬头采食的过程中会养成抬头挺胸的良好习惯。

3. 出行用品　犬的出行用品主要有项圈、犬链(牵引带)、口罩、外套、身份牌、旅行包或航空箱等。

项圈和犬链或伸缩式牵引带便于犬外出时对犬只的控制,材质有金属、尼龙和皮革等。为了防止犬外出时在公共场所吠叫、咬人或胡乱拣食,有必要给犬戴一个大小合适的专用口罩,口罩的材质有塑料或皮革。身份牌上有犬主人的家庭住址和联系电话,系在项圈上,以便犬走失后的找寻,已有部分省市开始采用电子身份证(皮下植入芯片)。在冬季外出时,可给犬只配一件外套,一方面可起到一定的御寒作用,另一方面也可使犬只更加靓丽。目前,有些犬的主人为了防止自己的犬只外出时被其他犬乱配、误配,会给犬只穿一件阻止交配的外套。

带犬长途外出、参赛或参展特别是乘坐飞机时,还需配有旅行包或航空箱等。宠物用旅行包或航空箱多采用高强度优质材料制成,无气味、无毒、不易软化,对宠物无任何伤害,能给宠物提供充足的活动空间,宠物在包内或箱内可以转身、站立,长时间飞行或旅途也不会有压迫感。

4. 梳洗工具　适当的日常梳洗能保持犬的清洁卫生,也能减少犬只的美容或洗浴费用。犬的梳洗工具主要有梳理用具和沐浴用具两部分。

(1)梳理用具　梳理用具有硬毛刷、软毛刷、猎犬手套、金属梳、钢丝刷、剪刀和指甲钳等。硬毛刷、猎犬手套、金属梳分别适用于短毛犬、中长毛犬和长毛犬,可根据犬的被毛长短来选择;钢丝刷对所有毛型的犬都适用。剪刀有直剪和弯剪两种,用于犬体多余饰毛或较长被毛的修剪,指甲钳适用于犬趾甲的修剪,有时还需配有锉刀,以磨平修剪后的切口。

(2)沐浴用具　沐浴用具(品)主要有浴盆、犬用浴液、吸水毛巾、吹风机等。犬用浴液是犬专用的浴液,不能与人用浴液混用,因为犬用浴液略呈酸性,而人用浴液呈中性。犬用浴液要求对犬的皮肤和眼睛无刺激性、泡沫适量、清洗效果好、带有淡淡清香味,主要有各种毛色专用浴液、除虱浴液、除臭浴液、赛级犬的专用浴液等类型。目前市场上犬用浴液的品牌较多,价格相差也较大,在选择时应权衡考虑犬的毛色、年龄、生长情况等。

5. 玩具与食品　幼犬常爱啃咬物品以减轻牙齿生长时的不适感,为防止犬在长牙期对家具、衣物的啃咬,可给犬提供各种玩具。犬的玩具应不易破损、经久耐用、大小适中,并能较好地防止被犬误食。玩具的形状多种多样,通常与犬喜爱玩耍的物品形状相似,有骨头形、球形、条形、饼形、鞋形、帽形等。大多数玩具是用动物的碎肉、碎骨压制而成,一方面犬在玩耍过程中慢慢吃掉,补充了钙质,另一方面犬在啃咬过程中锻炼了牙齿。对成年犬而言,也许飞碟更合适,不但可以在训练中锻炼犬的身体,更可进一步增进犬与人之间的感情。

目前,市场上的犬粮已形成规格化、系列化,品种繁多,因营养较全面、饲喂方便,已越来越多地被养犬爱好者接受。国内品牌的犬粮主要有比瑞吉、宝路、统一等,国外品牌有皇家、冠能、ANF(爱恩福)等,各种品牌的犬粮价格相差较大,在选择时应主要对犬粮的颗粒大小、硬度、营养等方面进行权衡。

宠物犬的品种繁多,外形也各不相同,对每个饲养者来说,各自有不同的鉴赏标准。正确选择一只自己喜爱并适合自己的性格、生活方式和饮食习惯的宠物犬并不是一件容易的事,必须在对各品种的性格、体型大小及自己的饲养目的等方面进行权衡考虑后,才能做出准确的判断。

二、宠物犬的选购

(一)宠物犬的选择

1. 体型外貌　目前家庭饲养的宠物犬大多不需要很大的活动空间,能长期生活在室内陪伴主人,主人外出时带上也不麻烦,所以多数人要求宠物犬体型小(体重小于 10 kg,身高小于 40 cm),一般为小型犬或超小型犬。而且此类犬通常有过人的体态容貌、优雅的姿态和华美的被毛,个性活泼,处处散发着玩赏犬的巨大魅力,给人们的生活和工作增添了无穷的乐趣。但随着人们欣赏水平的不断提高,很多中大型犬也被越来越多的人作为宠物犬饲养。

2. 气质性格 宠物犬一般要求性情温顺、友善、机灵、活泼可爱。幼犬应愿意接近人,喜欢和人在一起玩耍,活泼机灵,反应迅速。如在一窝幼犬附近站住或蹲下时,若有一只或几只幼犬主动而有信心地走来时,其眼睛明亮、目光有神、摇头摆尾,以示友善;当用手将其提起仔细审查时,它并不惊恐挣扎,也不乱吠乱咬,而是依据动作的大小有一定的反应,这类幼犬便是理想性情之犬。当接近一只犬时,它如惊弓之鸟,畏缩、躲藏、乱咬乱叫,这可能是一只性情孤僻之犬。如对一只犬无论怎样轻柔地抚摸,它依旧想法逃走或吠叫不止,这可能是一只劣犬。此外,一些外向型、暴力倾向明显、时常乱咬其他幼犬的犬一般也不宜作为宠物犬来饲养。

3. 神经活动类型 根据犬大脑皮质兴奋和抑制过程的强度、均衡性及灵活性等特点,犬的神经活动类型可分为兴奋型、活泼型、安静型和孱弱型四类。

(1)兴奋型 又称胆汁质型、强而不均衡型。这种犬的特点是兴奋过程比抑制过程强,因而两者不均衡。其行为特征是急躁、暴烈、不易受约束,带有明显的攻击情绪,总是不断地处于活动状态,形成阳性条件反射比较容易,形成阴性条件反射则比较困难。

(2)活泼型 又称多血质型、强而均衡活泼型。这种犬的兴奋和抑制过程都很强,而且均衡,同时灵活性也很好。这种犬的行为特征是行动很活泼,对一切刺激反应很快,动作迅速敏捷,对周围发生的微小变化也能迅速做出反应。在条件反射活动方面,不论是阳性条件反射还是阴性条件反射都容易形成。

(3)安静型 又称黏液质型、强而均衡安静型。这种犬的特点是兴奋和抑制过程都很强,而且均衡,具有较强的忍受性,但灵活性不好,兴奋和抑制过程相互转化较困难且缓慢。其行为特征与活泼型完全相反,表现极为安静、细致、温顺、有节制,对周围的变化反应冷淡。在条件反射活动方面,不论是阳性条件反射还是阴性条件反射的形成都比较慢,但形成后都很稳固。

(4)孱弱型 又称忧郁质型或抑制型。这种犬的特点是兴奋和抑制过程都很弱,因而大脑皮质细胞工作能力的限度很低,很容易产生超限抑制。其行为特征表现为胆怯而不好动,易疲劳,常畏缩不前和带有防御性。

除上述四种典型神经活动类型外,还有很多混合型神经活动的犬。

不同用途的犬,要求的神经活动类型不尽相同。军用、警用或护卫用犬通常以兴奋型和活泼型为宜;就宠物犬而言,一般以活泼型、安静型为好。犬的神经活动类型可以在自然条件下或训练过程中通过观察和研究犬对不同刺激的反应状态来初步加以判定。

判定犬兴奋过程强弱的方法通常有两种。一是采用较强的声音来刺激,当犬在吃食时,突然用急响器(如闹钟、摇铃等)由远及近在食盆旁发声,此时可见:有的犬无反应而继续吃食,此类犬的神经类型为安静型;如犬听到声响就停止吃食,但不离开食盆,片刻后继续吃食,则此类犬的神经类型为活泼型;有的犬听到声响就离开食盆,并表现出攻击行为,然后又走近食盆照常吃食,此类犬的神经类型为兴奋型;有的犬听到声响就不再吃食,走到远离食盆的地方静卧,此类犬的神经类型为抑制型。另一种方法是观察犬对威胁口令刺激的反应。兴奋过程强的犬不会被大声所抑制,兴奋过程弱的犬常表现为极度抑制,甚至停止活动。

犬的神经活动类型往往与其灵活性有很大关系,灵活性好的犬在训练过程中能迅速从一种神经状态转变为相反的神经状态。当训练员发出"非"的口令后,立即发出"来"的口令,这种犬能很快地从抑制状态中解脱出来,并迅速靠近训练员;灵活性差的犬在一个较长时间内呈抑制状态,并不能立即按照另一口令做出相应的动作。另外,灵活性好的犬很容易适应新环境,灵活性差的犬则很难适应。

4. 年龄要求 目前多数人在购犬时选择幼犬,少数人更倾向于成年犬,因此必须对犬的年龄进行准确的判断。犬的年龄主要根据牙齿的更替、生长情况、磨损程度、外形、颜色以及体态、皮肤、肌肉松弛度、被毛、颜面和指甲颜色等进行综合判定。

准确地判断犬的年龄,应根据牙齿生长和磨损情况进行。

幼犬(乳齿)齿式为 2×[上颌(3 门齿)(1 犬齿)(3 前臼齿)/下颌(3 门齿)(1 犬齿)(3 前臼齿)],共计 28 枚。成年犬(恒齿)齿式为 2×[上颌(3 门齿)(1 犬齿)(4 前臼齿)(2 后臼齿)/下颌(3 门齿)(1 犬齿)(4 前臼齿)(3 后臼齿)],共计 42 枚。犬牙齿全部是短齿冠形,上颌的第一与第二门齿齿冠为三尖峰形(中央齿为大尖峰,两侧齿为小尖峰),下颌门齿各有大、小两个尖峰,犬齿呈尖端锋利且弯曲的圆锥形,前臼齿为三峰形,后臼齿为多峰形(图 1-47)。

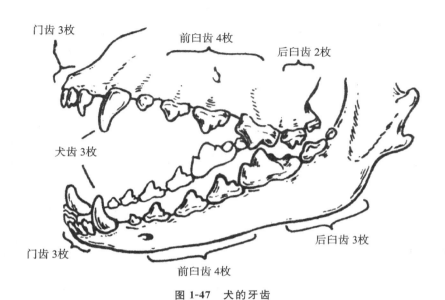

图 1-47 犬的牙齿

根据犬的牙齿生长和磨损情况来判断年龄的参数指标,具体见表 1-1。

表 1-1 根据犬的牙齿判断犬的年龄

年龄	犬齿情况	年龄	犬齿情况
20 天	开始长牙	5 岁	上颌第三门齿尖峰稍磨损,下颌第一、二门齿磨灭面为矩形
4～6 周龄	乳门牙长齐	6 岁	下颌第三门齿尖峰磨灭,犬齿钝圆
2 月龄	乳齿全部长齐,白而细亮	7 岁	下颌第一切齿磨损至齿根部,磨灭面呈椭圆形
3～4 月龄	更换第一切齿	8 岁	下颌第一切齿磨灭面向前方倾斜
8 月龄	全部乳牙脱落,换恒齿	10 岁	下颌第二切齿、上颌第一切齿的磨灭面呈椭圆形
1 岁	恒齿长齐,齿尖突未磨损	16 岁	切齿脱落
1.5 岁	下颌第一切齿大尖峰磨损至与小尖峰平齐	20 岁	犬齿脱落
3.5 岁	上颌第一切齿尖峰磨灭		

一般来说,犬出生后 3 个月左右开始换毛,至 6～8 月龄时接近成年犬。成年犬被毛光滑,富有光泽;6～7 岁时,嘴、唇四周开始出现白发般的老年毛,被毛粗糙;10 岁以上的犬面部、下颌、背部开始出现白毛,被毛变得暗淡无光泽。

青年犬两眼光亮有神,行动灵活敏捷,充满活力,皮肤紧而有弹性;老龄犬眼睛无光,行动迟缓,灵活性差,听力和视力下降,皮肤变干,口、耳、皮肤常发出难闻的气味。

此外,幼犬的指甲色浅,未有磨损,有时可见到血管或神经;青年犬指甲较坚硬,磨损适度;老龄犬的指甲磨损现象较为严重,有时指甲的磨损面可看到空而干瘪的血管。通过体态不能准确地判断犬的年龄,只能大致判断出幼年犬、成年犬和老龄犬。

5. 健康状况 宠物犬要求健康,这是对宠物犬最基本的要求。犬健康状况的检查应着重注意以下几方面。

(1)精神状态 健康犬活泼好动,反应敏捷,体力充沛,情绪稳定,喜欢亲近人,愿意与人玩耍,而且机灵、警觉性高。胆小畏缩而怕人,精神不振,低头呆立,对外界刺激反应迟钝,甚至不予理睬,或对周围事物过于敏感,惊恐不安,对人充满敌意,喜欢攻击人,不断狂吠或盲目活动、狂奔乱跑等,均属于精神状态不良犬,不可作为训练用犬。

(2)眼睛 从犬的眼睛即可分辨犬的健康状况。健康犬眼睛形状应与该品种标准一致,眼结膜呈粉红色,眼睫毛干净、整洁,眼睛明亮不流泪,无任何分泌物,两眼大小、颜色一致,犬目澄清,黑白分明,无外伤或瘢痕。病犬常见眼结膜充血,甚至呈蓝紫色,眼角附有眼屎,眼睫毛凌乱粗糙、不整洁,两眼无光,流泪,患贫血病的犬则可见黏膜苍白。

(3)鼻子 健康犬鼻端湿润、发凉,富有光泽,无浆液性或脓性分泌物。如犬鼻端干燥,甚至干裂,多皱纹,有浆液性或脓性分泌物,则表明犬可能患有热性传染病。极少数情况下,有些犬将鼻着地休息时鼻端也会干燥,可结合其他方面来判定犬的健康状况。

(4)口腔 健康犬口腔清洁、湿润,黏膜呈鲜明的桃红色,舌呈鲜红色或具有某些品种的特征性颜色(如我国的沙皮犬、松狮犬、冠毛犬的舌都为蓝色或蓝紫色),无舌苔,无口臭,无流涎。

犬牙有钳式咬合、剪式咬合、上腭突出式咬合、下腭突出式咬合四种形式(图1-48)。钳式咬合是指上门齿齿尖接触下门齿齿尖;剪式咬合是指上门齿与下门齿对齐,下门齿的齿表面微触上门齿的齿背,是绝大多数犬牙齿的咬合方式;上腭突出式咬合是指上门齿超出下门齿;下腭突出式咬合是指下门齿超出上门齿。牙齿咬合形式不正确是一种先天性缺陷,往往是品种退化的表现,健康犬的牙齿咬合形式必须符合本品种特征要求,且无缺齿现象(蝴蝶犬、吉娃娃犬等常有缺齿现象除外)。此外,健康犬的牙齿呈乳白色或略带黄色,如犬牙齿黄色明显,表明犬患病或已老龄化。

(a)钳式咬合 　　(b)剪式咬合 　　(c)上腭突出式咬合 　　(d)下腭突出式咬合

图1-48　犬牙齿咬合形式示意图

(5)耳朵 健康犬的耳温适中,无异味,外耳道清洁,无过多的分泌物。病犬的耳温较凉或较热,外耳道污秽不堪,异味较浓,有较多的褐色或黄绿色分泌物,且分泌物较黏稠,病犬常有摇头、抖身等多余动作。

(6)皮肤及被毛 健康犬皮肤柔软而有弹性,皮温不凉不热,手感温和,被毛蓬松有光泽。病犬皮肤干燥,弹性差,被毛粗硬杂乱,手摸体侧时可触摸到肋骨,如有体表寄生虫病,还可见皮肤上有皮屑、斑秃、结痂和溃烂等,病犬有痒感,常抓搔。

(7)四肢 健康犬的肢型与趾型应符合本品种特征要求。除少数犬(如英国斗牛犬、巴吉度犬、北京犬等)的四肢形状特殊外,出现前肢呈内足型、斗牛犬型,后肢呈X形、O形、狭膝型、外开型,甚至有跛行现象的,大多是因为四肢有疾病。

(8)犬趾 主要有猫型和兔型两种,必须符合本品种特征要求(图1-49)。开阔型犬趾不美观,趾间易夹带异物,易滋生病菌;纸型犬趾多是因犬爪尖发育不良所致,难以支撑犬体重量。

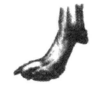

(a) 猫型趾（圆形）　　(b) 兔型趾（椭圆形）　　(c) 平脚（低跖）　　(d) 外展脚（叉趾）

图 1-49　犬趾型示意图

（9）肛门　健康犬肛门应紧缩,周围清洁无异物。如肛门松弛,周围污秽不洁,甚至有炎症和溃疡,则表明犬患有下痢等消化道方面的疾病。

（10）尾巴　犬的尾巴形状因品种的不同而有所差异,犬尾除了增加美观外,还可以显现犬的表情、精神状况。健康犬的尾巴除应符合本品种特征要求外,还要经常使劲地摇摆尾巴,很有生气与活力;不健康的犬则经常懒散地下垂或轻轻摆动尾巴,显得有气无力。

（11）体温　成年犬正常体温为 $37.5 \sim 38.5$ ℃,幼犬正常体温为 $38.5 \sim 39$ ℃,通常晚上高、早晨低,直肠温度稍高于股间温度,日差 $0.2 \sim 0.5$ ℃。犬体温度达 $38.5 \sim 39$ ℃为低热,达 $39.5 \sim 40.5$ ℃为中热,达 40.5 ℃以上为高热。

（二）购犬途径的选择

目前就国内而言,购买宠物犬主要有犬繁殖场、宠物市场、宠物用品店或宠物医院、个人繁殖者、流浪犬收容所和网上购买几个途径,各有利弊,可权衡考虑。

1. 犬繁殖场　在犬繁殖场购买的犬,一方面能保证犬的纯度,另一方面能保证犬的健康,因为犬繁殖场有较为严格的兽医卫生防疫制度,离场前的宠物犬已注射过疫苗。此外,正规的犬繁殖场都有较好的信誉,一旦出了意外,也可以找场方协商解决,但犬的价格相对较高。对于比较名贵的犬,最好从正规的繁殖场购买。目前我国较好的宠物繁殖场还较少,主要集中在北京、上海、广东、四川、浙江等经济发达的地区。

2. 宠物市场　这是目前宠物犬最主要的选购途径。在现有条件下,宠物市场的卫生、防疫、消毒和疾病控制措施离科学的要求还相差甚远。从宠物市场购买的犬,较难保证已注射过疫苗,也较难保证健康,一旦出了问题,无法有足够的证据要求销售者负责,在传染病的高发季节常出现新购犬在 1 周内生病的现象,多数人称之为"星期犬"。此外,宠物市场上买的犬也无法得知该犬的父母代是否优良,只能靠外观来判断幼犬的品质优劣。犬的价格相对便宜,这是宠物市场购犬的最大优势。

3. 宠物用品店或宠物医院　宠物活体销售是绝大多数宠物用品店有的营业项目,其本身不繁殖宠物,更多的是作为中介机构,价格较贵,但是整体售后有保障,买到的宠物犬的质量较高。越来越多的宠物医院(附有宠物美容院)也进行宠物的买卖,宠物医院在进行宠物的买卖时有一定的优势,一些宠物医院的新老客户因对宠物医生的信任而更愿意从宠物医院购买宠物。但注意购犬时应将犬放在犬笼中携带,不宜让犬在宠物医院的地面上走动,以防感染病菌或病毒,减少一些不必要的麻烦。

4. 个人繁殖者　到朋友家买犬,可知道幼犬父母代的情况,知道幼犬是否注射过疫苗,能保证所买犬只的健康,不会上当受骗,即使出现问题,也可以及时得到解决。此外,犬的价格也容易商量。因此,如果是熟人,到朋友家购犬是一个较好的购犬途径。

目前很多家庭饲养主在自家进行犬的繁殖,并对外销售,在做好对母犬和幼犬的正常护理和防疫的情况下,能保证幼犬极高的成活率,购买这种幼犬已成为越来越多人购犬的首选途径。

5. 流浪犬收容所　目前,流浪犬的处置已引起各地政府部门的高度重视,各地也相继成立了流浪犬救护中心、救助站或收容所,但大多是民间组织或个人创办,极少有政府行为。我国台湾地区关于流浪犬的保护体制最为健全,已相继成立了三十多家流浪犬收容所。办理流浪犬领养必须经过严格的评估,确认领养者是否能够胜任领养,评估时会重点考察领养者的经济能力、饲养空间、领养目的及其家人的态度。领养程序一般为犬主向受政府委托的动物医院提出领养申请,并提供本人身份证、家庭成员信息、经济情况说明、宠物犬登记证,经过严格的评估后办理相关手续即可。

6. 网上购买 网上购犬的最大特点是品种繁多,可供选择的余地较大,缺点是网上图片有时不能反映犬的真实品质,常常与实物不吻合,上当受骗的概率较大。

(三)购犬文件的索取

目前国内购买宠物犬时一般不附带相关文件,但如从国外进口或从国内少数纯种繁育场购买纯种犬时,应索取以下几个文件。

1. 血统证明书 正规的宠物繁殖场大多具有犬的血统证明书。血统证明书相当于犬的户口本,它是该犬及其祖先三代的健康状况、训练成绩等的记录。血统证明书上一般应有犬种名、犬名、犬舍号、出生时间、性别、毛色、繁殖者、同胎犬名、比赛和训练成绩、登记编号、登记者、登记日期等内容(国外有冠军登录制度,血统证明书上通常还有冠军登录数量和名犬数量)。目前国内尚无此方面的健全机构,真正建立犬血统证明书档案的犬舍还很少,但直接从国外进口的名贵犬只多数应具有血统证明书。

2. 预防接种和驱虫证明书(卡) 无论犬舍或犬场是否对即将卖出的幼犬进行过疫苗预防接种和驱虫,购犬者均应索取此证明材料。如未进行过疫苗预防接种或驱虫,购回后应尽快在适当时间内到当地兽医部门进行预防接种和驱虫,并索取预防接种和驱虫证明书(卡)。如已进行过疫苗预防接种或驱虫,在索回预防接种和驱虫证明书(卡)后,应被告知何时需要再次进行预防接种和驱虫,每次接种和驱虫后都应在预防接种和驱虫证明书(卡)上做好登记。

3. 食谱 在购买犬时,最好索取一份犬原先的食谱,以便在购得后逐渐改变食物,让犬适应新的饲料配方,防止因突然改变食谱而引起消化不良。我国绝大多数宠物市场的商贩只是口头告知购犬者,尚未形成正规的书面材料,国外引进的犬通常配有原始的食谱。

4. 饲养手册 不同品种类型犬的常规饲养与管理措施基本相似,少数犬的饲养与管理可能有特殊要求。饲养手册中应包含犬的常规饲养与管理措施以及一些特殊要求,甚至犬的美容护理、调教训练、疾病防治等方面的技术要求也应列于其中,以便主人能做到有的放矢。目前在犬只的买卖时,多数情况下没有提供饲养手册,购犬者可进行相关资料的查询。

5. 纯种犬转让证明 为了防止出现犬所有权归属的矛盾纠纷,在购买纯种犬特别是较名贵犬时一定要向犬的原主人索取纯种犬转让证明。国外在转让名贵犬时都附带相应的转让证明,我国养犬者急需进一步提高此方面的法律意识。

一般来说,目前血统非常纯正的纯种犬较少,大多数犬或多或少地有了血统的混杂,我国少数繁殖场、警犬研究所有纯种犬出售。纯种犬通常毛色较纯正,发育匀称,姿势端正,活泼敏捷,气质良好,步态端正,所有的指标都符合本品种特征要求(可参照美国 AKC 品种标准)。杂种犬毛色不纯,常在品种特征之外的部位出现异色毛、异色斑块等,斑块较多的毛色是黄褐色、黑色、白色等,或由几种不同颜色的斑块相混杂,斑块的交界面通常非常清晰。

(四)宠物犬的抓抱与运输

1. 犬的抓抱 抓抱玩赏犬动作一定要轻,不要用力太猛,以防犬感到不舒服而挣扎或引起犬惊慌而反抗。抓小型犬时,一般用一只手抓住犬的头颈部上方皮肤,另一只手托住犬的后躯,这样既可避免犬咬人,也可防止犬摇摆不定;也可一只手从犬胸的下面绕过犬的胸部,用手臂托住犬胸,另一只手从犬的腰荐上方绕过犬的腰部,用手稳住犬腰。对于大型犬,在保证安全的同时,可以采取抱起四肢或直接将两手臂分别从犬的前胸部和后腹部呈抱姿将犬托起。若要将犬引出犬舍,则可事先将准备好的脖圈或牵引带给犬套好,用食物逗引其走出即可。

2. 犬的运输 从外地购犬、外出旅行、参赛或参展,犬的携带和运输是首先遇到的问题,运输前要做好充分的准备工作,途中同样需进行精心的护理,主要应注意以下几个方面。

(1)在运输前应对犬只进行一次全面的健康检查,并到当地兽医防疫部门进行检疫,确认免疫注射的时效,办理检疫手续和健康证明并随身携带,只有健康的犬只才可通过车、船、飞机等进行运输。

(2)运输前,先让犬排尿后适当饮水,途中不可饲喂食物,只需适当添加水即可。到达目的地后,不应马上给犬饮食,可先让犬饮些温水,稍作休息,排出粪便,再给予少量食物。

(3)犬在刚上车、船时,可能十分恐惧,应在其身边轻轻抚摸,并备有犬常见的一些镇静药、晕车药、止吐药、止泻药等。

(4)运输中应注意车、船内的温度和湿度,防止犬中暑或着凉。

(5)汽车运输时,应将犬放在车的后部,并用旅行包或航空箱装犬,防止犬乱动而引起司机分神,同时应保证车厢内通风良好,最好能做到及时给车厢补充一些新鲜空气(可通过适当开启窗户来完成)。

(6)在炎热的夏季,不能长时间滞留犬在密闭的车厢中,以防犬在短时间内中暑死亡。如不得已,则应选择可遮阴的地方停车,并微开窗户。

任务三　宠物犬的饲养管理

视频:
宠物的营养
与食品

一、宠物犬的营养与饲料

(一)宠物犬的营养需求

犬与所有的动物一样,要维持生命活动,其日粮中必须有蛋白质、碳水化合物、脂肪、矿物质、维生素和水六大营养要素。

1. 蛋白质　蛋白质是维持生命所必需的第一营养要素,是犬生命活动的基础,没有蛋白质就没有生命。机体组织有 20% 由蛋白质组成。组成蛋白质的基本单位是氨基酸,氨基酸的种类与数量决定其营养价值。犬的必需氨基酸大致有组氨酸、精氨酸等。饲料中如果缺少必需氨基酸,会引起幼犬生长缓慢,成年犬趋于衰弱、繁殖率降低等。因此,生产中不仅要注意蛋白质的数量,还要注意蛋白质的品质。一般成年犬蛋白质的需要量为每千克体重每天 4~8 g,生长发育中的犬为 9.6 g。

2. 碳水化合物　碳水化合物是犬各种器官活动所需热量的主要来源。碳水化合物不足,血糖减少时,会立即出现痉挛、知觉丧失、皮肤苍白、出汗等各种神经系统的病症;同时动用体内的脂肪,甚至蛋白质来供应热量,这样犬就会消瘦,不能进行正常生长和繁殖。相反,则形成脂肪蓄积在体内,影响犬的体形、运动、执行任务等。幼犬需要的碳水化合物的量为每千克体重每天 17.6 g。

3. 脂肪　脂肪是能量的重要来源,同时还可增加食物的适口性,帮助脂溶性维生素的吸收。犬对脂肪的需求是对必需脂肪酸的需求,必需脂肪酸对于犬的健康、皮肤、肾脏功能及生殖是非常重要的。亚油酸、亚麻酸和花生四烯酸是犬的必需脂肪酸,它们都是不饱和脂肪酸。成年犬的脂肪需要量为每千克体重每天 1.2 g,生长发育的犬为 2.2 g。

4. 矿物质　矿物质是体内的重要营养元素,是构成机体组织细胞、骨髓和牙齿及许多酶、激素和维生素的主要成分,是参与体内维持酸碱平衡和渗透压等代谢活动的基础物质。犬必需的矿物质有钙、磷、铁、铜、钴、钾、钠、氯、碘、锌、镁、锰、硫、硒等。大多数矿物质的代谢是相互关联的,彼此之间保持适当比例最好。钙和磷的比例为(1.2~1.4)∶1 时利用率最高。食盐需要量为每千克体重每天 165 mg。

5. 维生素　维生素是维持动物正常代谢所必需的一类有机物质,其需要量虽极微,却担负着调节生理功能的重要作用。犬需要添加的维生素主要有维生素 A、维生素 B_2、维生素 C、维生素 E、维生素 D 等。维生素 A 缺乏会使犬患干眼病,繁殖受到影响,幼犬生长发育受阻。缺乏维生素 D 时成年犬可发生软骨病,幼犬可患佝偻病。缺乏维生素 E 时母犬受孕率下降,会出现死胎和产弱仔现象;动物的白肌病、黄脂肪病的发生也与维生素 E 缺乏有关;在天气炎热季节,要增加维生素 E 的添加

Note

量。母犬在妊娠期缺乏维生素C,可使胚胎死亡率增高,造成胚胎隐性吸收,使产仔数减少,新生仔犬发生红爪子病。维生素 B₂ 缺乏,会引起神经功能障碍,被毛脱落和被毛褪色,皮肤发炎,幼犬发育受阻,被毛生长受阻,母犬性周期紊乱,空怀,容易产生畸形胎儿。维生素 E 缺乏,可导致犬食欲减退、皮毛粗乱、共济失调、痉挛和麻痹,同时在大量饲喂富含脂肪的饲料时,容易发生酮体症。

6. 水　水是犬生命活动较为重要的物质。各种营养物质的消化、吸收、运输,废物、有毒物的排出,体温的调节及母犬泌乳等,都必须有水参与。若饮水不足,则饲料的消化和吸收不良,影响体内代谢过程,生长受影响。成年犬每千克体重每天应给予 100 mL 清洁饮水,幼犬为 150 mL 饮水。应全天给犬供水,任其自由饮用。

(二)宠物犬的饲料种类

1. 动物性饲料　犬是食肉动物,日粮中添加一定比例的动物性食物是十分必要的,但动物性食物成本高,生产中要根据不同饲养时期和饲养目的合理添加。动物性食物在日粮中配比一般为 $10\%\sim20\%$,占日粮蛋白质总量的 30%。常用动物性食物有各种畜禽肉及内脏、血粉、肉骨粉、鱼粉、杂鱼、乳粉、禽蛋、毛蛋等。

(1)肉类及副产品　各种畜禽肉只要新鲜、无病、无毒,均是犬可口的饲料,加入适量的钙、磷、牛磺酸、维生素 A、维生素 D、骨粉及血粉或禽类内脏便是无可挑剔的优质犬饲料。但被污染或不新鲜的肉应熟喂。对病畜肉和来源不明及可疑被污染的肉类,必须经过兽医检查或高温无害处理后方可利用。难产死亡及注射过催产素的动物肉严禁饲喂给繁殖期种犬。肉类及副产品是犬良好的动物性饲料,在日粮中可占动物性饲料的 $40\%\sim50\%$。

(2)鱼类　鱼类饲料蛋白质含量高,不饱和脂肪酸和脂溶性维生素(维生素 A、维生素 E)丰富,鱼骨、鱼肉、鱼刺几乎全能被犬消化吸收,是理想的犬食物。新鲜的海杂鱼蛋白质消化率达 $87\%\sim90\%$,适口性强,可生喂。但淡水鱼和少量海杂鱼,如鲤鱼、狗鱼、金鱼、弹涂鱼、山鲶鱼等的肌肉中含有硫胺素酶,对饲料中的硫胺素具有破坏作用,长期饲喂,犬会出现食欲减退、消化功能紊乱等症状,多数死于胃肠炎或胃溃疡等疾病;鱼体内多有寄生虫,因此应熟喂。

(3)蛋类　包括各种禽蛋、毛蛋等。蛋黄富含维生素 A、维生素 D、维生素 E、维生素 K,对犬生殖器官的发育、精子和卵子的形成以及乳汁分泌都具有良好的促进作用;蛋壳是很好的钙来源;但蛋清中含有一种抗生物素蛋白,能破坏 B 族维生素,应熟喂。蛋类缺乏维生素 C 和碳水化合物,应与其他饲料搭配。

(4)乳制品　乳制品也是可口食物。鲜乳在 $70\sim80$ ℃下经 15 min 消毒后方可食用,酸败变质的乳不能食用。全脂乳粉用开水按 $1:(7\sim8)$ 稀释食用。但乳缺乏铁和维生素 D。少数犬对乳制品有抵触情绪,食用易引发泻痢。

在日粮中,比较理想的动物性饲料搭配比例是畜禽肉 $10\%\sim20\%$,肉类副产品 $30\%\sim40\%$,鱼类 $40\%\sim50\%$。

2. 植物性饲料　植物性食物是犬的主要日粮,其种类多、来源广、价格低廉,可占日粮的 $70\%\sim80\%$。常用的植物性食物有玉米面、米糠、面粉、大豆、豆饼、小米、大米等谷物类,白菜、菠菜、冬瓜、南瓜、红薯、马铃薯、胡萝卜等蔬菜与块根块茎类食物。

(1)谷物　谷类可作为犬基础食物,淀粉含量高达 $70\%\sim75\%$,能提供较高的能量。但其他营养成分偏低,而且吸收利用率低,因此饲喂时要与其他饲料搭配,并制成碎食煮熟来喂。

(2)豆类及饼粕　豆类及饼粕饲料是犬植物性蛋白质的重要来源,但由于豆类及饼粕饲料中含有一定量的脂肪,喂量过多会引起消化不良。因此,豆类及饼粕一般以占日粮中谷物类的 20% 为宜,最大用量不超过 30%。

(3)瓜果与蔬菜　常用的有白菜、油菜、菠菜、甘蓝、胡萝卜、萝卜、南瓜、嫩苜蓿和一些野菜及水果等,是维生素 E、维生素 K、维生素 C 和可溶性矿物质的主要来源。叶菜的维生素和矿物质含量丰富,日粮中可占 $10\%\sim15\%$(质量比),瓜果类可占瓜果与蔬菜总量的 30%。蔬菜不宜生吃,最好水煮,要熟而不烂,以减少维生素的破坏。

3．添加剂饲料 添加矿物质可补充动、植物性食物中矿物质的不足。添加骨粉、贝粉可补充钙、磷；添加食盐可补充钠、氯；添加硫酸铜、硫酸亚铁、亚硒酸钠等制剂，可补充相应的矿物质。

维生素是犬机体代谢过程中所必需的，需要添加的维生素主要有维生素 A、维生素 K、维生素 B_2、维生素 C、维生素 E、维生素 D 等。维生素 A 可通过在日粮中添加胡萝卜、动物肝脏及鱼肝油来补充；维生素 B_2 可通过添加酵母来补充；维生素 C 主要来源于水果和蔬菜；维生素 E 主要来源于青绿饲料、植物油和小麦芽。

（三）商品性饲料

1．商品粮 商品粮适口性好，营养全面，容易被消化吸收；注重犬的年龄、体型大小、生理阶段的营养需求与保健的结合，配方更科学、更平衡，使用也非常方便。

（1）种类 按照水分含量的高低，宠物商品粮一般分为干粮、半湿粮和湿粮。

①干粮 也称干燥型食品、干膨化宠物食品、干性食品。含水量低，有颗粒状、饼状、粗粉状和膨化饲料，这种饲料经过防腐处理，可常温保存，卫生方便，饲喂时需提供充足、清洁的饮水。

②半湿粮 含水量在 20％～30％之间，一般做成小饼状或粒状，密封口袋包装，经过防腐处理，可常温保存，但开封后不宜久存。

③湿粮 含水量为 74％～78％，主要用鱼、肉和各类产品作原料加工制成各种犬食罐头，常见的有全肉型、肉加谷类的完全膳食犬粮。该类饲料营养成分齐全，适口性好，最适合宠物食用，在拆封前有较长保质期，不需要特殊保存措施。

（2）商品粮选购 宠物犬的食品有很多，在选购时要注意以下几点。

①考虑价格 影响犬粮价格高低的直接因素是原材料、广告费、运费、进口关税、增值税，销售环节是间接因素。购买犬粮时，既要考虑犬粮的性价比，又要考虑经济实力。

②查看原料种类及比例 从犬粮的包装袋上了解原料，犬粮包装袋上的原材料项里的各种原材料的排列顺序代表用量的多少。需要注意的是，有些生产厂家将某种原材料分开表示，比如碎玉米、玉米面筋和玉米麸，它们虽然名称不同，但是都出自一种东西，而且成分相同，给人一种玉米成分少于鸡肉成分的感觉，但是玉米成分可能比鸡肉成分还多。尽量选择原料营养价值高的犬粮，新鲜肉类（鸭肉、鸡肉、羊肉）、未经处理过的全壳物（糙米、燕麦）、蔬菜（马铃薯、番茄）营养价值高。

③查看日粮养分含量 正常的犬日粮必须含 16％的蛋白质、8％的脂肪、60％的碳水化合物。过量的蛋白质可能对部分年轻健康的犬不会有害，但对病犬有害，会增加其肝脏的负担，破坏其循环系统。过量的脂肪会导致犬肥胖，由此所造成的后果也是不容忽视的。

④查看包装和外观 优质犬粮包装精美且使用专门设计制造的防潮袋，开袋后能闻到自然的香味，颗粒饱满、色泽较深且均匀。低档犬粮一般使用塑料袋或者牛皮纸包装，犬粮容易变质，因使用化学添加剂，开袋后有刺鼻的味道，比如有浓烈的香精味；由于生产工艺、原材料等原因，颗粒不均匀，色泽较浅且不均匀，显得较为干燥，有些厂商甚至为了使犬粮更有卖相，在犬粮的表面涂一层油及色素。

2．宠物零食 一般来说，宠物犬进食饲料良好，就基本达到营养要求，并不需要补充其他零食。但零食也有其作用和好处：宠物零食是人们与宠物交流的工具，常被用来奖励宠物；也可作为训练宠物的辅助食物。但要注意不要无限量地喂犬零食，以免影响其进食正餐，或造成肥胖问题。宠物犬零食的种类如下。

（1）肉干类 特点：种类繁多，形态各异，几乎是宠物犬最喜欢吃的零食。以鸡肉干为主，其次是牛肉居多，还有鸭肉。肉干通常是被烘干的，因含水量不同而被分为许多种类。

采购要点：含水量少的肉干储存时间比较长，比较硬，适合年轻力壮牙口好的宠物犬；含水量高的肉干比较软，但是容易变质，不宜一次买得太多。另外，尽量选择品牌肉干或宠物犬以前吃过的肉干，以免因为卫生问题引发疾病。

（2）肉类三明治 特点：由肉类与其他食材混合在一起做成，特点是用肉干的香味诱惑犬吃一些其他东西，比如碳水化合物、蛋白质、乳制品等。

采购要点:这类零食通常选择含水量比较高的肉干和其他食材搭配制作,为了达到更长的储存期,几乎都是独立包装的,所以价格偏高。不过好处是这种味道较好的零食通常采用很可爱的小包装,使主人有多种选择。

(3)乳制品 特点:对于喜欢奶味的宠物犬来说,乳制品是一种非常不错的零食,而且奶酪类的零食对调节宠物犬的肠胃也有好处。

采购要点:如果宠物犬的肠胃对奶敏感,饲喂时就要谨慎,以免引起宠物犬腹泻。

(4)咬胶类 特点:通常用猪皮或牛皮做成,专门用于宠物犬磨牙和消磨时间。

采购要点:要根据宠物犬的大小来决定买多大尺寸的咬胶,太大会使宠物犬失去咬的兴趣,太小了又容易被整吞下去。

(5)洁齿类 特点:洁齿类零食通常是人工合成的,比较硬,因添加了肉香,可以增进宠物犬啃咬的食欲;有些添加了薄荷香料,可以让宠物犬在咬的时候除口臭。

采购要点:这类零食现在非常多。采购的时候,要注意根据宠物犬嘴的大小来选择。

(6)淀粉类 特点:这类零食酷似人吃的饼干,但是甜味很淡,有多种口味,相对于肉类零食来说,更容易被宠物犬消化。有些除臭饼干,还对宠物犬的大便有降低臭味的效果。

(7)香肠类 特点:有少量的肉和淀粉,闻起来也很香,价格便宜,饲喂方便。

采购要点:要买有正规品牌的产品,因为这种香肠完全看不出里面的成分,而且价格便宜,对于产品的质量不好把握。

(8)原生态类 特点:这种零食通常保留材料原有的形态,是经过简单处理制成的。比如羊蹄、牛膝骨、牛蹄壳等,大部分是给宠物犬啃着吃的。因为加工的程序少,所以保留了这些材料原来的样子和味道,宠物犬通常非常喜欢采食这种零食。

采购要点:这类零食一般都没有经过防腐处理,所以不宜多买。

(四)宠物犬的饮食禁忌

1.有毒的食物 有毒的食物会对宠物造成毒性损伤,严重的可致命,所以这类食物一定要从犬的饮食清单中去除掉。

(1)葱属植物 常见的包括大葱、洋葱、大蒜等,这类食物中含有一种二巯基丙醇,它极易导致犬出现亨氏小体溶血性贫血。

(2)巧克力、咖啡、浓茶、可乐 这些食物里面普遍含有茶碱、咖啡因以及可可碱,它们是甲基黄嘌呤生物碱的植物来源,这些生物碱成分类似药物,当被宠物摄入时,会引起呕吐与腹泻、气喘、口渴和排尿过多、心律失常、癫痫甚至死亡。

(3)酒精及含酒精的饮料和食品 可引起呕吐、腹泻、协调性下降、中枢神经系统抑制、呼吸困难、震颤、血液酸度异常、昏迷甚至死亡。在任何情况下都不得给犬喝任何酒精及其制品。

(4)夏威夷果 夏威夷果的毒素是未知的,但犬摄入夏威夷果后,会出现虚弱、抑郁、呕吐、共济失调、后肢麻痹、关节和肌肉疼痛、关节肿胀。

(5)木糖醇 木糖醇可能会导致犬出现低血糖、肝功能衰竭、低血钾等症状。特别是在家有糖尿病患者,需要用木糖醇做甜味剂的家庭,更容易出现这类中毒问题。

(6)葡萄及其干制品 犬食用葡萄容易导致肾衰竭、严重呕吐和下痢,严重的会导致死亡。此类食物造成肾脏损伤的机制尚不明确,赭曲霉素、黄酮类、单宁、聚酚醛塑料和单糖都被假设为潜在的致毒物质。

(7)牛油果 对宠物犬来说,牛油果的果肉、果皮和花都有毒,会导致其呼吸困难或心脏积水。

(8)樱桃 会引发宠物犬呼吸急促、休克、口腔炎和心跳加速等。

2.致物理损伤或过敏等症状的食物

(1)骨头类食物 骨头尤其是鸡、鸭一类的尖锐骨头,易造成犬胃黏膜损伤,可进一步发展成急性胃溃疡。若宠物犬一次食入大量的骨头,还可出现便秘的现象,大便呈骨头渣样并伴有排便困难。

(2)海鲜类易致敏食物 宠物犬可能对很多食物发生过敏,随个体不同而异,差别很大,摄入海鲜等易致敏的食物后,宠物犬的过敏表现有嘴周围红肿,烦躁不安,或出现全身性瘙痒,皮肤出现过敏性丘疹,还有可能出现过敏性腹泻等。这些需要主人平时仔细观察,鉴别出宠物犬对哪些食物易发生过敏。

（3）奶类食品　许多宠物犬有乳糖不适症,如宠物犬喝了奶后出现放屁、腹泻、脱水或皮肤发炎等,应停止喂奶。患有乳糖不适症的宠物犬应食用不含乳糖成分的奶。

（4）菌菇类食物　食用香菇、蘑菇等对宠物犬是无害的,但还是应避免让其食用,以免养成吃蘑菇的习惯而在野外误食有毒菇类。

对于易导致物理损伤或过敏等症状的食物,应当进行适当处理,少吃或不吃。

3. 不宜多吃的食物

（1）不宜吃过量肝脏　肝脏是宠物犬很爱吃的食品,采食少量的肝脏对宠物犬有益处,过量食用却会引起宠物犬中毒。肝脏中含有大量维生素 A,当宠物犬体内的这种维生素达到中毒量时,就会导致发病。在给爱犬喂食肝脏时,可以每周喂一次,或者将少量熟的肝脏碾碎,和蔬菜、饭拌匀后再喂。

（2）不宜大量食用蔬菜　犬在动物学分类上属于食肉目。犬的祖先以捕食其他动物为生,被人类驯化后,逐渐变为杂食性动物。因此,在犬粮中,高蛋白的肉类食物应占有较高的比例,而植物性纤维应该占较低的比例,这是由其消化器官的特点所决定的。

（3）不宜大量食用甜食　甜食虽然美味可口,宠物犬也喜欢食用,但吃甜食对宠物犬来说有百弊而无一利。首先,甜食中糖、脂肪比例较高,宠物犬摄入的能量偏高,又不能被消耗而转化成脂肪沉积在宠物犬体内,造成宠物犬的肥胖症。其次,甜食碎屑是细菌的良好培养基,易促使细菌生长,导致宠物犬发生牙菌斑、蛀牙等牙齿疾病。最后,经常吃甜食的宠物犬易患肠胃与口腔疾病。巧克力中含有可可碱,过多食用会引起宠物犬中毒,导致心跳加快、肌肉震颤,甚至死亡。

（4）杏仁、桃子、李子、梅子类　这类水果的果肉不可食用过量,而其种子是完全不能吃的。因为多数瓜果类的种子含有氰化物,可能会导致下痢、呕吐、下腹疼痛等症状。

此外,宠物犬可能误食一些有毒的植物,引起呕吐、腹泻、腹痛,甚至中毒。应避免家中种养有毒的绿植,防止犬食入有毒植物。

（五）宠物犬的日粮配制

宠物犬在一昼夜内采食的各种饲料总称为日粮。宠物日粮的配制,是根据宠物不同生理时期的需要,采用多种原料混合配制的。宠物日粮配制的全价与否,将直接影响宠物犬的健康。

1. 宠物犬的日粮标准　日粮标准是指在饲养中应遵循的饲料供应尺度。在日粮标准的指导下,正确地选择饲料种类,合理地进行搭配,可以得到对宠物犬具有较高营养价值的全价饲料,以满足宠物犬机体的物质代谢和能量代谢。

一般而言,日粮应完全满足宠物犬对能量、蛋白质、碳水化合物、脂肪、矿物质、维生素的需要,这就要求饲料有较高的质量,同时具有较好的适口性。饲料的容积和干物质含量要适合宠物犬的消化道和机体对营养物质的吸收能力,配合不当或者配合过多对宠物犬的胃肠蠕动、分泌及机体状态都会造成不良影响。同时还要根据宠物犬的性别、年龄、体重等生理状态情况确定宠物犬的营养需要量。

日粮是否合适可根据宠物犬的体重变化和膘情来检验。宠物犬的食欲状况也是重要指标。日粮标准制定后还须根据具体的饲养需求来调整。通常从宠物犬的食欲、生长发育、体重、被毛、繁殖性能、精神状态等进行观察检验。一般来说,日粮标准最佳时宠物犬表现为食欲旺盛,生长发育良好,身体健康活泼,被毛有光泽,体质健壮,仔犬成活率高;反之,则必须及时进行调整。

2. 宠物犬配制日粮的要点　宠物犬主人在为犬配制日粮时应注意以下几点。

（1）营养全面　根据宠物犬的营养需要和各种食物的营养成分合理搭配。首先要考虑满足宠物犬对蛋白质、脂肪和碳水化合物的需要,再适当补充维生素和矿物质。要遵循质量为先然后考虑数量的原则。

（2）定期更换　不能长期饲喂单一食物,否则会引起宠物犬厌食。要经常改变日粮配方进行调剂饲喂。

（3）考虑消化率　宠物犬吃进身体里的食物并不能完全被消化吸收利用,比如植物性蛋白质的消化率是80％,也就是说有20％是不能被宠物犬吸收的。因此,日粮中的各种营养物质含量应当高于宠物犬每日的营养需要。

（4）保证质量　要注意卫生,保证食物新鲜、易于消化,发霉变质的食物绝对不能食用。

（5）注意能量　注意食物中的能量配比。

（6）食物加工　各种食物在饲喂前要经过一定的加工处理增加食物的适口性,以提高宠物犬的食欲和对食物的消化率,食物加工也可有效地防止有害物质对宠物犬的伤害。

另外,蔬菜应充分冲洗除去泥沙。不能用生肉和生菜喂宠物犬,以防寄生虫病和传染病,但煮的时间也不宜过长,以免损失大量的维生素。米类不宜多次过水,以充分利用养分。大米可做成米饭、面粉做成馒头、玉米面做成饼或窝窝头,然后与肉菜汤拌喂。

3. 宠物犬自制日粮的配方

（1）配方1　原料:冻猪大骨、冻鸭、鸡胸肉各500 g,胡萝卜750 g,犬粮。

制作方法:冻鸭、鸡胸肉解冻后剁成2 cm左右的小块,用开水焯一遍;将胡萝卜剁烂,加一些盐;全部用料放到电饭煲里,放水高过全部料4 cm,煲90 min。第二天冷却后分成几份放在冰箱速冻。每次要吃时解冻加热至沸腾,将汤水一起拌上犬粮,比例依宠物犬喜好而定。

（2）配方2　原料:玉米面1000 g、白面500 g、碎牛肉或羊肉500 g、牛羊肉的油150 g、胡萝卜3根、圆白菜半个。

制作方法:将原料剁碎后一起搅拌,然后揉成厚约3 cm的大饼,用手指在饼上戳十几个气孔,上锅蒸,每次吃的时候切成粒状。

（3）配方3　原料:玉米面1000 g,豆面500 g,牛肉馅250～400 g,圆白菜1棵,胡萝卜2根,海带200 g,奶1袋,鸡蛋1个。

制作方法:首先将鸡蛋打入豆面和玉米面中,搅拌一下,再将热奶倒入,继续搅拌;再将所有的蔬菜切碎,倒入事先调好的面中,倒入少许橄榄油搅拌;最后,放入蒸锅中蒸约30 min。

（4）配方4　原料:糙玉米面,羊肉片(约占总量的35％),少量鸡肝,少量食盐,少量南瓜,少量胡萝卜,少量复合维生素,少量复合矿物质、钙粉、花生油。

制作方法:糙玉米面加温水和匀,成窝窝头状放入蒸屉蒸熟,然后取出掰开捏碎;鸡肝、羊肉片分别放入水中煮熟,加少量盐,水不用太多,剩下的汤可拌入;南瓜切块、蒸熟、挤碎;胡萝卜切小丁,用少量油快火炒过;然后把以上所有材料,以及复合维生素、复合矿物质、钙粉一起放入盆里和匀,即可食用。

（5）配方5　原料:猪肉、橄榄油、胡萝卜、白菇、番茄酱、高汤、蒜、糖、面粉。

制作方法:将猪肉切小块,胡萝卜、白菇切片,蒜切成细末;锅中加入橄榄油少许,加蒜末爆香,加猪肉块、胡萝卜片、白菇片略炒;锅中加入番茄酱适量,拌炒片刻,倒入高汤,煮沸10 min后加糖少许;面粉先与水调匀,倒入锅中搅拌均匀,转文火煮20 min即可。

（6）配方6　原料:鲜鸡肝500 g、鸡蛋4个、玉米面1000 g、面粉200 g、食盐5 g,可加小苏打少许。

制作方法:先将鲜鸡肝打碎成末,鸡蛋打开拌匀,备用;将所需要的原料拌在一起,并用手搓拌片刻,最后将其放入锅中蒸30 min即可食用。

（7）配方7　原料:胡萝卜粒、卷心菜、牛肉馅、猪肝、鸡蛋、盐、钙粉、犬粮。

制作方法:胡萝卜切碎,卷心菜切成长条状,猪肝切成细粒,鸡蛋搅匀;油爆锅,先炒胡萝卜粒,转小火盖上锅盖,等候熟透,待牛肉馅下锅,转大火,加水2杯,铺上卷心菜,上锅盖;开锅后放入鸡蛋和猪肝,加盐和钙粉,充分搅匀,重新开锅即可。以后食用,可每次取一大勺,微波炉加热后与犬粮搅匀。

（8）配方8 原料：去骨鸡胸肉、胡萝卜、玉米、鸡蛋、犬粮。

制作方法：把鸡胸肉切成小丁，胡萝卜、玉米、犬粮分别打碎，鸡蛋打散；把鸡胸肉放入小锅煮熟、去沫，然后放入胡萝卜、玉米，煮5 min左右，再倒入打碎后的犬粮，煮1 min，最后放打散的蛋，搅匀，加盐。约煮2 min，待呈糊状即可。

（9）配方9 原料：鸡胸肉、芹菜、玉米面、油、番茄、鸡蛋、奶、液体钙。

制作方法：鸡肉切块，芹菜切末，番茄切末，玉米面加鸡蛋、奶，调成糊；水烧开后加入鸡肉和鸡蛋、奶、玉米面做成的糊，水开起锅，食用前加入油。

（10）配方10 原料：米饭500 g，鸡肉200 g，杂碎或鸡肝100 g，青菜1棵，胡萝卜半根（约20 g），食用盐3 g，食用油20 g。

制作方法：将所用的肉、菜洗干净，并切成小块；食用油烧开后，将切碎的鸡肉和杂碎倒入锅中拌炒1 min，之后加水1000 mL一起煮。煮沸后往锅中加入备用的米饭，并蒸煮3 min。起锅前，加菜后即可食用。

二、宠物犬的繁育

（一）犬的选种与选配

1．种犬的性能条件 种犬的体型外貌、气质类型必须符合本品种特征，繁殖力高，适应性强，遗传性能稳定，健康状况良好。体形标准匀称、肩胛丰满、曲线流畅，背腰平直，胸围宽阔，腹部紧凑，四肢有力，腿形理想。种公犬性欲旺盛，配种能力强，所配母犬产仔犬数多而健壮；种母犬发情症状明显，产仔性能好，泌乳力强，母性好，仔犬成活率高。通过家系选择、后裔鉴定及指数选择，种犬亲代、同胞及后代性能优良，选择指数明显高于群体平均值。种犬鼻镜湿润，眼睛明亮有神，牙齿整齐，反应机敏，精力充沛。

视频：
宠物犬的繁育

2．种犬的健康表现 健康犬活泼好动，反应机敏，主动接近工作人员；病犬则精神沉郁，喜卧少动或垂头呆立，对外界刺激反应迟钝，或过于敏感，容易惊恐。健康犬两眼炯炯有神，不流泪，无眼屎，眼结膜呈粉红色；鼻镜湿润、发凉，两侧鼻孔不流任何分泌物；口腔清洁湿润，舌面粉红色，无舌苔，无口臭，牙齿洁白无缺齿，犬嘴闭合时无闭合不全或流涎现象。如果鼻镜干燥甚至干裂或由鼻孔流出黏性、浆液性乃至脓性分泌物，有大量眼屎，表明犬可能患有某些传染病。

触摸健康犬时，皮肤干燥、柔软富有弹性，温度正常，被毛蓬松自然有光泽，臀部被毛洁净，无粪便污染，肛门紧凑。如果皮肤潮湿，弹性差，有疹块，痂皮，皮屑多，被毛蓬乱或有病理性脱毛、断毛现象，肛门松弛，周围被毛凌乱不洁，躲在犬舍的一个角落，说明犬已患病。

3．种犬的选择 在生产实践中选种是一项经常性的重要工作，可分以下3个阶段进行。

（1）初选 结合春、秋两季配种期和产仔期的情况，淘汰不良的种犬。公犬应选择配种开始早、性情温顺、性欲旺盛、精液品质好、交配能力强（每个发情期交配母犬5只以上，配种10次以上），所配母犬全部产仔和产仔数多的公犬继续留种。母犬选择发情正常、交配顺利、产仔数多、母性好、乳量充足和所产仔犬发育正常的继续留种。

当年出生的仔犬，选择系谱清楚、同窝多而匀、发育正常、开食早的仔犬留种。初选应比计划数多留20％～30％。

（2）复选 成年种犬除个别有病、体质恢复较差、年龄偏大（7岁以上）以外，一般可继续留种。幼龄犬则要选择那些发育正常、体质健壮、体型较大和好的个体留种。复选应比计划数多留10％～20％。

（3）精选 精选在配种前进行。对所有预留种的种犬进行一次选种，然后按生产计划定群。所有种犬品种应特征明显，气质好、食欲正常、健壮无疾病。精选时，更注重种公犬的品相及种母犬的繁殖性能。

4．种犬的选配

（1）原则 血缘很近的公、母犬配种，容易产生体质弱甚至畸形的后代。禁止近交，以防种源退

Note

化。优秀的公、母犬应同质选配。年龄上,最好是壮年配壮年,壮年配青年,禁止老龄配老龄,否则容易出现弱仔甚至缺陷。有相同缺陷的公、母犬不可相配,否则会把缺陷遗传下来。具有相反缺陷的公、母犬也不能相配,否则缺陷更明显,例如,不能用有凸背缺陷的公犬去配凹背的母犬。个别性状有缺陷,可用该性状表现突出的优良个体进行改良选配。

（2）方法　除培育新品种外,种群的选配一般应以纯种选配和级进杂交为主。纯种选配,即用同一品种的公、母犬互相交配以繁殖出纯种后代;级进杂交是用同一品种的公犬和被改良的母犬一代一代地杂交下去,使其后代逐渐变为纯种犬。例如,德国牧羊犬的杂种母犬,再用德国牧羊犬公犬交配,到四代时其外貌和特性等就会很接近纯种德国牧羊犬。

犬的选配主要采用同质选配和异质选配。同质选配,就是在主要性状上选择公、母犬性能都很好的相配,即"好的配好的",或"好的配更好的",这样才能保证下一代的优点突出,使群体平均水平更高。例如,选择外貌美观的公、母犬互相交配,使这一优良性能稳定地遗传给后代。同质选配多用于纯种繁育。

异质选配有两种情况。一种是选择具有不同优良性状或性能的公、母犬相配,以期把这两个优良性状或性能结合在一起。例如,用体质健壮的公犬配外貌美观的母犬,就可能生出既健壮又美观的后代。另一种是选择在同一性状或性能上优劣程度表现不同的公、母犬相配,目的是"以优改劣"。例如,一只体型不很标准的母犬,选择一只同品种、体型特别好的公犬交配,这样经过一两代,其后代在体型上必然会得到改良。

（二）犬的发情与鉴定

1. 犬的生殖器官　母犬生殖器官由卵巢、输卵管和子宫组成。两侧卵巢完全包围于浆液性囊内(一般无宫外孕),此囊直接与短小的输卵管相通;双角子宫连接于一个子宫体,下行到子宫颈,突出于阴道穹隆,阴道壁括约肌很发达。公犬生殖器官由睾丸、附睾、输精管、前列腺、阴茎组成。附睾较大,前列腺极发达。公犬阴茎里有特殊的阴茎骨,交配时不需勃起便可插入阴道。当阴茎插入阴道后,尿道海绵体和阴茎海绵体迅速充血膨胀,被母犬耻骨前缘卡住,以致阴茎无法退出,经 1 h 左右射精结束,阴茎海绵体缩小,阴茎方能退出。

2. 性成熟与初配年龄　公、母犬生长发育到一定时期,开始表现出性行为,具有第二性征,生殖器官已经基本发育成熟,分别产生具有正常受精能力的精子和卵子,称为犬的性成熟。犬的性成熟受品种、环境、气候、地区、管理水平及营养状况的影响,即使是同一品种,乃至同窝的犬只,性成熟期也存在个体差异。一般来讲,小型犬性成熟较早,大型犬性成熟较晚;管理水平较高、营养状况好的犬性成熟较早。一般认为小型犬 8～12 月龄、大型犬 12～18 月龄达到性成熟。例如,北京犬、博美犬、西施犬等小型犬,交配过早容易引起母犬难产,同时也影响母犬的发育;而纽芬兰犬、大丹犬、圣伯纳犬、马士提夫犬等大型犬,在 18 月龄后身体才发育成熟。通常情况下,公犬的性成熟一般稍晚于母犬。

犬性成熟后,虽然已经具备了配种繁殖的生理功能,但不适合立即配种繁殖,因为此时的幼犬尚未达到体成熟。如果过早配种会严重影响幼犬的发育,并导致产仔数量少、仔犬体型小、体质弱,甚至死胎增多。公犬的适宜配种年龄一般在 18 月龄至 2 岁,母犬的初配适期在第 2 次或第 3 次发情时,即 18 月龄左右。

3. 发情周期与发情鉴定

（1）发情周期　犬是季节性发情的动物,一般在春季 3—5 月和秋季 9—11 月各发情 1 次。母犬的发情周期大约持续半年,表现为以下 4 个阶段。

①发情前期　即发情的准备阶段,时间 7～10 天。卵子已接近成熟,生殖道上皮开始增生,腺体活动开始增强,分泌物增多,外阴肿胀、潮红、湿润,阴道充血,从阴门排出红色带血的物质并持续 2～4 天。不爱吃食物,饮水量增大,举动不安。当遇公犬时,闻公犬外阴部,频频排尿吸引公犬,但不接受交配。

②发情期　持续 6～14 天。母犬非常兴奋、敏感、易激动,外阴继续肿胀、变软,流出的黏液由红

色逐渐变淡,出血减少或停止。母犬主动接近公犬,并且站立不动,把尾巴侧向一边。当公犬爬跨时,臀部对向公犬,将尾偏向一侧,这时是交配的最佳时间。研究发现,母犬在进入发情期后2~3天开始排卵,母犬的交配时间应在发情开始后的第10~14天进行。

③发情后期 母犬外阴的肿胀消退,性情变得安静,不准公犬接近。发情后期一般维持2个月,然后进入乏情期。如已怀孕,则发情期后为妊娠期。

④乏情期 生殖器官进入不活跃状态,一般约为3个月,然后进入下一个发情前期。公犬性活动无规律性,在母犬集中发情的繁殖季节,睾丸进入功能活跃状态。当公犬嗅到母犬发情时的特殊气味,便可引起性兴奋。

犬是自发排卵动物,母犬在发情旺期的第2~3天排卵。犬为多胎生动物,一般每次可排卵2~12枚。排出的卵子处于初级卵母细胞阶段,经过48~72 h发育为次级卵母细胞阶段后才具有受精能力。

(2)发情鉴定

①外部观察法 阴门充血肿胀,逐渐肿胀到最大限度,随后阴户水肿程度开始减轻并变软,边缘刚开始收缩时即可配种。用手打开母犬阴户观察,阴道内黏膜由深红色或红色变成浅红色或桃红色时,用手触摸感觉阴道内壁及子宫颈口变软时配种较为合适。

②血样液体观察法 阴户流出的血样液体,颜色由深红色逐渐变淡,变为无色或粉红色时即可首次配种。最佳时间为颜色变为稻草黄色时。初产母犬一般在第11~13天,经产母犬在第9~11天。

③阴道分泌物涂片镜检法 详见表1-2。

表1-2 阴道分泌物涂片镜检法结果判定

发情时期	阴道分泌物涂片镜检法结果
发情前期	主要有核上皮细胞和多量红细胞及少量中性粒细胞
发情期	主要为角质化上皮细胞,缺乏中性粒细胞,红细胞早期较多、末期减少。母犬分泌物多是阴道上皮细胞,当角质化细胞的数量(通常无核)占总细胞数量的80%时,第2天即为最佳配种时间
发情后期	重新出现有核上皮细胞和中性粒细胞,缺乏红细胞和角质化细胞
乏情期	主要有核上皮细胞和少量中性粒细胞,缺乏红细胞

④公犬试情法 有少数母犬发情期发情体征不明显,仅凭肉眼很难有效确定母犬合适的配种时间。这时可以用公犬试情,一般母犬愿意接受公犬爬跨时后2~3天为最佳配种时间。

(三)配种

一般而言,犬在第1次配种后2天,需再配种1次,以提高母犬的受孕率,必要的时候在母犬接受配种期间可对母犬进行第3次配种。配种方法主要有自然交配法、人工辅助交配法和人工授精法。

(1)自然交配法 将待交配母犬、公犬放在一个开阔、僻静的地方,使公、母犬有充分的时间相互了解和游戏,待公犬和母犬熟悉以后,公犬即开始爬跨母犬,并完成交配。

(2)人工辅助交配法 将公、母犬放在开阔、僻静、熟悉的地方,待熟悉以后,一人保定母犬头部防止母犬乱动和咬人,另一人由腹侧向上托举母犬。当公犬爬跨时,通过托举来调整母犬外生殖道口方向,使公犬阴茎顺利进入母犬外生殖道,以保证交配顺利完成。

(3)人工授精法 如果自然交配确实有困难,人工辅助也无法完成交配,或公、母犬相距较远又需配种,或有其他不能自然交配的原因又必须进行配种时,可实施人工授精。

配种注意事项:

①初情母犬一般不宜配种。

②初配年龄:一般母犬为1.5岁(以第2次发情时交配为宜),公犬为2.0岁。

③交配次数:母犬在一次发情中,配种1～2次,两次间隔48 h为好;公犬一年配种40～60次,一周之内不超过2次为佳。

④交配的时间与地点:南方夏季早晚进行,北方冬季上午或下午进行。地点选择清静环境,公、母犬都熟悉的地方。

⑤缺乏性经验:初配母犬,特别是从小单养没接触过公犬的,即使已到发情时,也不让交配,需主人辅助。初配公犬,与母犬接触时慌张犹豫,或不经勃起即行爬跨,或出现不完全的性行为,经过几次才能进行正常的性行为。应温和对待,否则容易造成性抑制,最好先让一只有性经验母犬与其配种。

⑥公犬性抑制:多由交配或采精时的恐惧、痛感和干扰引起,结果还会变成阳痿。如营养和运动不足、性经验缺乏、公犬连配数头母犬、错误或粗暴管理、在采精时某些不正确的操作都会造成公犬的性抑制。

⑦配前性刺激:交配前,适当的性刺激不但能提高射精的容量,增加精子密度和活力,而且能促进释放促黄体素,随即提高血中睾酮的浓度。做法:让公、母犬一起游戏、追逐一段时间;适当地牵制公犬的性行为,经过5～10 min和4～6次起落徒劳爬跨。

⑧三配三不配和一早一迟:有相同优点、青年犬之间、公犬等级高于母犬可配;有相同或相反缺点、老龄犬之间、公犬等级低于母犬不配;老龄母犬早配,青年母犬迟配。

(四)妊娠与分娩

(1)妊娠 犬的妊娠期为55～69天,平均63天。妊娠期的长短因品种、年龄、胎次、胎儿数目、饲养与管理条件等因素而有所差异,一般小型品种略短,初产的略长。

犬的生殖内分泌活动比较特殊,排卵后即使不交配,所形成的黄体也要维持相当长的一段时间,这一点与其他动物截然不同,所以犬的假妊娠现象比较常见。假妊娠母犬比真妊娠母犬喜欢活动,性情不温和,乳房和腹部增大较早,到妊娠后期也保持膘情肥满。

对母犬的妊娠诊断,根据条件采用视诊、触诊、B超检查、X线检查及激素水平测定等方法进行。

(2)分娩 产前2周将母犬调到产房,以适应环境,减少因环境变化对待产母犬产生不良影响。产房内的温度应保持在15～18 ℃。产仔前1周要做好产前准备,备好垫草、药品、用具等。

临近分娩时,外阴部和阴唇肿胀、充血、松弛,提前30 h左右从阴门流出透明黏液。产前1～2天乳房迅速膨大,可挤出乳汁。分娩前1天骨盆尾根可上下掀动,其前侧方肌肉变松软,体温下降0.5～1.0 ℃。临产前母犬食欲不振、不安、气喘,呼吸加快,寻找隐蔽的分娩场所,有的母犬有做窝行为。

分娩时母犬常取侧卧姿势,不断回头顾腹,此时子宫肌阵缩加强,出现努责,并伴随着阵痛。分娩过程分为开口期、产出期和胎衣排出期三个阶段。分娩时间的长短,与产仔数的多少、母犬身体状况等因素有关。一般母犬分娩需要8～12 h。第一个胎儿产出后10～30 min产出第二个胎儿。母犬分娩后胎衣排出可持续5～10 min,胎儿产出与胎衣排出交替进行,但也可能全部胎儿产出后才排出胎衣。

三、宠物犬的饲养管理要求

(一)宠物犬的日常管理

1.“六定”原则 定时、定量、定质、定温、定位、定食具是养犬的基本原则。定时定量可使犬形成条件反射,提高饲料消化率,减少消化道疾病的发生。成年犬每天早晚各饲喂1次,幼犬可加喂1或2次,喂料量相当于体重的20%～30%;质量要全价,多种饲料搭配,特别是动、植物性饲料的合理搭配,可满足犬不同生理阶段的营养需要;料温以40 ℃左右为佳;食槽和水盆相对固定。

2.注意饮水 饮水要清洁充足、卫生达标,避免用淘米水、刷锅水等,以减少传染病、寄生虫病及消化系统疾病的发生。建议冬季定时提供温水,避免犬饮用冰渣水;夏季天气炎热,采用自由式饮水。

3. 加强检查 在日常管理中,要经常观察犬采食、排便及活动情况,定期进行检查,及时发现问题,解决问题。

影响犬食欲的原因主要有三个:其一是饲料不新鲜、有异味等,或是因饲料中含有大量的化学调味品,或含芳香、辣味等有刺激性气味及特别甜或咸的食物;其二是喂食的场所不合适,如强光、喧闹、几只犬在一起争食、有陌生人在场或其他动物干扰等;其三是疾病,如上述原因都排除了,食欲仍不见好转,应考虑疾病问题,要注意观察犬体各部位有无异常表现。剩食应取走或过一段时间再喂,不能长时间放在犬舍里,既不卫生,又易养成犬的不良习惯。

4. 适当运动 必要的户外运动不仅可以使犬吸收阳光中的紫外线,促进对钙的吸收,而且可以杀灭细菌,驱除体表寄生虫,有利于增强体质。随主人散步,对犬来说是最好的运动,可保证犬适度且足够的运动量,更可以培养犬和主人的感情。每天运动 1 或 2 次,每次运动 30～40 min。当然,犬的运动量和体型有关,通常小型犬的活动量小,大型犬的活动量大。

其他运动注意事项:

(1) 饲喂前后应避免激烈运动;

(2) 切勿在周末让犬做大量的运动,甚至剧烈的运动;

(3) 过了壮年的犬,要开始预防它的心脏、韧带、关节或脊椎受到伤害,绝不能长时间做那种会让呼吸和心跳非常快的运动,否则很容易造成心肌等其他组织的缺氧。

5. 卫生保健

(1) 经常打扫,定期消毒 犬舍应经常打扫,定期消毒,保持犬舍卫生与干燥,以减少和预防寄生虫病及传染病的发生。犬舍要每半个月消毒一次,配种前、产仔前等都要对犬舍及相应设备进行必要的消毒,建议在产仔前对产房及产床进行火焰消毒。犬舍可用火焰消毒与化学消毒结合进行消毒,运动场可用化学消毒药消毒。常用的消毒液有 10%～20%漂白粉乳剂、3%～5%来苏尔溶液、0.3%～1%农乐(复合酚)溶液、0.3%～5%过氧乙酸溶液。对墙壁、门窗进行消毒,喷洒完之后,要将门窗关好,隔一段时间再打开门窗进行通风,最后用清水洗刷,除去消毒液的气味,以防止刺激犬的鼻黏膜,从而影响其嗅觉。对病犬而言,要彻底清换犬舍的铺垫物,用过的铺垫物应当集中焚烧或者深埋。水槽、食槽每周消毒 1 次,可以煮沸 20 min,也可用 0.1%高锰酸钾溶液、0.1%新洁尔灭或 2%～4%氢氧化钠溶液浸泡 20 min,然后用净水清洗。每顿喂饲前都要清洗食槽,避免病从口入。换毛期,要加强清扫工作,避免犬在采食及饮水时误食犬毛,造成消化道阻塞。

(2) 犬体保洁 定期对犬体进行清洁,不仅能促进犬体的血液循环,改善皮肤和被毛营养,增进食欲,预防皮肤病的发生,有利于保证犬体健康,还能增进人与犬之间的亲和力。

(3) 定期驱虫 通常在仔犬 20 日龄后进行首次驱虫,以后每个月驱虫 1 次,直至成年。成年犬要每季度驱虫 1 次,种母犬在配种之前要驱虫 1 次,仔犬驱虫的同时给哺乳母犬驱虫。每次驱虫前要进行粪检,根据粪检的结果选择合适的驱虫药。常用驱虫药有丙硫苯咪唑、左旋咪唑、甲苯咪唑、甲硝唑等。丙硫苯咪唑和左旋咪唑对蛔虫、蛲虫和钩虫有效;甲苯达唑对蛔虫、蛲虫、钩虫、鞭虫和线虫有效;吡喹酮对绦虫有效;磺胺类药对球虫有效。在日常管理中,除根据计划驱虫外,还要根据犬体的状况,不定期抽检粪便,及时驱虫。

(4) 定期免疫 幼犬 6 周龄注射 1 支或 2 支免疫球蛋白,以清除体内隐藏的病毒,8 周龄时开始第一次免疫接种,注射小犬二联苗,预防犬瘟热、犬细小病毒病。10 周龄时进行第二次免疫接种,注射六联苗或七联苗。12 周龄进行第三次接种,注射六联苗或七联苗。六联苗用于预防犬瘟热、犬细小病毒病、犬传染性肝炎、犬副流感、犬传染性支气管炎、狂犬病。七联苗除预防以上六种病外,还可以预防犬钩端螺旋体病。以后每年接种 1 次或 2 次,接种时间最好选择在元旦前后春季疾病流行之前。成年犬首免 2 次,第一次注射六联苗,第二次注射六联或七联苗,两次间隔 3～4 周。以后每年加强免疫 1 次。

6. 防寒防暑 犬的汗腺不发达,怕热,犬舍要通风良好,舍顶要有较好的隔热效果,舍的周围最好有遮阳设施。犬虽然比较耐寒冷,但在冬季犬舍也要有较好的保温条件,以减少维持体温的能量消耗,降低饲养成本。夏季舍内温度以 21～24 ℃为宜,最好不超过 30 ℃;冬季保持在 20 ℃为好。

(二)种犬的饲养管理

种犬的饲养管理是养犬的中心环节,养好种犬,对培育出优良的仔犬、幼犬起着重要作用。

1. 种公犬配种期的饲养管理 为了保证种公犬最佳配种体况,饲料中动物性蛋白质的含量要高于一般犬饲料,其他成分可大致相同。配种期饲料中含粗蛋白质 20%～22%,消化能 12.54～12.96 MJ,钙 1.4%～1.5%,磷 1.1%～1.2%,每天每千克体重需要锰 0.11 mg、维生素 A 110 IU、维生素 E 50 IU。

种公犬因配种消耗蛋白质较多,配种期除早晚饲喂外,中午加喂一次,应补加蛋白质、维生素,有条件的可补给肉、蛋、乳,但每顿喂饲不要过饱,日粮容积不要过大,饲料要多样搭配,适口性要好,以保证种公犬中等偏上的膘情。种公犬应单圈饲养,防止打架,每天在运动场活动 2 或 3 次,每次 0.5 h,夏天最好在清晨和傍晚运动,冬天在中午运动,以确保种公犬有良好的体质和旺盛的配种精力。在发情季节,把种公犬与不发情种母犬放在一起,会促使种母犬发情和激发种公犬性欲。合理利用种公犬,每天利用不要超过 2 次,连续配种 2 天后休息 1 天或半天,避免利用过度。

2. 妊娠期母犬的饲养管理 母犬的妊娠期为 58～63 天,平均为 60 天。妊娠期的长短可因品种、年龄、胎儿数量、饲养管理条件等因素而变化。

犬妊娠前 19 天,受精卵开始发育,但仍未附在子宫壁上,主要从子宫液中得到营养。犬妊娠第 19～33 天,胚胎已经形成,形成一条环状脐带,依靠母体的血液输送氧和营养。犬妊娠第 33 天至仔犬出生,胎盘和胎犬生长完全。

饲养妊娠期母犬的目标是保证胎儿的正常生长发育、母犬顺利分娩且产后泌乳力较强。妊娠前期是器官发生和形成阶段,如营养缺乏,会引起胚胎死亡或先天畸形。妊娠后期胎儿增重快,所需营养物质多,在胎儿骨骼形成的过程中,需要大量的矿物质,如供应不足,就会导致胎儿骨骼发育不良或母体瘫痪。

(1)合理饲喂 妊娠期喂给优质饲料,严禁使用不新鲜饲料、死亡原因不明的动物产品和含有腺体的动物副产品。从母犬交配 20 天起,要增加肉、鱼粉、骨粉、蔬菜等。妊娠期母犬的饲养标准:每千克饲料中含粗蛋白质 20%～22%,消化能 12.54～12.96 MJ,钙 1.4%～1.5%,磷 1.1%～1.2%、维生素 A 8000～9000 IU、维生素 D 3000 IU、维生素 E 100 mg、维生素 K 100 mg、维生素 C 400 mg。在妊娠早期每日的饲喂次数为 2 次即可,中期可增加为 3 次,到后期则中午要加喂 1 次,以每日 4 次为宜。妊娠期饲喂原则是少食多餐,以减轻对子宫的压力,但不可挨饿。临产前稍减食量,喂给易消化的饲料,供足清洁的饮水。

(2)科学管理 妊娠期母犬适当进行活动,既可促进血液循环,增进食欲,有利于胎儿的发育,又能减少难产,有利于母犬顺利生产。以自由运动为主,禁止剧烈运动,并且有一定的规律性和持续性。

妊娠期母犬每天室外活动最少 4 次,每次不少于 30 min。严禁抽打、爬跨、咬斗、惊扰、攀登、剧烈运动,以防流产。妊娠前期母犬有流产征兆的,要及时注射黄体酮和维生素 E,每只母犬每天注射黄体酮 100 mg、维生素 E 100 mg,可起到保胎作用。

妊娠期母犬圈舍要宽敞、清洁、干燥、光线充足、安静;妊娠 40 天后应单圈饲喂,50 天后需移入产房,产房内要有铺木板的床;冬季铺垫草,保证妊娠期母犬休息。保持清洁卫生,经常梳刷妊娠期母犬。妊娠后期特别要保护妊娠期母犬的乳房,防止创伤和引起炎症。分娩前几天,用肥皂水擦洗乳房,洗后用毛巾擦干。每天注意观察和记录妊娠期母犬的活动表现、食欲、粪便等情况,及时发现病因、及时处理,防止病情加重。

3. 分娩母犬的饲养管理 犬妊娠期为 60 天左右,从配种日算起,加 2 个月就是预产期。首先准备好产房、产箱。产房要清洁、消毒、垫足褥草、安好产床,冬天注意防寒保暖。产箱既要防仔犬跑出,又要方便母犬出入,由木板制成,侧板高些,箱上留半圆形缺口,内铺细木条,木条上铺短草;产房的光线以微暗为佳,四周应保持安静。准备好助产用具和药品,如镊子、剪刀、注射器、70%酒精、5%

碘酒、0.1%新洁尔灭、灭菌纱布、消毒过的棉球、手术线以及催产药品等。搞好犬体卫生,对待产犬的全身,特别是臀部和乳房,可用 0.5%来苏尔溶液、2%硼酸或 0.1%新洁尔灭溶液擦洗消毒。

一般情况下,母犬是会自然分娩的,只需在一旁观察分娩是否顺利、仔犬是否正常,并用毛巾或纱布擦掉仔犬口鼻与身上的黏液。当产仔过多,母犬显得非常疲惫、虚弱时就需要助产,可用手按摩其腹部或在腹部热敷;如胎儿过大产不出来,可用手托住胎儿露出阴门的部分,在母犬努责间歇时把胎儿轻轻回送,并转动其位置,趁母犬努责时将胎儿拉出。有些母犬不会咬断胎儿脐带,可在脐带根部用消毒过的手术线扎紧,然后在距肚脐约 2 cm 处剪断,断端涂以碘酒,把胎儿放在母犬嘴边,让它去舔干。产出的胎儿如有假死现象,可把胎儿鼻孔和嘴里的黏液擦掉,然后握住后腿倒提起来,轻轻拍打,以控出羊水,必要时做人工呼吸。

产后清洗擦干外阴部、尾、乳房,更换垫草。条件许可时用毛巾或软草擦母犬的皮肤,既可防寒冷侵袭,又利于胎盘排出及子宫收缩。

4. 哺乳母犬的饲养管理 此阶段母犬营养需求高,既要满足自身的营养需求,又要满足仔犬生长发育的需要。故此期饲养管理要高标准严要求。

(1)产后阶段 一般指母犬分娩后 1~7 天。母犬分娩后 6 h 以内,不要急于给母犬提供饲料,但要备好饮用温水。产后最初几天,应给予营养丰富、适口性好的流食或半流食,比如牛奶冲鸡蛋、肉汤泡米饭、玉米面糊、豆浆等。每天喂 3 或 4 次,每次要少,以利于内脏恢复,以后逐渐增加,待母犬体质虚弱期过后,在哺乳的第 1 周,饲料应比平时增加 50%;饲喂最好定时、定量、定质,每天提供大量清洁饮水。

母犬产后的 12 h 内排出血样分泌物,称之为恶露。因此产后要经常清洗母犬的外阴部等,做好通风换气、防寒降温工作。冬季通风时,防止贼风的侵袭(产后风),保持犬舍卫生,严格消毒。仔细观察产后母犬在仔犬吃奶后是否舔吃仔犬的肛门,以利于仔犬形成排泄反射。如产后 15 天以内舔吃行为欠缺,可在仔犬肛门附近涂以奶油,诱导母犬去舔。

(2)哺乳阶段 这一阶段主要指母犬分娩后的 7~45 天。哺乳期要注意 B 族维生素、维生素 C、维生素 E、维生素 A 的添加。哺乳母犬的饲养标准是每千克饲料中含粗蛋白质 22%~24%,消化能 12.96~13.38 MJ,钙 1.4%~1.5%,磷 1.1%~1.2%。第 2 周饲喂量增加 1 倍,第 3 周增加 2~3 倍,以后逐渐减少。在营养成分上,要酌情增加新鲜的瘦肉、蛋、奶、鸡、鱼肝油、骨粉等。采用少喂勤添的原则,日喂次数为 3~5 次。

若乳汁不足,先喂红糖水和牛奶等,必要时对母犬采用药物催乳。中药催乳一般用王不留行、车前草、通草、当归以及阿胶等。对于比较肥胖的母犬,切不可食用猪蹄之类的高脂肪补品,对于平常缺少肉类的母犬,补用鲫鱼汤、猪蹄汤、牛鼻汤等有较好的作用。一般给母犬补充烟酰胺,对增加奶水和防止黑舌病有很好的效果。

每天梳刷犬周身一次,天气暖和时每周洗澡一次,每天用消毒棉球擦拭乳房一次,以便及时发现乳腺炎,及早治疗。产房要坚持清扫、翻动和更换垫草。产床每周晒一次,每月消毒一次。保持产房安静,保证母犬休息。每日户外运动 3 次,每次 10~20 min。不要让陌生人接近产后母犬,更不能用手抚摸仔犬,以免被母犬咬伤,或造成母犬吞食仔犬。

随时注意母犬的哺乳情况,对不照顾仔犬、不哺乳的,要严厉斥责,并查明原因以采取相应措施。

5. 恢复期种犬的饲养管理 种公犬完成最后一只母犬的配种任务以后,母犬在仔犬离乳以后即进入恢复期。该阶段任务是恢复种犬体力,以保证下一个发情期正常发情、排卵。

进入恢复期后继续采用配种期或产仔哺乳期的日粮标准,一般需持续 15~30 天,根据身体恢复情况再给予恢复期日粮。恢复期日粮中粗蛋白质 14%~15%,消化能 12.54 MJ 左右。在日粮结构上,动物性饲料、维生素、矿物质等可适当减少,尽量降低饲养成本。在恢复期后期,配种前 15 天则要加强营养,提高饲养标准,以保持生殖器官的充分发育,保证种公犬在配种期有旺盛的性欲和优良的精液品质。日粮中粗蛋白质增加为 20%~25%,钙 1.5%~1.8%,磷 1.1%~1.2%。每天每千克体重需要维生素 A 150 IU、维生素 D 200 IU、维生素 E 3 mg、维生素 C 5 mg;每天供给饲料量为每千

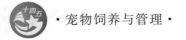
克体重 20～25 g。

恢复前期,要防止母犬患乳腺炎。仔犬离乳后,每天饲喂不应少于 4 次,直至 90 天左右,再逐渐减少到 3 次。如果母犬乳汁分泌较多,仔犬可分两批离乳,隔 5～6 天第二批离乳(留下的是体弱的)。离乳后母犬休息 5～7 天,再放到繁殖群中去。

恢复后期的工作重点:一是对种犬进行发情检查,看母犬外阴部有无变化,公犬睾丸是否增大且有弹性,并做好记录。若发现母犬外阴变化不明显或公犬睾丸不大、无弹性,说明饲料或管理存在问题,要及时查找原因并采取补救措施。二是调整体况,到配种前使种公犬保持中等偏上、母犬保持中等略偏下体况。对过肥、过瘦的犬要隔离饲养。过肥的种犬要增加蛋白质的用量,减少能量饲料用量,并在饲料供给上加以控制,同时增加运动,使其膘情有所下降;过瘦的种犬要增加饲料供给量,使其膘情有所增加。

(三)仔犬的饲养管理

从出生到离乳前的犬称为仔犬。仔犬哺乳期一般为 45～60 天。

1. 仔犬的生理和发育特点

(1)初生仔犬的体温较低　仔犬出生后 1 周内体温是 35.5～36.5 ℃,无颤抖反射,完全依赖外部热源(如母体)维持正常体温;从 2～3 周龄,体温逐渐上升;到 6 周龄时,仔犬已有颤抖反射和自己调节体温的功能。

(2)初生仔犬发育不健全　初生仔犬约 2 周后渐渐睁开眼,之后再过 1～2 周才能看清东西,刚睁眼时不应将它们放置在明亮的地方,以免影响犬的视力。耳朵在出生后第 15 天具有听力。

(3)消化功能不健全　消化器官不发达,初生仔犬开始时只能吃奶,不能消化其他食物,随着胃肠等器官的发育,功能不断完善,才逐渐过渡到可消化其他食物。

(4)哺乳仔犬生长发育快　哺乳仔犬生长发育较快,物质代谢旺盛,对营养物质的需求很高,对营养不全反应敏感,供给全价平衡日粮尤为重要。

2. 仔犬的饲养管理

(1)清除黏液,剪断脐带　仔犬出生时,多数母犬会撕破胎膜,咬断脐带,并将仔犬口鼻部及身上的黏液舔干净。如果母犬不舔舐,就要人为撕破胎膜,进行黏液清理,防止仔犬窒息。个别母犬不能自己咬断脐带,则要帮助其剪断脐带。具体方法:双手消毒后,先将脐带内的血液向仔犬腹部方向挤压,然后在肚脐根部用线结扎,在离肚脐 2 cm 处把脐带剪断,断端用 5％碘酊消毒,并适当止血。新生仔犬的脐带断端,一般在出生后 24 h 内即干燥,1 周左右脱落,在此期间应防止脐带感染。

(2)注意观察,加强监护　防止因母犬挤压、踩踏、遗弃和饥饿而造成仔犬死亡。新生仔犬弱小,最容易发生被母犬挤压死亡事故,当听到仔犬发出短促的尖叫声时要立即检查,及时把被挤压的仔犬取出。

检查时要保持安静,动作迅速,避免带入异味和破坏窝形,以免造成母犬弃仔和搬弄仔犬现象。因此,此期饲养管理人员严禁使用化妆品,检查时可先用窝箱内的垫草搓手,然后再进行检查。健康的仔犬全身干燥紧凑,圆胖红润,体躯温暖,握在手中其挣扎有力,同窝发育均匀,集中趴卧在窝箱内。不健康的仔犬胎毛潮湿,皮肤苍白,体躯较凉,握在手中挣扎无力,大小不均,在窝内各自分散,四处乱爬。

(3)吃足初乳,固定乳头　一般将母犬分娩后 1 周内所产的乳汁称为初乳。初乳较黏稠,色泽偏黄,有气味,含有大量的蛋白质、矿物质等。与常乳相比,初乳干物质含量高,尤其蛋白质、胡萝卜素、维生素 A 和免疫球蛋白含量是常乳的几倍至十几倍。另外,初乳酸度高,含有镁盐、溶菌酶和 K-抗原凝集素,具有轻泻作用,有助于仔犬排出胎粪,增强免疫力,防止仔犬发生疾病。特别是母源抗体,是仔犬从出生到 45 日龄抗病能力的保障,因此应让每一只仔犬都能吸吮到尽量多的初乳。如果仔犬太弱,可以把初乳挤出来,用小塑料注射筒喂给仔犬吃。如果母犬太疲劳,可以考虑第一天人工辅助哺乳。

仔犬出生后就本能地寻找母犬的乳头,并吸吮乳汁。但出生后 1 周内,因活动能力不强,有可能被母犬压死、踩伤,有可能找不到母犬而受冻挨饿,这时就需要护理。应把仔犬排列在母犬的乳头旁,让小个头犬吃上乳汁多的乳头(母犬后两对乳头),让大个头犬吃前面乳汁少的乳头,使其同窝仔犬均匀发育,提高仔犬的成活率。乳头的固定在哺乳的前几天,需要人工辅助,几天后仔犬就会识别自己常吸吮的乳头而无须辅助了。

(4) 做好寄养,人工哺喂　一只母犬只能哺育 6 或 7 只仔犬,对于分娩后母犬死亡或产仔过多无力哺育或缺乳、母乳不足的,要进行寄养或人工哺喂。

寄养对仔犬的正常发育很有利,同时也可减轻护理人员工作量。寄养最好选择产仔时间相近、品种相同、母性好、泌乳量多的母犬哺喂,这样才能保证仔犬得到充分的乳汁。仔犬寄养前应尽量让其吃上生母的初乳,因初乳有特异性,生母的初乳最适合亲生仔犬。后产母犬的仔犬向先产的母犬寄养时应选择窝中较大的仔犬进行寄养;先产母犬的犬向后产的母犬寄养时,应选择个体小的仔犬进行寄养,以免欺压后产母犬的仔犬,造成仔犬差别过大。寄养时要用保姆犬的乳汁喷涂仔犬,或把寄养的仔犬和原窝仔犬放置在一起,经 1 h 后气味一致再寄养。一般情况下,保姆犬会把寄养的仔犬当作自己的仔犬一样哺育,但也有保姆犬怀疑或撕咬仔犬的情况,最好在最初的 2 天内加强看护,当允许仔犬吃乳后,寄养可认为成功。

人工哺喂可用牛奶或奶粉代替,但使用牛奶有营养不足、容易引起消化不良等缺点,加入一些蛋黄、骨粉、钙片等可改善其效果。初期配制的浓度要稀一些,以免仔犬消化不良,以后要逐渐增大浓度,以满足仔犬的营养需要。先将调好的乳汁装入清洁的奶瓶,待冷却到 38 ℃ 左右,用手把仔犬头部抬起固定好,将奶嘴插入仔犬的口腔,让乳汁慢慢流入。如仔犬出现挣扎,须适当间歇。哺喂数次以后,仔犬就能自己吸吮。给仔犬喂乳时,不能采取仰卧姿势,否则容易使乳汁误入气管而造成危险,一定要让仔犬俯卧并把头抬起来。人工哺乳最初,要用消毒棉球擦拭仔犬的肛门周围和会阴部,刺激其及时排出大小便,直至睁眼后仔犬能自己排出大小便。

前 10 天内,白天每隔 2 h 就给仔犬哺乳 1 次,夜间每隔 3～6 h 哺乳 1 次,每昼夜应保持 9 次,每只每昼夜不少于 100 g。先用奶瓶哺乳,当仔犬睁眼后,就要使它们逐渐适应在盘内吃奶。10～20 日龄,哺乳量由 200 g 逐渐增加到 300 g,仍应保持 9 次,直至 1 个月后才改为 6 次。从 20 日龄开始,除喂代乳品外,还要补给一些饲料。40 日龄后完全停乳,改用粥食。

(5) 注意保温,加强管理　仔犬体温调节能力较差,寒冷是导致仔犬死亡的重要原因,管理中要注意保温。出生后 1～14 日龄适宜温度为 25～29 ℃,15～21 日龄适宜温度为 23～26 ℃,以后接近常温。室温过低时可在犬箱里放热水袋或在一角悬挂红外线灯泡(要用纸板或布帘遮挡强烈的光线),但要防止烫伤仔犬。

仔犬出生后应逐只称体重,按出生先后、性别编号,做好标记和各项记录。仔犬出生后要检查有无“狼爪”,如有狼爪应及时剪除,涂以碘酒。初生仔犬每天除吮吸母乳外,几乎整天熟睡。出生后 3～5 天,天气温暖时可抱出仔犬,与母犬一起晒太阳,每次 0.5 h。10～14 日龄开始睁眼,15 日龄开始产生听力,能自由爬动,此时要垫毛巾、麻袋或仔犬用脚爪能抓住的褥垫,以便于仔犬爬行。20 日龄时在晴朗天气可和母犬在院里自由活动,但要防止受凉。要经常擦拭仔犬,保持被毛清洁。3 周龄时开始修剪趾甲,以防吮奶时抓伤母犬乳房。4 周龄时用驱虫净驱虫,以后每月 1 次,连续 3 次后定期检查粪便,检出虫卵随时驱虫。1 月龄的仔犬即可使用犬小二联苗等进行免疫注射,以后根据免疫程序进行免疫。还必须保证食物、睡眠、运动三者平衡,才能健壮。

(6) 及时补饲,注意补铁　随着仔犬的生长,需要的营养越来越多,母犬的乳汁已不能满足仔犬的需要,应及时进行补饲。给仔犬补喂的饲料要味道鲜美、容易消化、适口性好,同时要加一些牛奶拌料。10 日龄就应开始给仔犬补乳,把 30 ℃ 左右的牛奶放在盘中,诱导仔犬舔食,每天补饲 3 或 4 次;10～14 日龄每只仔犬补给 50 g;15 日龄时可增加到 100 g;20 日龄时牛奶中可加少量肉汤或粥;20～25 日龄时仔犬开始长牙,此时往牛奶中加少许碎肉末、面包或馒头等,补喂量增至 200 g;30 日龄时应加入碎熟肉,分早、晚 2 次补给,每次 15～25 g,也可在 100 g 牛奶中加一个鸡蛋;从 35 日龄开始补饲量应逐渐增加。

90％的仔犬出生后15～20天就普遍患有不同程度的贫血,导致被毛粗乱,皮肤苍白,发育迟缓,生长不良,其原因主要是缺铁。为了预防缺铁引发贫血,除了给母犬饲喂含铁丰富的饲料外,最有效的办法是在仔犬出生后3～7天内进行补铁,每只仔犬肌内注射1 mL补铁王或富铁力等铁制剂。

（7）合理断奶,过好断奶关　断奶是仔犬生活中的一次大转折。此时仔犬处于强烈生长发育时期,但消化功能和抗病能力不强,断奶方法不当往往引起仔犬精神不好、食欲不振、增重缓慢甚至体重下降。因此,应根据仔犬的品种、身体状况及环境条件不同,选择适当的断奶方式。对于生长发育比较均匀的同窝仔犬,可以一次性断奶;对于不均匀的,可采取分批断奶,发育好的先断奶,体格弱小的后断奶。也可以采取逐渐断奶的方法,所有的仔犬逐渐减少每日吃奶的次数,最后自然断奶。

（四）幼犬的饲养管理

视频:
幼犬和老龄犬
的饲养管理

从断奶至性成熟的犬为幼犬,一般是45日龄至8月龄。观赏犬性成熟期为6～8月龄,大型犬要到10～12月龄,有的犬甚至需2年左右(表1-3)。

表1-3　犬幼年期和成年期划分

成年时体重/kg	幼年期/月龄	成年期/月龄
≤5	<9	≥9
>5～20	<12	≥12
>20～40	<18	≥18
>40	<21	≥21

1. 幼犬的饲养　幼犬生长发育的特点是骨骼与肌肉同步生长,以第2个月增长最快。在第4～6个月期间,主要增加体长,体重的增加也比头3个月快。从第7个月开始,幼犬主要增加体高。其单位体重的能量消耗高于成年犬,在断乳初期是成年犬的1.8倍左右;当生长到成年体重的40％时,是成年犬的1.6倍左右;当生长到成年体重的80％时,是成年犬的1.2倍左右。

根据幼犬在不同发育阶段所需要的营养物质,确定饲料的数量及质量。刚离乳的幼犬,常表现不安,喜欢叫闹,因此要细心饲养。刚断奶的幼犬,饲料成分及配比应与断奶前相同,流质或半流质,可用肉汤或牛奶拌料饲喂,逐渐过渡到饲喂正常形态的日粮;2～3月龄幼犬,每天最少要饲喂4次。在此期间,为防止发生佝偻病,要适当补给磷、钙和维生素D,如骨粉、钙片、鱼肝油等。4～8月龄幼犬食量增大,日饲料量也要相应地增加,每天最少喂3次,七八成饱,过饱易消化不良。睡前一定要喂饱。有条件的可给幼犬一些猪、牛的软骨或脆骨,但不要喂鸡骨。

喂给幼犬的食物一定要优质、新鲜,绝不可喂变质的剩饭。幼犬的饲料最好单独配制,现做现喂,讲究卫生,以防发生胃肠疾病。

2. 幼犬的管理

（1）基础训练　给每只幼犬起名,名字要清晰、上口且经常使用,开始调教驯养犬,使犬尽快形成条件反射。犬的体质和胆量,依恋性与服从性,兴奋性及灵活程度,勇猛性和生活习惯等在很大程度上取决于这一阶段的培养和教育。

养成良好的进食习惯,不应边吃边玩。幼犬喜欢从地上乱捡东西吃,可能造成不适,若出现症状应及时就医。

排泄训练也要逐渐开始,一般一天喂食3次,大便也常是3次左右。主人要注意观察其规律,对其正常的大小便处予以定点记录。

（2）换牙期管理　仔犬出生4个月后,乳齿开始脱落,恒齿开始生长,这时其牙根部发痒,喜欢到处啃咬,犬主应制止这种不良行为,可以给些骨头或咬胶等。

（3）运动　以自然运动为宜。中型以上的犬,达到6月龄时,即给犬戴上颈圈,系上拉绳,到户外散步。散步时间以早、晚各一次为宜,一般每次散步时间,小型犬10 min,中型犬20～30 min,大型犬1 h即可。幼犬打完疫苗之前尽量少外出,少接触其他犬。

（4）洗护　应经常梳理幼犬被毛,梳理被毛时不应粗暴或用力过猛,要使犬有舒适感。要勤修剪指甲,以免抓伤主人;适度洗澡,幼犬刚到家不适合洗澡,接种疫苗期间不宜洗澡;洗澡后用干毛巾擦净,自然干燥或用热风吹干。

（5）保健　应做好常见传染病的预防接种,主要预防犬瘟热、狂犬病、细小病毒性肠炎、犬传染性肝炎、犬副流感等。注射疫苗时幼犬身体要健康,无疾病特征,形态表现正常。

搞好卫生,做好驱虫工作,是预防疾病、促进健康的重要措施。加强对粪便的管理,防止犬随地捡食粪便或脏物等,以免感染蛔虫或其他寄生虫,发生胃肠疾病或喉管、食道梗阻等事故。定期进行粪便检查,如发现虫卵,就应及时服药驱虫。幼犬舍要经常打扫洗刷,及时清除粪便并妥善处理,定期进行药物消毒。犬舍内要保持干燥和空气流通,做到防暑防寒。犬床及垫草要经常日晒和更换。

（6）分栏　4月龄的幼犬胎毛已基本换完,是长身体的主要时期,其食量明显增加,甚至因抢食而互相打架。因此,犬舍饲养的幼犬应适时进行分栏。要根据断奶幼犬体重、性别等分群饲养,每群4～6只,以防止少数幼犬霸食暴食,其他幼犬吃不饱、吃不着的不均现象。

（五）老龄犬的饲养管理

一般来说,犬从7～8岁开始出现老化现象,但家庭饲养的犬一般到了10岁才开始逐渐衰老。由于品种、生活环境和平时照顾方式的不同,衰老程度也有所不同(表1-4)。

表1-4　不同体型的宠物犬步入老年阶段对照表

分类	小型犬	中型犬	大型犬	巨型犬
步入老年时间	12岁以上,如马尔济斯犬、西施犬、贵宾犬等品种	10岁以上,如米格鲁犬等品种	9岁以上,如黄金猎犬、金毛犬等品种	7岁以上,如圣伯纳犬等品种

1. 老龄犬的饲养　老龄犬代谢功能减弱,为了保证营养需要量,一是提高日粮的蛋白质、粗纤维、维生素和能量水平;老龄犬消化功能减弱,肠蠕动变慢,肠道排空时间较长,所以便秘是老龄犬最常见的消化道疾病,增加食物中的纤维含量可以增强肠蠕动,缩短肠道内容物的排空时间。二是选择容易消化、犬喜欢吃、硬度适当的食物。此外,老龄犬的喂食也不应过量,以免在心脏和肝脏四周产生脂肪,降低内脏器官功能,还会造成肥胖而影响行动。老龄犬进食速度慢,要适当延长饲喂时间或少量多餐,以增强抵抗力。另外,老龄犬容易脱水,应及时补充水分。

2. 老龄犬的管理

（1）体贴关爱老龄犬,逐渐建立感情　一方面,老龄犬的腰力、脚力已不如从前,陪伴主人玩耍游戏已显得力不从心。主人应多花时间陪伴老龄犬,细心观察它的每一点变化。尤其是在家里有了新成员时,千万不要冷落了这位忠心耿耿的老朋友。当它犯了错误,千万不要粗暴地责怪它,给它造成心理负担。另一方面,老龄犬也有顽固的倾向,如果情况不严重,主人应以体贴的心情包容它。它们需要一个安静而祥和的休息环境,请尽量避免大声斥责。

（2）充分休息　老龄犬的各项身体功能开始衰退,需要稳定、有规律、慢节奏的生活,不要轻易改变它的作息时间。老龄犬睡觉的时候,不要打搅和惊吓它,让它充分地休息。由于老龄犬的感觉比较迟钝,抚摸它之前,应该先轻声呼唤它的名字,让它对你的到来有思想准备,免得受到惊吓。那些自己有院子的家庭,开车停车时一定要事先检查一下老龄犬是否在车的附近,因为它的反应比较慢,很可能无法像成年犬那样及时躲避危险。

（3）适当运动　随着年龄增长,老龄犬很容易疲劳,变得好静喜卧,运动减少。此时不要强迫它持续地运动,对老龄犬应减轻训练和工作强度,散放或散步时间不宜过长。可选择凉爽的天气,以悠闲散步的方式最佳,应给它机会自己决定是继续活动还是停下休息。另外,肥胖、有心脏病的犬要注意呼吸与心跳速度,运动的程度更要控制。

（4）防暑降温,防寒保暖　老龄犬由于皮肤变得干燥,被毛发生脱落而变得稀疏,这使得老龄犬对温度的适应力变低,过冷过热都容易引起不适。所以在炎热的夏季要做好防暑工作,应让犬待在阴凉而通风的环境中;在寒冷的季节,要做好保温工作,即使风和日暖的天气也不要让犬在外面待

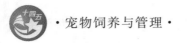

太久。

（5）**适当洗护** 对于老龄犬每月最好洗一次澡，水温要适宜，时间要短，洗后一定要吹干，以免感冒而引起其他疾病。另外，无论长毛犬还是短毛犬，都应经常梳理被毛。梳理过程中，可以促进血液循环和皮毛健康，检查它的身体有无包块、淋巴是否肿大，尤其是腋下、大腿根这样的疾病多发部位，同时也是增进感情的好机会。对于老龄犬的眼睛和耳朵要经常护理，用湿棉花清除过多的黏液，并清洁眼睛周围的皮肤，定期检查内耳道，清除耳螨。有条件的可给老龄犬刷牙，减少牙龈发炎引起的细菌入侵。患牙结石的老龄犬，应消除牙结石，并治疗牙周炎。

（6）**定期体检** 老龄犬的定期体检非常重要，因为老龄犬的器官功能处于不断衰退的时期，尤其对心脏、肾脏、肝脏、膀胱等重要器官定期体检，这在老年阶段极其重要。听诊心脏、肺脏、肠管蠕动，血液化验，检查肾脏和肝脏的功能，拍片观察膀胱内是否有结石等都是必要的。

（7）**安乐死** 若犬因年龄或患有不治之症而达到无法舒适生活的地步，为了不使其饱受痛苦，对老龄犬应采取安乐死，只需注射一针过量的麻醉药（盐酸氯胺酮或戊巴比妥钠等）便可让它安然睡去，在无任何痛苦的情况下安静地死去。

总之，只要饲养管理到位，老龄犬仍可以老当益壮，继续服务于主人。但繁育基地要及时淘汰，对个别优秀者可适当延长使用年限。

（六）不同季节的饲养管理

1. 春季管理 春季是犬发情、交配、繁殖和换毛的季节，也是病毒、细菌和寄生虫的繁殖季节。对发情公、母犬要加强看管，防止走失，防止乱配，防止公犬因争配偶打架发生外伤，出现伤情应及时处理。对换毛犬要勤梳理被毛，除去脱落的浮毛、皮屑和污垢，保持皮肤清洁，防止因皮肤不洁引起瘙痒，擦破皮肤发生感染，引发疥癣等皮肤病。每天刷落的毛发要烧掉，从而杀灭其中可能存在的寄生虫和虫囊。洗澡则不宜太勤，以免刚替换的新毛受损。春天犬的消化能力还没有完全恢复，不宜饲喂过多，以免引起消化系统疾病。春天也是犬传染病多发的季节，要定期对犬舍和运动场彻底清洗并进行消毒；定时驱除犬体内、外寄生虫；及时接种狂犬病、犬瘟热、犬细小病毒病等疫苗，贯彻防重于治的原则。

2. 夏季管理 夏季空气潮湿，气候炎热，是蚊、蝇、跳蚤、虱子滋生季节，一定要做好防暑降温工作，并做好防蝇、防蚊和灭虱等工作。夏季犬处在高温高湿的环境中，特别是在南方的梅雨季节，空气潮湿，天气炎热，由于犬汗腺退化，散热较困难，易中暑，所以一定要防暑降温；犬舍要选择在通风良好、比较阴凉的地方，避免犬在烈日下活动，一般在早、晚外出散步。经常给犬洗冷水澡，定期药浴，防止跳蚤、虱子的滋生。夏季饲料易发酵、变质，容易引起食物中毒，因此喂犬的食物要新鲜，要经过加热调制；喂量要适当，不剩余；发酵变质的食物要倒掉，避免食物中毒；犬食具用后充分洗净，并定期消毒。

3. 秋季管理 秋天是犬一年中的第二个发情季节，也是脱夏毛、长冬毛的季节。在管理上与春季发情期管理有相似之处，要防乱配、防走失、防斗伤，还要根据犬类秋季的生理特点，及时梳理和清洁被毛，以促进冬毛的生长；秋季气温下降，早晚较凉，昼夜温差大，还要防感冒。秋天是犬类新陈代谢最旺盛的季节，为了增加体脂储备，准备过冬，犬食量大增，而且也变得活跃，因此秋天应给予营养价值高的食物，以消除夏季疲劳，为过冬做好准备。

4. 冬季管理 冬季气温寒冷，是呼吸道疾病和风湿病的高发季节。首先，要抓好犬舍的防寒保暖工作：一是将犬舍搬到向阳背风的地方，并在犬舍入口处挂上布帘，防止寒风窜入；二是垫褥要厚些，并经常日晒和更换，以保持干燥；三是防贼风、穿堂风侵袭，关好北窗，堵好北壁破洞，仅在晴天适当开窗通风，保持犬舍空气清洁新鲜，减少氨气，预防呼吸道疾病的发生。其次，增强犬的体质，提高抗病能力。天气晴暖时，带犬外出活动，晒太阳，晒太阳不仅可取暖，其紫外线还有杀菌消毒作用，并能促进钙质吸收,有利于犬骨骼的生长发育,防止仔犬发生佝偻病。寒冷的气温会引起犬体内能量的大量消耗,应在犬日粮中增加奶油、内脏、牛奶及含维生素 A、脂肪成分较多的食物。这类饲料可迅速补充能量,增强犬的抗寒能力。

冬季也是宠物犬死亡率最高的季节,多数因意外事故死亡,例如,煤气中毒、误食有毒物质,少数是因冬季代谢率低,犬生病后症状不明显,等发现时已无法挽回生命。冬季生产任务较轻,容易产生麻痹心理,生产中一定要加强管理。

(七)病犬的饲养管理

犬患病后,一方面机体消耗增加,对营养物质需求增多。当犬发热时,体温每升高 1 ℃,新陈代谢的水平就可增加 10%;当犬患传染病时,其免疫球蛋白的合成及免疫系统的新陈代谢均加强,为满足需要,机体就需要大量的蛋白质、维生素和矿物质等。另一方面,病犬摄食量减少,甚至废绝,可加剧病情。因此,为使病犬早日康复,就必须加强饲养管理。

1. 食物富含营养,易于消化吸收　犬为食肉为主的杂食性动物,对动物性饲料的消化吸收能力强,而对植物性饲料消化吸收能力差。病犬的食物应以易消化吸收、营养价值高的动物肝脏、瘦肉、牛奶和鸡蛋等为主,适当加入煮透熟烂的谷物类食物,而粗纤维含量高的食物成分应该减少或除去,防止它们降低整个日粮的可消化性。家庭自制的犬粮,必须注意补充足够的维生素、矿物质和一些特殊的微量元素。

2. 食物适口性强　由于病犬的食欲往往明显降低,所以营养价值再高的食物,如果适口性差,病犬不喜欢吃,就不能使犬得到充足的营养来补充机体的过度消耗。犬主人应该了解犬平时最喜欢吃的食物,在调配病犬日粮时,应以犬平时喜欢吃的食物为主使营养平衡,增进其食欲。在日粮中加入鸡脂肪、肉汤和牛肝等,亦能提高日粮的适口性,使病犬喜欢摄食。

3. 注意食温和性状　犬最适宜的食温与其体温相近,一般为 37～38 ℃。病犬食入过冷食物,由于机体抵抗力低,易继发其他疾病或加重消化系统疾病;过热的食物易抑制犬的食欲,特别是发热的病犬表现得更明显。病犬尤其是伴有体温升高的犬,其唾液和胃肠道的消化液分泌往往明显减少,因此,流质或半流质状饲料有助于犬的摄取。但注意,犬对饲料的性状有明显的个体嗜好,因此最好不要突然改变病犬原来的饲料性状,但应保证充足的、清洁的饮水。

4. 减少食量,增加饲喂次数　病犬食欲常常不佳,饲喂的食量应比平时减少一些,这样既可以刺激犬的食欲,又能使其不吃剩食。为保证病犬能摄取所需的食量,饲喂次数一般每天增至 4～6 次。如果病犬在 15～20 min 未吃完饲料,就应拿走,不得让其吃剩食。

5. 注意病犬的个体卫生和环境卫生　饲盆和饮水器每 2～3 天消毒 1 次,同时注意环境消毒;犬舍应空气流通,温度合适;适当散放,增强其体质和抗病力,但运动不能过度;保持环境安静,令病犬充分休息等。

➡ 复习与思考

1. 宠物犬的基本特征有哪些?

2. 家庭养犬需要做好哪些准备工作?

3. 怎样挑选适宜的宠物犬?

4. 种公犬配种期的饲养管理要求有哪些?

5. 种母犬在配种期、妊娠期、分娩期及哺乳期的饲养管理要求较高,需要我们做好哪些方面的管理工作?

6. 如何进行仔犬的饲养管理?

7. 如何调配宠物犬饲料?

8. 宠物犬的繁殖特点有哪些?

Note

→ 实训

实训一　宠物犬的品种识别

一、实训目的

熟练掌握国内外犬的种类、名称、外貌特征、性格特点以及饲养要求,能够很好地识别这些犬种并指出其品种特征。

二、实训材料与工具

不同品种的宠物犬若干、不同品种的宠物图片若干,测杖、软尺、直尺。

三、实训内容与方法

(1) 通过图片观察识别犬的特征,熟练说出常见种犬的归属及外貌特征。

(2) 通过实物观察识别犬的特征是否符合品种标准,主要包括整体外貌、体型比例、头部、颈部、背线、躯体、前躯、后躯、被毛、毛色、步态和性格等。通过体尺测量,测量犬的体高、体长、胸围、胸深、胸宽、荐高、管围、头长,把犬的体尺指标量化成数据,使之更为直观,克服靠肉眼观测带来的误差。

①体高　犬在水平地面以正常姿势站立,鬐甲(马肩隆)到地面的垂直距离。所考查的内容主要是肩胛骨和前肢骨的状况,用测杖量取。

②体长　犬在水平地面以正常姿势站立,肩胛骨(肩端)前缘到坐骨结节的直线距离。所考查的内容主要是中轴骨的状况,用测杖量取。体长有体直长和体斜长之分,上面所说的是体直长。体斜长是用软尺测得的肩胛骨前缘到坐骨结节的距离,是整个躯干部的弧度长。

③胸围　鬐甲后两指,胸部的周长。所考查的内容是胸部的发育状况,用软尺测量。

④胸深　鬐甲后两指,背线到胸下部的直线距离。所考查的内容是胸部的发育状况,用测杖测量。

⑤胸宽　肩胛后角左、右两垂直切线间的最大距离。所考查的内容是胸部的发育状况,用测杖测量。

⑥荐高　犬、猫在水平地面以正常姿势站立,荐部最高点到地面的直线距离。所考查的内容是荐部和后肢部的发育状况,用测杖测量。

⑦管围　左前肢管部上 1/3 最细处的周长。所考查的内容是管部的发育状况,用软尺测量。

⑧头长　鼻镜至颅顶的直线距离。所考查的内容为头部的发育状态,用测杖或直尺测量。

四、结果

将结果撰写在实验报告纸上。

实训二　宠物犬的选购

一、实训目的

正确选购宠物犬,并能判断其优劣,掌握犬的选购技巧。

二、实训材料与工具

品种、年龄、性别、健康状态不同的犬若干。

三、实训内容与方法

1. 品种　通过品种识别的方法,判断犬是哪个品种。了解在宠物市场上该品种犬的价格。

2. 年龄　犬的年龄可以根据血统证书或出生登记表上的日期进行推算。对于无资料可查的,通常可以通过牙齿生长和磨损情况等来判断。

（1）牙齿变化　根据牙齿变化来判定年龄主要通过牙齿的生长情况、齿峰及牙齿磨损程度、外形颜色等综合判定（表1-5）。犬齿全部为短冠形，上颌第一、二门齿齿冠为三峰形，中部是大尖峰，两侧有小尖峰，其余门齿各有大、小两个尖峰，犬齿呈弯曲的圆锥形，尖端锋利，是进攻和自卫的有力武器。前臼齿为三峰形，后臼齿为多峰形。

表 1-5　犬齿与年龄

年龄	犬　齿	年龄	犬　齿
20 天左右	犬的幼齿开始长出	3.5 岁	上颌第一门齿尖峰磨灭
4～6 周龄	乳门齿长齐	4.5 岁	上颌第二门齿尖峰磨灭
将近 2 月龄	乳齿全部长齐，呈白色，细而尖	5 岁	上颌第三门齿尖峰磨灭，下颌第一、二门齿磨损面为矩形
2～4 月龄	更换第一乳门齿	6 岁	下颌第三门齿尖峰磨灭，犬齿钝圆
5～6 月龄	更换第二、三乳门齿及乳犬齿	7 岁	下颌第一门齿磨灭至齿根部，磨损面呈纵椭圆形
8 月龄	全部换上恒齿	8 岁	下颌第一门齿磨损面向前方倾斜
1 岁	恒齿长齐，洁白光亮，门齿上都有尖突	10 岁	下颌第二及上颌第一门齿磨损面呈纵椭圆形
1.5 岁	下颌第一门齿大尖峰磨损至与小尖峰平齐	16 岁	门齿脱落，犬齿不全
2.5 岁	下颌第二门齿尖峰磨灭		

（2）面部表情　年龄在 1 岁左右的犬，表现活跃，目光有神，好动。2～4 岁的犬，亲切近人，精神焕发、热情。大于 7 岁的老龄犬，精神迟钝，对刺激反应迟钝，不愿多动，眼睛无神。

（3）体态　年轻犬活动时身体轻巧灵便，2～5 岁时活动有些笨拙，但稳当、安全可靠。10 岁以上的老龄犬，举止迟钝，脊背侧屈或背屈，走路缓慢。

（4）老年毛的发生　指灰白毛的出现（即原来非灰白色毛的狗出现灰白毛），首先发生于唇区、下颌区。4～5 岁的犬开始见到少数几根白毛，5～6 岁时明显增多，以后蔓延到背部、鼻周围、眼睑、眉毛等处，再进一步扩展到额部及外耳道内长白毛，甚至整个头部毛变白。超过 10 岁的犬额部、脸部及头颅的前面有多量白毛。超过 13 岁整个头部变成白色（也有个别犬 10～14 岁时，毛色仍不变）。对白色、黄白毛或栗色带白斑毛的犬，不能用毛色改变作为年龄判断的辅助手段。

（5）眼神　年轻犬眼睛有神明亮，7 岁以上的犬眼睛可出现白内障，8 岁以上白内障发生率高，9～10 岁的犬大多数有白内障，10 岁以上的犬，几乎全部有白内障。早期白内障水晶体呈蓝绿色环。典型的呈中央性或中央周围性白内障，晶体浑浊呈灰色或灰白色，并有明显的绿色折光反射。个别犬 1～1.5 岁也有患白内障的。

3. 性别　对幼犬来说，一般排尿处有个小球形状而且像个小桃子的是母犬。同时可以在肚皮上观察有没有乳头，小母犬的乳头表现为稍稍突起的小点。

4. 健康检查　可对犬的精神状态、眼、鼻、耳朵、口腔、皮肤、肛门、四肢、爪子进行检查，观察犬是否处于健康的状态。

5. 特殊检查　通过对社交能力、追随、压制、气度、体高、寻回、触觉、听觉、视觉九个项目的测试，对犬进行评分。

四、结果

将结果撰写在实验报告纸上。

Note

实训三　宠物犬的饲料配制

一、实训目的

了解犬的营养需要,掌握使用试差法完成宠物犬饲料配制的方法。

二、实训材料与工具

鸡胸肉、低筋面粉、鸡蛋、奶酪、紫薯、胡萝卜、西蓝花、食用油、氨基酸、复合维生素、矿物质添加剂、绞肉机、刀、案板、锅。

三、实训内容与方法

1. 饲料配方的制订

(1) 查宠物犬的饲养标准。根据犬的营养标准,确定所配制的饲料应给予的能量和各种营养物质的数量。

(2) 查出所给原料的营养成分含量。

(3) 根据各种原料的大致比例表,以及自己的经验初步拟定配方。

(4) 按初拟配方计算出所选定的各种原料中的各项营养成分含量,并逐项相加,计算出每千克配合饲料中各项营养物质的含量。

(5) 调整比例:将计算出的营养物质含量与所确定的饲养标准进行比较,细心调整到与营养标准基本相符的水平。

(6) 根据饲养标准添加适量的添加剂,如氨基酸、维生素、无机盐。

2. 饲料配制　根据制订的饲料配方制作犬的饲料。

四、实验结果

将饲料配方的制订过程撰写在实验报告纸上。

实训四　宠物犬的发情鉴定

一、实训目的

熟悉犬的发情鉴定方法,正确判断犬的配种时间。

二、实训材料与工具

处于不同发情周期的发情母犬、成年正常公犬、显微镜、载玻片、玻棒、酒精等消毒液、试情布、木板支架、细线、口笼等。

三、实训内容与方法

1. 观察母犬发情周期的表现

(1) 发情前期　母犬阴道分泌物增多,外阴肿胀、潮红,阴道充血,从阴门排出血样分泌物并持续2~4天;不爱吃食物,饮水量增大,举动不安,遇见公犬时嗅闻公犬外阴部,频频排尿吸引公犬,但不接受公犬爬跨。

(2) 发情中期　母犬表现兴奋、敏感、易激动,外阴继续肿胀至最高程度后变软,阴门开张,流出的黏液由红逐渐变淡直至稻草黄色(淡黄褐色);主动接近公犬,站立不动,把尾巴侧向一边接受公犬爬跨。

(3) 发情后期　母犬外部表现为外阴的肿胀消退,性情变得安静,不允许公犬接近,食欲也趋于正常。

(4) 休情期　无异常表现。

2. 鉴定发情中期

(1) 将玻棒消毒,伸入母犬阴道 7~10 cm,蘸取少许阴道黏液。

（2）将阴道黏液粘到载玻片上，置于 400 倍显微镜下观察。

（3）如母犬处于发情中期，可见视野中含有大量角质化的上皮细胞和很多红细胞，而无中性粒细胞。

（4）用公犬进行试情。将母犬的外阴部用试情布遮好，如母犬处于发情中期，可见母犬有轻佻行为，频频排尿，故意暴露外阴，并出现有节律的收缩，呆立不动，尾偏向一侧，做出愿意接受爬跨行为等。或用手按压母犬腰荐部或臀部，如母犬做出愿意接受爬跨行为，表明母犬处于发情中期。

四、注意事项

（1）玻棒的末端应圆而光滑，用前应消毒。

（2）交配场所应选择公、母犬都较为熟悉的地方，以母犬舍为佳，不可围观。

（3）试情前，公、母犬最好在室外运动一段时间，排净尿液、粪便。

五、结果

将结果撰写在实验报告纸上。

项目二　宠物猫的饲养与管理

项目导入

　　本项目主要介绍宠物犬的饲养管理,分为四个部分,分别为宠物猫的认知、宠物猫的用品准备、宠物猫的饲养管理、实验实训。全面了解宠物猫的饲养管理相关知识与技能。

学习目标

▲知识目标

1. 了解宠物猫的生物学特性、行为特点和生活习性。

2. 熟悉宠物猫的品种。

3. 掌握宠物猫选购的方法。

4. 掌握宠物猫饲养管理的要点。

▲能力目标

1. 能够识别不同品种宠物猫,能够挑选适宜的宠物猫,并做好饲养宠物猫的准备。

2. 能够根据宠物猫的营养需要,制作食物食品;能够为宠物猫挑选适宜的宠物食品。

3. 能够鉴定宠物猫发情,并能够在发情旺期对其配种。

4. 能够对不同品种、不同生理阶段宠物猫进行精准饲养管理。

▲思政与素质目标

1. 培养学生吃苦耐劳,热爱劳动的美好品德。

2. 培养学生良好的职业道德意识,以及精益求精的职业素养。

3. 具有较强的自我管控能力和团队协作能力,有较强的责任感和科学认真的工作态度。

4. 关爱宠物,热爱生活,培养学生积极向上的人生态度。

5. 培养学生的民族自豪感,激发学生落后就要挨打的觉醒意识,努力学习,积极向上。

视频:
宠物猫的认知

任务一　宠物猫的认知

　　宠物猫是由野猫驯化而来的,野猫在体型及毛色上与现在的宠物猫并无多大差别。亚洲宠物猫来源于印度的沙漠猫,欧洲的宠物猫来源于非洲山猫。我国从公元前 11 世纪开始养猫,在西周时期就有关于猫的记载。在长期的养猫实践中,前人还总结出善捕鼠猫的特征,如"身似狸,面似虎,柔毛利齿,口旁有刚须数根,尾长腰短,目如金铃,上腭多棱者为良"。猫除用来捕鼠之外,还作为一种玩赏动物为达官贵族、文人墨客们所垂青。

Note

目前,养猫在全世界非常盛行,在一些发达国家,很多中老年人喜爱养猫,因为猫活泼可爱,便于饲养,又很懂感情,所以猫是较受欢迎的观赏及伴侣动物之一。曾有人在给死去的爱猫碑文上写着"在悲惨的生活中,是你给了我欢乐和温存"。随着猫的数量和养猫者数量的增加,欧美国家成立了欧洲国际猫展联盟(FIFE)、欧洲世界猫联盟(WEFE)、英国猫迷管理委员会(GCCF)、美国爱猫者协会(CFA)、加拿大猫协会(CCA)、国际猫协会(TI-CA)等养猫协会组织,负责猫品种的鉴定、注册、交流及展览,定期举行新品种展示及猫的"选美"活动。我国各地也陆续成立了自己的养猫协会,建立了养猫场和猫交易市场,促进了养猫业的快速发展。

一、猫的感觉系统

猫的感觉系统包括视觉、听觉、嗅觉、味觉和触觉等。

(一)视觉

猫的视力很敏锐。在光线很弱甚至夜间也能分辨物体,而且猫也特别喜欢比较黑暗的条件,因此,在白天日光很强时,猫的瞳孔几乎完全闭合成一条细线,而在黑暗的环境中,瞳孔开得很大。猫的视野很宽,两只眼睛既有共同视野,也有单独视野,每只眼睛的单独视野在 $150°$ 以上,两眼的共同视野在 $200°$ 以上,而人的视野只有 $100°$ 左右。单独视野没有距离感,共同视野有距离感。猫只能看见光线变化的东西,如果光线不变化猫就什么也看不见,所以,猫在看东西时,常常稍微左右转动眼睛,使它面前的景物移动起来,才能看清。猫是色盲,在猫的眼里,整个世界都呈现深浅不同的灰色。如果仔细地观察猫的眼睛,就可发现猫有一层特别的"眼皮",横向来回地闭合,这就是第三眼睑,又称瞬膜,位于正常眼睛的内眼角,第三眼睑对眼睛具有重要的保护作用,第三眼睑患有疾病时会影响猫的视力和美观。

(二)听觉

猫的听觉十分灵敏。据测验,猫可听到的频率在 $30 \sim 45$ kHz 之间的声音,而人能感知的声频是 $17 \sim 20$ kHz,许多声音猫能听到而人却听不到。猫耳朵就像是两个雷达天线,在头不动的情况下,可做 $180°$ 的摆动,从而使猫能对声源进行精确的定位。猫能熟记自己主人的声音,如脚步声、呼唤自己名字的声音等。猫也有先天性耳聋,患有先天性耳聋的猫对有些声音不是通过耳朵,而是通过四肢爪子下的肉垫来"听"。正常情况下,肉垫里就有相当丰富的触觉感受器,能感知地面很微小的震动,猫就是用它来侦察地下鼠洞里老鼠的活动情况。耳聋猫肉垫里的感受器更多,可以感知地面产生的震动。

(三)嗅觉

猫的嗅觉器官位于鼻腔的深部,称嗅黏膜,面积有 $20 \sim 40$ cm^2,里面有 2 亿多个嗅细胞。猫靠灵敏的嗅觉寻找食物,捕食老鼠,辨认自己产的小猫。小猫生下后的第一件事,就是靠嗅觉寻找母猫的乳头。在发情季节,猫身上有一种特殊的气味,公、母猫对这种气味十分敏感,在很远的距离就能嗅到,彼此依靠气味互相联络。

(四)味觉

猫的味觉也很发达,能感知苦、酸和咸的味道,对甜的味道不敏感。喂给稍微发酸变质的食物,猫就会拒绝进食。猫能品尝出水的味道,这一点是其他动物所不及的。

(五)触觉

猫的胡须是一种非常敏感的触觉感受器,它可以利用空气振动所产生的压力变化来识别和感知物体。在某些情况下可以起到眼睛的作用。在遇到狭窄的缝隙或孔洞时,胡须被当作测量器,以确定身体能否通过。千万不能随便损伤猫的胡须,并且要经常保持猫胡须的干净、整洁。

二、猫的行为特征

(一)天性聪明

猫能很快适应生活环境,并能利用生活设备,如正确使用便盆,打开与关闭饮水器,辨别人类的

81

好恶举止,甚至能预感一些事物的发生。猫的这些特点,是由于猫的大脑半球发育良好,大脑皮质发育较完善。小猫在5月龄前依赖于母猫和主人的帮助,是由于小猫的大脑尚未完全发育。而成年猫则记忆力极强,去过一次医院打针后,再去时会十分紧张;把猫带离家几十千米时,它也能自己返回家,猫还能预感某些自然现象,如地震及其他某些自然灾害的发生。

（二）不喜群居

猫独立性强,喜欢孤独而自由地生活。猫在野生时期浪迹天涯,独来独往。野猫在自然界中是以个体活动为主的,只有在繁殖期,公、母猫才聚在一起。虽然家猫的环境改变了,不再处于野生状态,但仍秉承其祖先的性格特征,喜欢独居而不受约束。家猫保持了这一天性,表现为多疑和孤独,并喜欢在居住环境区域内建立属于自己的活动领地,不欢迎其他猫闯入。当一个家庭中养了几只猫时,每只猫常根据家庭环境划分自己的领地,互不交往,有时为了争夺领地、食物、玩具而发生斗争,它们也不会在一起进食、排便等。母猫生小猫后,能独立哺育幼猫而不太依赖主人。

（三）嫉妒心强

猫表现出强烈的占有欲,如对食物、领地以及对主人的宠爱等均不愿受到其他猫的侵犯,在与主人生活的过程中,它会对主人家庭与其周围环境建立起一个属于自己领地范围的概念,不允许其他猫进入自己的领地。一旦有入侵者,就会立即发起攻击。猫在吃食的时候,如果有其他的猫或别的动物在场,猫会表现出敌意,叼着食物逃走或按住食物做出警备姿势,发出"呜呜"的威吓声。猫的嫉妒心强,在家中生活时间长的猫,不但会嫉妒同类,有时还会对家庭中小孩的出现或主人对新生儿的爱抚表现出嫉妒。

（四）性格倔强

猫对待主人的指令,即使已经理解,但只要认为不合自己的心意,猫就不会去做。猫常拒绝主人安排的睡觉地点,主人不喜欢它去的地方,它偏要去,如冰箱的上面、电视机的上面等。猫常拒绝主人的爱抚,常在主人强行抱起在怀中抚摸时从主人怀中挣脱逃走。

（五）警惕性高

猫在休息和睡眠状态下也处于高度警觉状态。经常可以看到,处于睡梦中的猫一旦听到轻微响动,会立即睁大眼睛,四处张望,并做好随时反应的准备,在判断无任何危险时才安然闭眼睡觉。

（六）玩耍性重

猫的好奇心强,特别是幼猫,有时戏弄同窝的兄弟姐妹。猫与猫之间的玩耍可能是一个互相学习、交流、传艺的过程。仔猫贪玩,我们不要去制止,否则会抑制它的其他本领,而且长期抑制还会引起情绪抑郁症,在日常行为中出现反常现象。所以应尽情让猫玩耍、欢跳,并购买一些猫玩具,以便更好地培养它的玩耍本领,让它能更好、更健康地成长。

（七）喜欢攀缘爬高

攀缘爬高、"蹿房越脊"对猫来说是轻而易举之事,有时甚至能爬到很高的大树上去。猫在遭到追击时,总是迅速地爬到高处,静观其对手无可奈何地离去后才下来。猫之所以善于攀缘爬高,主要归功于猫的利爪。猫四肢发达,前肢短,后肢长,利于跳跃。其运动神经发达,身体柔软,肌肉韧带强,平衡能力完善,因此,在攀爬跳跃时尽管落差很大,也不会因失去平衡而摔死。

三、猫的生活习性

（一）食肉为主

猫在野生时期以食肉为主,家养后仍爱吃老鼠、鸟类和青蛙等动物,并且可以连毛吞下而不会发生消化障碍。猫的唾液腺很发达,吃食时分泌大量稀薄的唾液,不但能湿润食物,有利于吞咽和消化,而且唾液里的溶菌酶还能杀菌、消毒、除臭,保持口腔的清洁卫生。猫是单胃,呈梨形囊状,约能容纳1L的食物,有暂时储存食物和将食物与胃液混合的功能,并进行前期消化。猫的胃腺很发达,整个胃壁上都有胃腺分布,胃腺能分泌盐酸和胃蛋白酶原,能将吃到胃里的肉和骨头等食物加工成糊状的食糜,以利于肠道对食物中的营养物质进行消化吸收。猫肠管的肠壁较宽厚。

(二)爱好清洁

猫每天都会用爪子和舌头清洁身体,洗脸与梳理毛发,每次都在比较固定的地方大小便,而且大便后都将粪便盖好或埋好。猫总是在吃食后或玩耍后以及运动后或睡醒后开始梳理被毛。舌头舔被毛,刺激了皮肤毛囊中皮脂腺的分泌,使毛发更加润滑而富有光泽,不易沾水,同时舔食一定量的维生素 D,促进骨骼发育。在炎热季节或剧烈运动以后,体内产生大量的热,为了保持体温的恒定,必须将多余的热量排出体外,但猫的汗腺不发达,不能通过排汗蒸发大量的水分,所以猫就用舌头将唾液涂抹到被毛上,将被毛打湿,借助唾液里水分的蒸发而带走热量,起到降温解暑的作用。在脱毛季节经常梳理还可促进新毛生长。另外,通过抓咬能防止被毛感染寄生虫(如跳蚤、毛虱等),以保持身体健康。

(三)嗜睡易醒

猫一般每天睡好多次,每次不超过 1 h,可是每天的总睡眠时间并不短,大约是人睡眠时间的 2 倍。但是猫不像人那样集中地睡,而是分成数次睡,所以猫在夜里的任何时候都可以起来。看上去猫 1 天中 16 h 都在睡觉,其实熟睡的时间只有 4 h。猫睡觉次数多,但却容易醒。这是因为猫的睡眠分深睡和浅睡 2 个阶段。深睡时,肌肉松弛,对环境中声响的反应差,一般持续 6～7 min,接着是 20～30 min 的浅睡阶段,此时,猫睡眠轻,易被声响吵醒。由于猫的深睡与浅睡是交替出现的,所以猫睡觉时很警觉。猫还会跟随着太阳的移动多次移动睡觉的地方,像向日葵总是向着太阳一样。

(四)昼伏夜出

猫的很多活动(如捕鼠、求偶交配等)常是在夜间进行的。猫在白天睡眠,黎明或傍晚时则极为活跃。根据猫的这一习性,每天的饲喂时间应放在早晨和晚上,因为这时猫机体内的各种机能活动都很旺盛,不但吃得多,而且消化好。给猫配种的时间也应安排在晚上,以保证有较高的成功率。猫的这一习性在许多情况下不为养猫者所欢迎,特别是在城市里,晚间母猫求偶的叫声以及公猫争偶的打架声,令人十分生厌。猫夜间活动的这种本性不能完全消失,只要耐心加以调教,可以在相当大的程度上调整其夜游的习性,使之与人类的活动规律接近。

(五)捕猎本能

野生及驯化程度低的猫,其捕猎本领较强;高度驯养的纯种波斯猫则有较弱的原始捕猎动机,只要能给其毛球或假设猎物去玩,就能满足其捕猎的原始需求了。家猫由于不必为填饱肚子而奔波,有时主人可以见到猫将捕获的猎物——活的鱼、鸟、蛇和老鼠带回家,戏耍一番后再享用,不留神时还会吓人一跳。母猫将活的猎物带回窝,做示范给小猫,则是传授捕猎技能。家猫捕食的目标不仅仅限于老鼠,有时家中的观赏鱼也可能成为猫的美餐。

(六)猫的语言

1. 猫的声音语言 "喵喵"之声,带着变化的声调,是猫的语言,表达着猫的情感和好恶。主人通过猫的叫声,能够判断猫的意愿或高兴、平静、愤怒等情感。猫的口语词汇相当丰富,有多种发音方式和声调,大致可分为 2 种,即"喵喵"声和"呜呜"声。养过猫的人也能体会到猫的"喵喵"声可有柔软、激动人心、安静和尾音延长等不同变调,分别表示求食、热爱和高兴呼唤主人或有某种要求等不同情感。

猫的声音语言表达能力有较大的年龄、品种及个体差异。幼猫在 12 周龄以前语言表达能力不强,12 周龄以后才逐渐发育出了像成年猫那样的语言表达能力。不同品种的猫应用言语的能力也大不相同。有些猫默默无声,另一些则叫个不停;有些猫叫一次表达了意思就够了,而另一些则连续重复同一种叫声,直到主人满足了它的要求才罢休。一般来讲,亚洲种猫,特别是泰国猫,比欧美种猫有较强的语言表达能力。

2. 猫的身体语言 猫除了可以用声音来表达感情外,还可以通过身体不同部位的姿势改变来表达不同的意思,如头部的倾斜,尾、四肢、耳及触须的不同位置以及脸部的表情变化是常用的身体语言。

3. 猫的表情语言 平静无事时耳朵自然向上伸,胡须自然垂下,瞳孔细直。警觉时眼睛圆睁,耳朵完全朝前,胡须上扬。不安、恐惧时双耳朝两侧,眼睛椭圆,瞳孔稍微放大警戒。威胁时双耳又压低了些,眼睛更细,但尚未出声。进一步出声警告时双耳压平,胡须上扬,脸压扁,眼睛更细。心事重重时耳朵朝前,瞳孔稍大,胡须下垂。惊喜时瞳孔圆圆的,耳朵竖直,口微开。好奇时耳朵朝前,嘴是闭着的,瞳孔圆圆的。

4. 猫的气味语言 猫身体的某些部位有可分泌特殊气味的腺体,从而使不同的猫有不同的气味。当猫相互认识且相处融洽时,它们会相互摩擦,这样就彼此间留下了对方特有的气味,以便再次相遇时有识别的依据。猫常常摩擦自己的主人也是出于同样的道理。两只猫走在一起时总是先嗅一下对方的鼻子或身体的其他部位,其实这就是在进行气味识别,来判断以前是否见过。此外,猫还利用爪子抓刮树干、栅栏,留下爪痕作为这是"我的地盘"的记号。

四、宠物猫的品种

视频:
宠物猫的品种

猫的品种分类方法有多种。根据生存环境可分为家猫和野猫。根据毛色又可分为黑猫、白猫、银灰猫、玳瑁猫、狸花猫等。从遗传角度又可分为纯种猫和杂交猫。而从美容的角度考虑,一般根据毛的长短分为长毛猫和短毛猫。根据猫的功用,分为观赏猫、捕鼠猫和实验用猫。此外,还可根据地域进行分类。下面介绍一些国内外著名的猫品种。

(一)山东狮子猫

山东狮子猫主要分布于我国的山东省,因其颈部毛长而得名,可划定为长毛猫。毛有白色或黄色,有的黑白相间,尾粗大,身体健壮,抗病力强,特别耐寒,善捕鼠,但繁殖率低,每年只产 1 窝,每窝产两三只(图 2-1)。

(二)云猫

云猫又称石猫、石斑猫、草豹、小云豹、小云猫、豹皮。在我国仅分布于云南中部景东无量山区、哀牢山区和云南西北部的大理、丽江地区,在国外则广泛分布于印度、尼泊尔、缅甸、泰国、老挝、越南、马来西亚和印尼西亚。因其毛色似彩云而得名,喜食椰子汁和棕榈汁,故又名椰子猫和棕榈猫(图2-2)。

彩图 2-1

彩图 2-2

图 2-1 山东狮子猫

图 2-2 云猫

躯体毛色棕黄或灰黑,两侧有黑色花斑,背部有数条黑或黄的纵纹,头部黑色,眼下方及侧面有白斑,四肢及尾黑褐色,尾长为 45~56 cm,其长度接近于体长或略短于体长。尾形粗圆,尾毛蓬松,尾背有模糊环纹和小斑点。外观漂亮,有很高的观赏价值,而且善捕鼠。云猫体重 900~1500 g,体长 46~63 cm。1 年产仔 2 窝,每窝 2~4 只,但繁殖期不固定。

(三)狸花猫

狸花猫分布于全国各地,以陕西、河南等地多见。除颈、腹下为灰白色毛外,其他部位均为黑、灰相间的条纹,形同虎皮(图 2-3),毛短而光滑,怕寒冷,抗病力弱,捕鼠能力强,繁殖率较高。与主人关系不太密切,不恋家。

(四)四川简州猫

四川简州猫在我国各地农村饲养量大,该猫体型高大健壮,动作敏捷,为捕鼠能手,主要用于捕鼠。四川简州猫的耳朵是四耳。所谓"四耳",是因为此猫的耳朵轮廓相互重叠,在耳朵里面还藏有两只小的耳朵,所以形成四耳。四川简州猫有非常奇异的毛发颜色,甚至它身上的有些颜色是连画工用画笔也表达不出来的(图 2-4)。

图 2-3 狸花猫

图 2-4 四川简州猫

彩图 2-3

彩图 2-4

(五)波斯猫

波斯猫原产于土耳其,有安哥拉猫的血统,是纯种的长毛猫。它以其华丽的长毛、文雅的姿态、高贵的气质,一举获得"猫中王子""猫中王妃"之称,受到养猫者的宠爱。

波斯猫的体型特征:肌肉发达,骨骼粗壮,腿短,爪大,被毛长而丰满,颜色多样,有单一色、渐变色、银灰色、鼠皮色和混杂色五大类型,以颈、肩被毛浓密形成了狮子样鬃毛。头宽脸大,鼻宽而短,耳小而圆,眼大而圆,眼有绿色、蓝色、金黄色和鸳鸯眼(两只眼颜色不一样)之分,且与毛色相协调。标准的波斯猫体长 40～50 cm,尾长 25～30 cm,肩高 30 cm。在波斯猫的品种鉴定方面体型特征比被毛颜色更重要。波斯猫天资聪慧,反应机敏,举止文雅,善解人意,易与人相处(图 2-5)。

(六)喜马拉雅猫

喜马拉雅猫是由泰国猫和波斯猫杂交而成,既继承了波斯猫的体型、长毛、优雅,又融合了泰国猫聪明、健壮及漂亮的斑点毛色。在英国被称为"彩色斑点长毛猫"。

喜马拉雅猫的体型特征:身体短胖,胸深宽,健壮而结实,毛长 12 cm,颜色多样且有海豹点、巧克力点、蓝点、丁香点、橙色点、玳瑁点和奶油点多种斑点。其头宽而圆,颈短而粗,鼻短扁,胡子长,眼睛大而圆,呈令人喜爱的天蓝色(图 2-6)。喜马拉雅猫聪明机智,热情大方,叫声悦耳,善待同伴,娇媚可爱,能给主人以巨大的精神安慰。

图 2-5 波斯猫

图 2-6 喜马拉雅猫

彩图 2-5

彩图 2-6

Note

（七）布偶猫

布偶猫原产于美国，是由加州的妇女安贝可培育出来的猫种，又称布娃娃猫，性格温顺而恬静，对疼痛有很大的忍耐力。与人其他动物和平相处，会在门口迎接主人，跟着主人走来走去。

布偶猫的体型特征：体型较大，身体魁梧，胸部宽阔，肌肉发达。头呈等边三角形，双耳之间平坦，面颊顺着面形线而成为楔形；耳朵中等大小，微微张开，底部阔，双耳间距宽，耳尖浑圆而向前倾；眼睛大，椭圆形，呈蓝色，双眼间距宽，眼角微微上扬；鼻子中等长度；下巴发育良好，强壮，并与上唇和鼻子成一直线；四肢中等长度，后肢较前肢长，前肢的毛亦较后肢的短；足掌比例上较大且圆，有穗呈簇状；尾巴长，覆盖着蓬松的被毛；被毛中等长度，有柔软的双层被毛，面部的毛较短，而颈毛较长；布偶猫被有 3 种花色，即双色布偶猫、重点色布偶猫、露指手套式布偶猫。毛的重点色有海豹色点、巧克力色点、蓝色和浅紫色点（图 2-7）。

（八）阿比西尼亚猫

阿比西尼亚猫历史悠久，原产于阿比西尼亚（今埃塞俄比亚），又称埃塞俄比亚猫、芭蕾舞猫。在英国培育而成，是世界上较流行的短毛类名猫。

阿比西尼亚猫体型中等，体态轻盈，肌肉发达，各部比例匀称协调。四肢细长，脚爪纤巧，与圆形而修长的身材协调一致。被毛细密柔软，富有弹性。多数被毛红黄相间，深浅不一，加上折光作用形成斑纹；活动时被毛颜色变化微妙，如丝绸般艳丽闪亮，极富魅力。目前，公认的阿比西尼亚猫根据毛色分为 2 种，即红褐色种和红色种。该猫毛色有一绝妙的特征，即毛根色浅，毛尖色深，构成了隐隐约约的整体色调。头形精巧，为稍带圆形的三角形。鼻梁稍隆，吻短而坚实，齿为剪式咬合。耳大而直立，基部宽，耳廓边缘很薄，耳端稍尖并向前倾。耳毛短而密，耳内长有饰毛。眼大呈杏仁形，略吊眼梢；眼缘黑色，周围被褐色毛覆盖。眼色为绿色、黄色、淡褐色等。尾长而尖，呈锥形，尾根部粗大。阿比西尼亚猫聪明伶俐，活泼好动，警觉敏捷，善于爬树，爱晒太阳和玩水，叫声轻柔悦耳，对主人极富感情，是人们非常理想的伴侣动物（图 2-8）。

图 2-7　布偶猫

图 2-8　阿比西尼亚猫

（九）泰国猫（暹罗猫）

泰国猫（暹罗猫）原产于泰国，是短毛猫的代表，也是当今世界上短毛家族中的贵族精品。

泰国猫的体型特征：身材修长，肌肉结实，颈、四肢和尾细长。被毛短细、紧贴体表，厚实而光滑，毛色的显著特点是以浅的白色、红色、蓝色、巧克力色等为背景色，配以颜色较深的面、耳、四肢末端和尾。脸呈"V"形，鼻梁直，耳大直立，有一双大小适中的杏仁眼，深蓝或浅绿色。泰国猫天真活泼，聪明机灵，稍有些任性兼喜怒无常，但对主人忠诚（图 2-9）。

（十）异国短毛猫

1960 年，美国的育种人员将波斯猫和美国短毛猫杂交，培育出既有波斯猫丰满动人的模样，又有美国短毛猫那样易于梳理被毛的新品种。它像波斯猫一样文静，和人亲近，又像美国短毛猫一样顽皮机灵。骨骼强壮，身材匀称，线条柔软及圆润，圆而宽；脸颊丰满；耳朵尖而小，呈圆弧形；眼睛大而圆，金光闪闪；鼻梁扁，鼻短；四肢短而粗；脚爪大而圆；尾短而尾毛蓬松；被毛长度适中（图 2-10）。

图 2-9 泰国猫(暹罗猫)

图 2-10 异国短毛猫

彩图 2-9

彩图 2-10

(十一)东方短毛猫

东方短毛猫原产于英国,由泰国猫和其他短毛猫杂交培育而成。

东方短毛猫中等体型,骨骼细致。肌肉坚实,四肢修长。被毛短而浓密,细腻如丝,平服,毛色有白色、黑色、米色带褐色的斑纹等多种。头长形,可以用一个等边三角形来框定,侧面轮廓为直线条,颈修长,鼻长而直,下巴中等大小,耳大,间距宽,基部宽,耳尖。眼大小中等,杏仁形,眼梢明显地倾斜,两眼间距为一眼的宽度,眼色以蓝色为佳,还有绿色、玫瑰红色、金黄色等。尾修长,基部也纤细,向尖部逐渐变细。东方短毛猫聪明敏捷,活泼好动,忠于主人,喜欢攀高(图 2-11)。

(十二)英国短毛猫

英国短毛猫的历史悠久。2000 年前,凯撒率领古罗马远征军进入英国,给英国带去了家猫。这些家猫和当地野猫自然交配,繁衍到 19 世纪,经过有目标的培育,才形成了这一短毛品种。

英国短毛猫的体型特征:体型中到大型,骨骼壮实,肌肉丰满,胸宽而圆,腰粗圆,四肢粗短健壮。趾大而圆,爪短有力,尾短粗,尾尖呈圆形。头大而圆,面颊丰满,鼻短直。耳朵中等大小,顶端浑圆,两耳间距较宽。眼睛圆而大,两眼间距宽。眼色有橘黄色、蓝色、怪色等多种。被毛短而密,且有弹性,紧贴于体表,目前公认的毛色有 18 种,其中以蓝色最为普遍和最受欢迎。性情端庄文雅,情感丰富,聪明伶俐,独立性强,便于饲养,喜欢与儿童和其他小动物戏耍(图 2-12)。

图 2-11 东方短毛猫

图 2-12 英国短毛猫

彩图 2-11

彩图 2-12

(十三)美国短尾猫

美国短尾猫产于美国,体型中等或偏大,因其漂亮的肌肉线条和强健的外观而引起人们的注意。

美国短尾猫最显著的特征是短尾,当它处于警觉状态时,能够看到其尾巴竖起,理想的尾巴是没有弯曲的,其头呈楔形,宽大而强壮,眼大呈杏仁状。被毛为双层,一层是中等长度而且密集的被毛,

Note

一层是中等长度的长被毛。被毛防水且富有弹性,它走动的时候,姿态如同一只野猫。此猫的性成熟期需要2~3年(图2-13)。

(十四)美国短毛猫

美国短毛猫又称美洲短毛猫、美洲短毛虎纹猫。据说是由美国土猫与自英国输入的短毛猫杂交选育出来的新品种,是全世界最受欢迎的十大猫种之一。

美国短毛猫外部特征:体长中等,体格强健,骨骼粗壮,肌肉发达,胸部浑圆,双肩有力,脊背平直,肢体协调而富有弹性。公猫比母猫大得多。四肢较长,肌肉结实丰满,骨骼壮实。被毛浓密可以抵挡严寒气候,有单色系、双色系及虎斑和鱼骨状斑纹等毛色,目前CFA承认的颜色有62种。头大而圆,两颊丰满浑圆;鼻梁直,略内凹,鼻尖稍向上弯曲;腭紧凑,上唇相对垂直;公猫下颌发达,耳大,略呈圆形,两耳间距宽,但耳基部间距不宽。眼睛大而圆,炯炯有神,两眼间距宽,稍吊眼梢。尾长适度,基部粗,尾端圆钝。美国短毛猫性情温和,聪明、恋家。喜欢同儿童玩耍,对主人十分依恋;善于捕鼠,易于饲养,适应性很强,好奇心强,喜欢尝试新奇事物(图2-14)。

图2-13 美国短尾猫

图2-14 美国短毛猫

(十五)苏格兰折耳猫

苏格兰折耳猫又名苏格兰褶耳猫、苏格兰弯耳猫,原产地为苏格兰。平易近人、性格温和、聪明;留恋家庭,热爱主人。

图2-15 苏格兰折耳猫

苏格兰折耳猫的外部特征:浑圆的身体,脸颊鼓起,轮廓圆圆的,侧看像是柔和的曲线,公猫的肉更多,看起来像是下垂似的。耳朵可朝前折,耳朵的大小中等,前端是圆的,犹如戴了帽子一样,看上去令头部更加浑圆。眼大而圆,眼的颜色与被毛的颜色相适应。两眼的间隔很宽。鼻子、鼻梁也是圆的,而且很宽阔。上腭及下腭都很有力,咬合正常。四肢骨骼中等,长度与身体相称;脚掌圆圆的,非常齐整。尾巴粗大,被毛短而密,柔软且富有弹性;尾巴长度与体型成正比。被毛分长毛和短毛2种。短毛很有弹力,密集地生长着;长毛则是沿着身体倒生长,有丝般的质感。毛色种类较多,常见的有巧克力色、薰衣草色、黑褐色、深蓝色、淡紫色、白色等(图2-15)。

(十六)加拿大无毛猫

加拿大无毛猫又称斯芬克斯猫,原产地为加拿大。加拿大无毛猫是加拿大安大略省多伦多市养猫爱好者在1966年从一窝几乎无毛的猫仔中,经过近交选育而成,后成为对猫毛过敏的爱猫者的最爱。这个自然的基因突变便诞生了今天被人认识的加拿大无毛猫。加拿大无毛猫非常老实,忍耐力极强,易与人亲近,对主人忠诚。

加拿大无毛猫的外部特征:骨架结实,肌肉发展良好,亦可有轻微的肚腩,像刚吃过晚餐一样。头部呈楔形。耳朵大、尖,呈圆弧形。眼睛大、呈圆形,稍倾斜,多为蓝色和金黄色;鼻短;肢细长;脚爪小而圆;尾长且细。加拿大无毛猫并非完全没有毛,它的毛很幼细而且紧贴皮肤,感觉就如一个变暖的桃子一样。这种猫除了在耳、口、鼻、尾前段、脚等部位有些又薄又软的胎毛外,全身其他部分均无毛。加拿大无毛猫的皮肤就像一个绒面的暖水袋,加拿大无毛猫拥有所有猫的颜色,这些颜色全显现在皮肤上(图 2-16)。

(十七)美国卷耳猫

美国卷耳猫原产于美国,1981 年首次发现,经过 6 年的培育形成固定品种并很快传遍世界各地。美国卷耳猫身材中等,体型轻巧,两耳高耸并相对反曲,模样清秀俊俏,惹人喜爱。美国卷耳猫温柔可爱,喜欢坐在人的大腿部让人抚摸,喜欢与人相处(图 2-17)。

图 2-16 加拿大无毛猫

图 2-17 美国卷耳猫

彩图 2-16

彩图 2-17

(十八)柯尼斯卷毛猫

柯尼斯卷毛猫又名康沃耳帝王猫,原产地为英国,源自英国的柯尼斯。其性格外冷内热,活泼好动,充满好奇心,聪明,独立,喜欢亲近人类,精力充沛,喜爱玩游戏。因为毛较短,在气候寒冷、潮湿的户外会有不适感。

柯尼斯卷毛猫的外部特征:体型属中小型,头部细小,呈楔形,头部的长度比阔度多 1/3,颊骨高,面颊轮廓分明。耳朵又大又尖,大耳朵竖在头部偏高的位置,给人机警的感觉。眼睛呈椭圆形,间距宽,且稍微向上,眼睛的颜色应清晰,与毛色互相协调。鹰钩鼻,是头部长度的 1/3。下巴结实,发育佳。四肢修长,大腿肌肉结实细长,脚爪小,为椭圆形。尾巴修长,逐渐尖细,充满弹性。被毛特别短密,且异常柔软,触感似丝,卷曲纤细而且有光泽。颜色及图案方面有纯色、银色、烟色、斑纹、双色及重点色等(图 2-18)。

图 2-18 柯尼斯卷毛猫

彩图 2-18

任务二 宠物猫的选购

一、养猫用品准备

(一)猫窝

猫窝大体上分为 2 种,即屋形窝和盆形窝(图 2-19)。大部分猫睡觉时还是最喜欢有顶的屋形

视频:
宠物猫的
用品准备

Note

窝,无顶的盆形窝大多用于平时躺下休息。宠物店专卖的屋形窝外形类似我们用的旅行帐篷,整体呈锥形,所以开门处也会有一定的倾斜角度。因为猫是很机警的动物,这样的窝起到开阔视野的作用,可以消除猫的局促紧张和不安全感。必要时最好2种窝各准备一个,这样会使猫感到舒适放松,保持心情愉快。不愿意购买专门的猫窝时,也可以用废纸箱子挖个门改装一下。

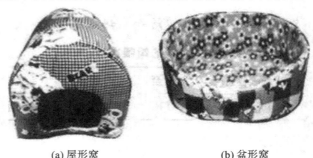

(a) 屋形窝　　　　　　　　(b) 盆形窝

图 2-19　猫窝的种类

（二）猫厕所

猫厕所也称猫砂盆,就是猫大小便的地方。猫厕所为屋形或盆形的(图2-20)。现在用猫砂盆比较普遍。宠物店专卖的猫砂盆边缘处有一圈向内扣的沿,作用是防止猫进出时带出盆里的沙子。屋形的猫厕所是全封闭式的,顶部有活性炭过滤装置,而且还加了半透明的双向活动门,猫进出时几乎不会有沙子带出来,有效率达98%,而且外形美观,也不会闻到任何气味,但是价格较高。买猫砂盆的时候别忘了买猫砂,猫砂有很多种,有高吸收性的漂白土,还有一些压碎的木屑小球,要根据需要选择合适的猫砂,猫砂经过一段时间会被污染,形成固体的小团块,可用铲子清理,其余的猫砂仍可继续使用,但应每周彻底清理一次。

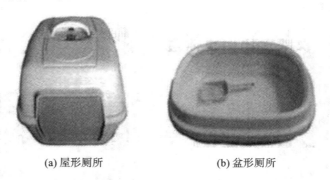

(a) 屋形厕所　　　　　　　　(b) 盆形厕所

图 2-20　猫厕所的种类

（三）猫餐具

猫餐具包括食盆和水盆。通常猫对自己的餐具非常敏感,猫的餐具最好在它的一生中都不要更换。有的猫在换了食盆的情况下会发生拒食或消化不良,尤其是老年猫,突然更换餐具会使猫感到非常紧张,影响其健康。因此,要在一开始就选好坚固耐用,并且有足够容量的餐具。尖脸的猫喜欢碗口小而深的(如泰国猫、美国短毛猫等);圆脸的猫喜欢大口的碗(如英国短毛猫、金吉拉猫等);平脸的猫最好用盘子(如波斯猫、异国短毛猫等),大碗装的水会弄湿波斯猫下巴和脸颊上的毛。重的釉质食盆比塑料的好一些,因为它便于清洗,不易被猫踢翻。

（四）猫玩具

猫每天都要磨趾甲,准备一个专用猫抓板,降低它抓家具的概率。宠物店可提供各种各样的猫抓板,但也可以用一根基牢固的圆木加工而成。确保有足够的高度,以便于猫充分伸展,爬上爬下。猫最喜欢和它一样有毛的小玩具,尤其是对幼猫,玩具不需要很精致,一个简单的毛线球、一根钥匙链或纸团,都可以让它们玩上半天。

（五）清洁工具

1. 趾甲剪 小猫3～4月龄的时候还可以使用人用的指甲剪剪趾甲，等大一些的时候，要买宠物专用趾甲剪，更方便快捷。

2. 浴液 猫和人皮肤的酸碱度不同，皮肤的薄厚也不一样，要准备专门的宠物猫用浴液。

3. 梳子 梳理猫应从猫小的时候就形成习惯，短毛猫需要一个钢毛刷和细齿金属梳子，长毛猫必备一个钢毛刷和2把宽齿金属梳子。人用的梳子无法梳开猫的底毛。

（六）运猫工具

理想的运猫工具应该坚固、安全、便于清洗，而且应该足够装下一只成年猫，但同时要质轻，便于携带，有良好的通风性能。能够让猫从里面看到外面，不会感到自己被困。猫的一生中总要出行，如去医院、搬家。专用的航空箱会比布袋子和纸箱舒服得多，携带也方便，空运也可以用。航空箱可根据猫只大小选择合适的使用。

二、宠物猫的选购

（一）品种选择

由于养猫的目的不同和养猫者的兴趣爱好不同，确定猫好坏的标准也就有所不同。为了捕鼠和易于饲养，我国各地的土种猫适应性强、捕鼠能力和繁殖率都很高，国外阿比西尼亚猫也是捕鼠能手。为了陪伴老人和病人，最好选择活泼伶俐、顽皮好动的猫，如缅甸猫、泰国猫、喜马拉雅猫、日本猫等，这些品种具有体型修长、活泼好动、聪明伶俐、易与人建立感情的特点。天性聪明、活泼好动、善解人意的缅甸猫和泰国猫也适于陪伴小孩，能起到对孩子启蒙教育的作用。不管选哪种猫，都要注意纯种猫和其外貌特征，尤其养猫专业户，一定要追求纯种和毛色培育，以提高猫的质量和身价。为了医学研究，要求用于实验的猫种纯化，成年猫的体型大小一致，甚至要求培育成为无特定病原体猫来完成特殊的实验。

（二）性别选择

公猫好动，体大聪明，体格健壮，抗病力强，易于饲养，适合性格比较内向的人和老人饲养；母猫比较温顺，感情丰富，易与主人建立起感情，也较易饲养，但缺点是抗病力较差。如果不想让猫发情配种，则可给猫做去势手术，去势后的猫一般变得比较温顺。养幼猫还是成年猫，也是饲养者要考虑的问题之一，养成年猫比较方便，但开始养时要防止猫逃走，养幼猫则应尽心饲养和管理，但养幼猫容易建立起深厚的感情，从训练角度讲，幼猫也比成年猫容易训练，在纠正习惯方面更是如此，纠正成年猫的一些恶习相当困难。

（三）个体选择

在猫的个体选择上应注意以下几个方面：首先应了解和查看猫的亲代和其他同窝的猫，看猫的品种是否纯正；再检查身体健康状况和发育程度，查看毛色是否理想。若同窝，则不选择体小的。小猫是否健康应从几个主要部位观察：眼睛要明亮，无任何分泌物，左、右眼大小一致；瞳孔对光刺激反应灵敏，左右一致；耳朵清洁，竖起，耳内无异物和异味，通过呼唤或声响来测试猫的反应可知猫的听力和灵敏度；鼻镜应低湿、湿润，且没有过多的分泌物，鼻镜干燥往往是热性病的征兆（但猫在睡觉时，鼻镜是干燥的）；鼻孔双侧对称，无分泌物；口腔周围清洁干燥，无污染，无口臭，口腔黏膜为粉红色，牙齿白色，年龄大的呈微黄色，无缺齿；皮肤具有弹性，皮温适中，被毛柔软浓密，富有光泽，无秃斑和外寄生虫；肛门和外生殖器均应清洁，无分泌物。不同品种猫的特征不同，一般选择法主要是针对骨骼发育、身体比例、被毛发育程度及行动力等方面进行评价，除此以外，还应考虑猫性格的稳定性、容易相处的指数等。如异国短毛猫一般标准为骨骼强壮、身材匀称、头部大而圆、脸庞宽阔、四肢粗短、两眼距离较远，周身被毛浓密柔软，尾巴粗大。而美国卷耳猫选择的一般标准为体型细，并有适当的肌肉，但不庞大，身体比例适中均衡，卷耳，被毛匀称。

（四）被毛选择

猫最引人注目之处就是一身漂亮的被毛,被毛的长短、疏密、色彩是猫分类的重要依据。被毛不仅给猫以美丽的外表,而且还有十分重要的生理功能。被毛的色彩绚丽多样,不同品种的猫毛色的标准不同,如波斯猫的毛色,养猫协会认可的毛色就达88种。尽管猫的品种繁多,毛色千差万别,但仍可划分为8个色系,即单色系、斑纹色系、点缀式斑纹色系、混合毛色系、浸渍毛色系、烟色系、复式毛色系和斑点色系。

1. 单色系　体毛为同一种颜色,无任何杂色斑,常见的单色有白色、蓝色、黑色、红色和淡金黄色。

2. 斑纹色系　该色系指体毛中有其他颜色斑纹的毛色,理想的斑纹毛色应该是斑纹及色斑鲜艳悦目。常见的斑纹有银色斑纹、红色斑纹、棕色斑纹、蓝色斑纹、淡黄色斑纹、金色斑纹和宝石色斑纹。

3. 点缀式斑纹色系　在银色斑纹、棕色斑纹、蓝色斑纹毛色的底色和斑纹间,夹杂红色或淡黄色色斑的毛色,称为点缀式斑纹色系。常见的有蓝色点缀式斑纹、棕色点缀式斑纹、银色点缀式斑纹。

4. 混合毛色系　体毛色斑由几种颜色混合组成的毛色,其中以色斑鲜艳、脸部色斑异常醒目者,或脸部及四肢毛色全部为单色者为上品。常见的有蓝色淡黄色毛色、渐变蓝色淡黄色毛色。

5. 浸渍毛色系　体毛的毛尖带有与体毛底色不同的浓艳色调。根据这种色调因体毛浸渍表面颜色深浅不同,浸渍毛色系又分为两种类型。浸渍浅者称为绒鼠皮型,浸渍深者称为渐变型。绒鼠皮型又有绒鼠皮银白色、绒鼠皮金色和绒鼠皮宝石色。渐变型又分为渐变银白色、渐变金色和渐变宝石色。

6. 烟色系　体毛的毛尖颜色比浸渍毛色系渐变型浸渍更深,几乎接近毛根处,而体毛褶毛和饰毛均呈白色或银白色、烟色毛色和蓝色,黑色仔猫的色斑易混淆,但烟色毛色猫的头部、腿部体毛的毛根处是白色的。常见的烟色有3种,即宝石色烟色、蓝烟色、黑烟色。

7. 复式毛色系　体毛为单色(任意色)、斑纹与白色的复合毛色,而白色体毛至少应占全部体毛的1/3,并且腿部、腹部和脸部应该有白色体毛。复式毛色常有蓝白毛色、黑白毛色、红白毛色、淡黄和白色毛色、淡黄色斑纹和白色毛色、棕色斑纹和白色毛色、银色斑纹和白色毛色、蓝色点缀式斑纹和白色毛色、棕色点缀式斑纹和白色毛色、银白色点缀式斑纹和白色毛色。

8. 斑点色系　体毛一般为白色或乳白色,而斑点的颜色各不相同,因此,斑点色又包括海豹色斑点、蓝色斑点、巧克力色斑点、紫丁香色斑点、红色斑点、复合色斑点、蓝白色斑点、山猫斑点、海豹山猫斑点、蓝山猫斑点、巧克力色山猫斑点、紫丁香色山猫斑点、红山猫斑点等。

（五）年龄要求

猫的犬齿长而锐利,能撕裂猎物皮肤、肌肉,其中上第二、下第一前臼齿齿尖较大而尖锐,又称裂齿。猫的年龄通常可以根据牙齿更替、生长情况、磨损程度等信息来判定(表2-1)。

表2-1　根据猫的牙齿判断猫的年龄

年龄	猫齿情况	年龄	猫齿情况
14天左右	猫的幼齿开始长出	6月龄以后	全部换上恒齿
2~3周龄	乳门齿长齐	8月龄	恒齿长齐,洁白光亮,门齿上都有尖突
将近2月龄	乳齿全部长齐,呈白色,细而尖	1岁	下颌第一门齿大尖峰磨损至与小尖峰平齐
3~4月龄	更换第一乳门齿		
5~6月龄	更换第二、三乳门齿及乳齿	2岁	下颌第二门齿尖峰磨灭

续表

年龄	猫齿情况	年龄	猫齿情况
3 岁	上颌第一门齿尖峰磨灭	6.5 岁	下颌第一门齿磨灭至齿根部,磨损面呈纵椭圆形
4 岁	上颌第二门齿尖峰磨灭		
5 岁	上颌第三门齿尖峰磨灭,下颌第一、二门齿磨损面为矩形	7.5 岁	下颌第一门齿磨损面向前方倾斜
		8.5 岁	下颌第二及上颌第一门齿磨损面呈纵椭圆形
5.5 岁	下颌第三门齿尖峰磨灭,犬齿钝圆	16 岁	门齿脱落,牙齿不全

猫的牙齿分为门齿、犬齿和臼齿。犬齿特别发达,尖锐如锥,适合咬住捕到的鼠类猎物;臼齿的咀嚼面有尖锐的突起,适合咀嚼肉类;门齿不发达。一般情况下,成年猫的齿式:门齿上、下各 6 枚,犬齿上、下各 2 枚,前臼齿上颌为 6 枚,下颌为 4 枚,臼齿上、下各 2 枚,总计 30 枚。幼年猫的齿式:门齿上、下各 6 枚,犬齿上、下各 2 枚,前臼齿上颌为 6 枚,下颌为 4 枚,总计 26 枚。

幼猫在出生 6 个月后长出新被毛;1 岁左右,猫的被毛光亮、鲜艳、柔软;5 岁左右,猫的被毛仍可以保持一定的光亮度,但是鲜亮度变差;6～7 岁,嘴上长出白须;10 岁以后,被毛会变得灰暗、缺乏光泽、粗糙,并且在头部和背部长出白色毛。

任务三　宠物猫的饲养管理

一、宠物猫的营养与饲料

（一）宠物猫的营养需求

营养对猫的生长发育、身体健康、抗病力和繁殖力都有重要的影响。营养成分不足,对任何生理阶段的猫都将产生不良的影响。猫的饲料中主要营养成分包括水、蛋白质、脂肪、碳水化合物、维生素和矿物质等。

1. 能量　猫通过进食来获取能量,以维持自身新陈代谢和体温,猫需要的能量可根据猫的体重和年龄计算出来。

猫因年龄、生理状况和周围环境温度不同,对能量的需要也不一样。处于生长发育阶段的幼猫,每天代谢能的需要量随年龄的增长而迅速下降,成年猫对维持体重的能量需要减少更多。去势猫如果不注意控制食量,很容易发胖。处于特定时期的母猫需特别照顾:妊娠母猫因生理活动增加和胎儿需求而需较多的能量;哺乳母猫需要更多的能量。

2. 水　水是动物体内重要的营养物质之一,能维持正常生理活动和新陈代谢。如果动物体内失去水分的量达体重的 10%,就会导致机体衰竭;失水达体重的 20% 则将引起死亡。因此,临床上体液补充疗法是一项很重要的医疗措施。

猫是比较耐渴的动物,平时饮水很少,但主人必须经常供给猫新鲜水,特别是哺乳期的母猫。患病不能饮水的猫,要通过其他途径补水,每天每千克体重幼猫供给 60～80 mL 水,成年猫为 40～60 mL 水。

猫浓缩尿和储留尿的能力比人强,肾脏的远曲小管和近曲小管里有相当数量的脂肪,这对于高代谢能力和水的保留有特殊作用。如果发现猫异常过量饮水,应考虑猫患有肾炎、尿崩症或糖尿病等。

3. 蛋白质　蛋白质是生命的基础,构成各种动物细胞原生质,也是各种酶、激素和抗体的基本成分。蛋白质是猫饲料中需要量较大的营养成分,它对维持猫的健康、修补、更替破损和衰老组织,以及保证繁殖和促进生长发育都是十分重要的,是其他物质所不能代替的。构成蛋白质的最基本物

视频:
宠物猫的
营养与饲料

质是氨基酸,食入的蛋白质在消化道内降解,最后分解成氨基酸。

猫食物中要注意蛋白质的质和量。猫需要含高蛋白质的饲料,而动物性蛋白质通常要比植物性蛋白质更适合猫的需要,如肉、鱼、鸡蛋、肝脏、肾脏和动物的其他器官组织,可使猫生长发育快,身体健康,增强对疾病的抵抗力。成年猫所需的食物中蛋白质含量不低于 21%,幼猫不低于 10%,最好在 $12\%\sim14\%$。猫奶中的蛋白质占干物质的一半。长时间饲喂幼猫牛奶制品,容易引起蛋白质缺乏、能量不足而厌食,最后导致死亡。在饲喂幼猫牛奶或奶粉时必须增加蛋白质含量,使其占固体物质的 9.5%,另外再加入适当维生素 A 和维生素 D。

猫饲料中一般应含有牛磺酸,以防止视网膜的损坏。猫食物中缺乏牛磺酸时,猫的视网膜会出现退行性的变化。

4. 脂肪　体内脂肪是储存和供给能量的重要物质,它的能量约为碳水化合物和蛋白质的 2.3 倍。脂肪也是构成组织细胞的成分和脂溶性维生素的溶剂。猫体内能够由其他物质合成脂肪,但有部分不饱和脂肪酸在体内不能合成或合成量不足,必须从饲料中摄取,称为必需脂肪酸。如亚油酸或花生四烯酸,在猫的食物中添加少量脂肪或油,能增进猫的食欲。一般来说,只要猫的食物中含有 1% 的亚油酸,就能防止脂肪酸的缺乏。

猫能采食大量的脂肪,在干物质中,即使脂肪含量高达 64%,也不会引起猫的血管发生任何异常现象,但一般在干物质食物中,脂肪占 $15\%\sim40\%$ 比较适宜。

5. 碳水化合物　碳水化合物不是猫的必需饲料成分,但它是猫机体需要的廉价能量来源。猫可以吃并能消化煮熟的淀粉,如馒头、大米饭、去皮煮熟的土豆等。猫不喜甘蔗和乳糖,牛奶中的乳糖往往会引起猫的肠道发酵而腹泻,有的猫对牛奶中的白蛋白过敏,也会产生腹泻。喂给猫的碳水化合物类食物应美味可口,以让猫积极采食。所以一般用大米饭喂猫时,总是加少许猪油拌匀后喂。

6. 维生素　维生素有控制和调节代谢的作用,需要量很小,但生理功能很强大。猫缺乏维生素就会生病,甚至死亡。猫体内可以合成一些维生素,但是有一些维生素不能在体内合成或合成量不足,必须由饲料供给。维生素的种类很多,按其溶解性分为两大类:能溶于脂肪的维生素为脂溶性维生素,包括维生素 A、维生素 D、维生素 E、维生素 K;能溶于水的维生素为水溶性维生素,包括维生素 B_1、维生素 B_2、维生素 B_6、泛酸、生物素、胆碱、肌醇、维生素 B_{12}、叶酸和维生素 C 等。

7. 矿物质　矿物质对猫机体不产生能量,但它们是猫机体组织细胞,特别是形成骨骼的主要成分,是维持酸碱平衡和渗透压的基础物质,并且还是许多酶、激素和维生素的主要成分。现在已发现对猫必不可少的矿物质有钙、磷、钠、氯、钾、镁、铁、铜、碘、锰、锌和钴等。

(二)宠物猫的饲料种类

1. 动物性蛋白饲料　动物性饲料中蛋白质含量比较高,主要有肉类、鱼肉、鱼粉、骨肉粉、血粉和屠宰场的下脚料等。鸟、鼠、蛇、蚕蛹和昆虫等动物以及蛋类和奶类均属动物性蛋白饲料。这些动物性饲料不仅蛋白质含量高,而且吸收效果好,例如肉粉、鱼粉所含的钙和磷都易于消化吸收。

2. 饼类饲料　饼类饲料包括豆饼、花生饼、芝麻饼和葵花籽饼等,它们的蛋白质含量一般都在 $30\%\sim45\%$,榨油方法不同,其蛋白质的质和量也不同。豆饼是饼类饲料中蛋白质与赖氨酸含量最高的饲料,大多数赖氨酸含量较低,因此豆饼对调节赖氨酸摄入量有重要作用。花生饼容易发霉产生黄曲霉毒素等,应注意防止发霉。葵花籽饼、芝麻饼与豆饼合并使用可使氨基酸达到平衡,降低饲料中蛋白质水平,节省蛋白质饲料。

3. 谷类饲料　谷类饲料有玉米、小麦、大麦、小米、土豆和白薯等含淀粉多的饲料。它的特点是能量高,但其蛋白质含量较低,而且氨基酸的含量也不均衡,含钙很少,含磷也不足,除有少量硫胺素外,其他维生素的含量偏低。

4. 青饲料　猫吃青草或一些蔬菜,主要是为了获得维生素和矿物质。青饲料中含钙较多,含磷很少,此外,还含有一些蛋白质。建议选用优质的青草或蔬菜喂猫,因为青饲料中含有比较齐全的维生素(除维生素 A 外),有利于猫的生长发育。另外,青饲料中含有较多的纤维素,这些不易消化的物质能刺激肠胃蠕动,促进胃肠的消化功能,防止便秘,这一点对老龄猫尤为重要。

5. 矿物质饲料 猫的矿物质饲料主要指骨粉、石粉、碳酸钙、磷酸氢钙和食盐等。骨粉和磷酸氢钙既补磷又补钙,而石粉和碳酸钙主要用于补钙,食盐主要供给氯和钠。需要注意的是,需要同时补充钙和磷时,其比例要适中,以免影响吸收。

（三）宠物猫的商品饲料

猫在一昼夜内所采食的各种饲料总称为猫的日粮。国外猫多喂食商品性饲料,可从市场上买到。商品性饲料有 3 种不同类型:干燥型、半湿型和罐头型。

1. 干燥型饲料 干燥型饲料水分含量低,通常为 7%～12%,常做成各种形式的薄块或颗粒。其成分包括谷类、面粉、大豆及其副产品、动物性副产品、水产品、乳制品、脂肪或油类、矿物质及维生素添加剂。干燥型饲料的粗蛋白质含量占干物质的 8%～12%。用干燥型饲料喂猫时,必须经常供给新鲜饮水。干燥型饲料不需冷藏保存,使用时间较长。

2. 半湿型饲料 半湿型饲料通常水分含量为 30%～35%,常被做成饼状、颗粒或条状。其成分包括动物性产品、水产品、大豆产品、脂肪或油类、矿物质和维生素添加剂,还有防腐剂和防氧化剂。饲料中粗蛋白质含量占干物质的 34%～40%,粗脂肪占 10%～15%。此类饲料多以封口袋包装,不必冷藏保存,规格供一只猫一餐用。夏天,半湿型饲料打开包装后若不立即饲喂,就会迅速腐败变质,所以要喂时才开口。

3. 罐头型饲料 罐头型饲料含 72%～78% 的水分,通常包括动物产品、水产品、谷类及其副产品、豆制品、脂肪或油类、矿物质及维生素。罐头型饲料的营养成分齐全,适口性好。饲料中粗蛋白质的含量占干物质的 35%～41%,粗脂肪占 9%～18%。

猫日粮配制要遵循 4 个原则:一是营养要全面,首先要考虑满足猫蛋白质、脂肪和碳水化合物的需要,然后再考虑添加维生素及矿物质;二是花样要多变,防止营养缺乏和单一的饲料引起猫厌食;三是要根据猫的不同品种、不同年龄、不同发育阶段的食性特点,灵活掌握,国内品种的猫适应性强,对饲料要求不高,进口猫则要以肉和鱼等动物性饲料为主;四是要讲究卫生,要选用新鲜、清洁及适口性好的饲料,禁用发霉变质的饲料。

（四）宠物猫的补充食品

1. 营养补充品 增添猫无法自行合成的各种必需营养素,例如钙质及牛磺酸等,能让猫皮毛健康、健壮活泼。

2. 休闲零食 多为肉类或海鲜制品,耐咀嚼,味道鲜美。可按摩牙龈,增添蛋白质与钙质。人吃的鱿鱼丝或肉干等零食含盐量太高,可能增加猫泌尿系统的负担,应给予猫专用的休闲零食。

3. 保健食品 能促进猫身体健康的食品,主要有化毛功用,包括具有催吐功能的化毛膏制品和猫非常喜爱的猫草。

4. 处方饲料 针对疾病疗护用的专业处方饲料通常被视为药品,对病中或病后的猫有控制病情的功效,饲料种类及喂食比例也需遵照宠物医师的指导。

二、宠物猫的繁育

（一）宠物猫的选种选配

1. 宠物猫的选种 选种是纯种繁育的重要环节,选用同一品种的公、母猫进行交配,其目的是保存和延续品种的特性,巩固和提高品种的遗传性,也就是提高品种的优良特性。选种就是根据血统、外貌和性能表现,挑选出公、母猫作为种猫交配,繁殖后代。重点是选好种公猫。在选种时,不同用途的猫,不同品种都有不同的要求,但一般情况按如下标准进行选种。

（1）亲本选择 依据猫的祖先品质及生产性能,鉴定其种用价值。亲本选择的目的是弄清个体间的血缘关系,凡谱系不清的猫,均不可留作种用。在亲属群中分析其主要特征,根据谱系中的各项指标进行对比分析,选出优良后代作为种猫。

（2）个体选择 通常采用比较选择的方法。要选择具有本品种特征的公、母猫,年龄在 10～12 月龄,4 代以内无共同祖先。外观优美、体型大。发育匀称、肌肉发达、健康强壮,毛色纯正、密而有光泽,眼大有神,背腰平直,尾巴活动自如,听力、视力良好,嗅觉灵敏。生殖器官发育正常,繁殖力强。种公猫不应是隐睾、单睾的,两个睾丸发育应正常、均匀。种母猫发情周期正常。

(3)后裔选择 根据后代的品质和生产技能,测定其亲代的遗传性能和种用价值。后裔测定只能在本品种间选毛色一致、体型相近、遗传性能稳定的公、母猫交配,所产后代再与亲代比较,或者进行子代间比较,公猫若与杂种母猫进行交配,因母猫的遗传性不稳定,所以后代的遗传性状是不可靠的,不能进行比较。

总之,在选种过程中,要注意"三看":一看祖先,以系谱记载进行审查,看其祖先的生长发育、体型外貌;二看猫本身,即观察猫的外貌、生长发育等情况;三看后代的生长发育和外貌。

2. 宠物猫的选配 选配是在选种的基础上选择合适的公、母猫进行交配。目的是得到身体健壮、抗病力强、遗传性稳定的后代。应选择具有相同优点的公、母猫进行交配,以使其优点在后代身上得到巩固和发展。在良种不足的情况下,也可以选择具有某一优点的猫和另一只具有相对缺点的猫进行交配,用优点去克服缺点,但具有相同缺点的公、母猫不能交配。选配的方法如下。

(1)纯种繁殖 为了保持品种固有的优良品质和固定遗传特性,应选择纯的品种进行交配。近亲交配会造成严重的不良后果,如空怀率高、产仔率低、成活率低、仔猫生活能力下降、发育受阻、体型变小、多病或出现畸胎和死胎等现象。为防止近交退化,可适当引进同品种的无亲缘关系的种猫进行血缘更新。

(2)体型选配 体型选配虽无严格要求,但往往因选配不当会发生意外,如母猫体型过小造成难产或体型大的猫咬伤体型小的猫,所以应是体型大小相同或相近的公、母猫进行交配。

(3)年龄选配 年龄与繁殖力有着密切关系,选配时公猫的繁殖力应高于或近于母猫,绝不能低于母猫。不同年龄的公、母猫相配,其产仔率、怀胎率是不同的。年龄选配一般是选择青、壮年的公猫与具有繁殖能力的母猫进行交配。

(二)宠物猫的生殖生理

1. 公猫 公猫生殖器官:成年公猫睾丸体积为 14 mm×8 mm,位于肛门下侧,阴囊紧贴身体,阴囊皮肤上有毛;前列腺体积为 5 mm×2 mm,分成左、右两叶,两叶间有结缔组织相连;公猫的前列腺位于尿道背侧,没有覆盖尿道腹面;猫有一对尿道球腺,体积为 4 mm×3 mm,位于前列腺后尿道上;公猫阴茎尖端指向后方,其末端有 100～200 个角化小乳突,长度为 0.75 mm,小乳突指向阴茎基部;当公猫长到 6～7 月龄时,这种小乳突发育到最大,小乳突对诱发排卵可能有一定的作用。

2. 母猫 母猫的生殖器官与犬类似,但是猫的子宫颈和前庭有腺体。卵巢有一对,长 8～9 mm,宽 3～4 mm,位于第 3 或第 4 腰椎下。发情期卵巢上有 3～7 个卵泡得到发育,卵泡直径可达 2～3 mm。卵巢是卵泡生长发育和成熟的场所,卵泡发育过程中分泌雌激素导致母猫发情,排卵后形成黄体分泌孕酮以维持妊娠的需要。输卵管长 4～5 cm,子宫角长和宽分别为 9～10 cm 和 3～4 cm,子宫体长约 2 cm,是精子获能、受精、卵裂及胚胎发育的重要器官。

(三)宠物猫的繁殖技术

1. 宠物猫的性成熟 公猫生长到 7～8 月龄时,性腺开始成熟,睾丸内即产生精子,具有繁殖后代的能力。母猫到 6～8 月龄时,卵巢上的卵泡发生,开始表现出发情现象。在发情期间,母猫卵巢内一次能成熟多个卵子,这些成熟的卵子只有同公猫交配后才能排出。母猫从第一次卵子成熟开始,到下一次卵子成熟称为一个性周期。一个性周期平均为 14 天,包括发情期和发情间期。猫除周期性发情外,还有产仔后发情、断奶后发情以及产后仔猫死亡再次发情。产仔后发情母猫多拒配,断奶发情很难受孕,产后仔猫死亡发情交配多受孕。猫达到性成熟后,全年均可交配繁殖。配种适当年龄为公猫 12 月龄,母猫 10～12 月龄。若发育正常、体质健壮,均可提前 2 个月左右。一只性成熟的母猫,一年产 2 胎合适;北方的母猫多为一年产仔 1 胎,每胎产三四仔,多的达五六仔。

2. 宠物猫的繁殖年龄 公、母猫性成熟时,虽然公猫的睾丸能产生精子,母猫的卵巢会排卵,并出现发情现象,但这时猫的身体并没有发育成熟,猫的骨骼、肌肉、内脏还在生长发育,此时千万不能配种。如果这时配种,对公、母猫及其后代的身体健康均不利,不仅影响公、母猫生长发育,使其早衰,而且其后代生长发育慢、体小、多病,本品种一些优良特性可能会出现退化。因此,作为种猫,一定要等到体成熟时才能配种,母猫比公猫体成熟早。一般来说,公猫短毛品种出生后 1 年、长毛品种 1~1.5 年配种为好;母猫 10~12 月龄配种为好,即在母猫第 2 次或第 3 次发情时配种。

猫最多能活 15 年左右,在生理上相当于人的 90 岁,但繁育年限为 7~8 年,7~8 年后,无论是公猫还是母猫,其生理功能明显衰退,母猫甚至不发情,公猫失去配种能力。为了提高种母猫的利用年限,要严格控制母猫的产仔窝次。母猫全年都能发情,妊娠期 63 天,哺乳期 60 天。考虑到母猫的健康及其后代的质量,一般每年产 2 窝仔为好,不能超过 3 窝,以春、秋季产仔为佳。猫的繁育参考数据如表 2-2 所示。

表 2-2 猫繁育参考数据

项目	参考数据	项目	参考数据
母猫性成熟年龄	6~8 月龄	排卵时间	交配后 24 h
公猫性成熟年龄	7~8 月龄	妊娠期	58~71 天
母猫适合繁殖年龄	10~12 月龄	平均产仔数	3 或 4 只
公猫适合繁殖年龄	12 月龄	哺乳期	60 天
母猫繁育年限	7~8 年	断乳期	4~5 周
公猫繁育年限	6~7 年	繁殖适宜季节	2、6、10 月
发情周期	14~21 天	产后初次发情	泌乳后第 4 周
发情持续时间	36 天		

3. 宠物猫的发情表现 6~10 月龄的母猫,逐渐达到性成熟,即出现周期性的发情,并具有繁殖能力。短毛混血猫在 5~8 月龄时开始发情,纯种波斯猫在 14~18 月龄开始发情,可见品种之间的差异性相当大。母猫属于季节性发情的动物,这种周期是由日照时间的长短来控制的,一般而言,持续 14 h 的光照(人工光照)即可确保生殖活性。

(1)发情表现 母猫发情时,大都会发出与平时不同的大而粗的嘶叫声(夜间多)。发情的表现主要是阴唇肿胀、倒地打滚、尾根翘起等,较少表现为出血性分泌物。放养母猫多会主动寻找公猫。

(2)发情的实验室检测 猫的一个性周期为 14 天,但不规律,每 2~4 周重复一次。发情持续期为 1 周左右。但接受交配只限于发情期的第 4~10 天,有 2~3 天。最佳繁殖季节是春、秋两季。采集母猫阴道分泌物,涂片镜检细胞,不同发情期可出现如下不同检测结果:①发情前期以大而有核的细胞为主;②发情期出现角质化细胞;③发情后期以中性粒细胞为主;④发情间期有许多有核上皮细胞和有少数中性粒细胞。

(3)发情期的注意事项 母猫发情期最好限制外出,避免与其交配的公猫品种特性、地方状况等不良从而影响后代品质,避免感染疾病,如感染猫瘟、猫白血病等传染病以及猫皮肤病、猫寄生虫病等。

公猫没有特有的发情期。当公猫闻到发情母猫散发出的特有气味(交配信号)时,就可与发情母猫交配。

4. 宠物猫的交配 在猫交配时,为防止互相打架致伤,应掌握在发情高潮时才合笼交配。不熟悉周围环境的猫初次参加配种时,应该让其先对周围环境有一个熟悉的阶段。在配种过程中,要保持环境安静而不使其受惊。

(1)母猫接受公猫交配的人工试情 用手指轻压猫背,若猫有踏足和举尾动作,表示愿意。抓住母猫颈部疏松的皮肤,抚摸其背部并轻轻拍打其外生殖器,也可达到试情目的。

(2)母猫接受公猫交配的自然体征 当公猫做挑逗和呻吟等动作时,母猫靠近公猫,并蹲伏着,这时母猫已达到充分的性兴奋,表现为嚎叫、举尾、身躯毛竖起、打滚、弓腰和左右摇摆,而在蹲伏时抬起后躯,把尾巴甩到一边接受交配。

（3）发情母猫接受交配　有的公猫会发出尖锐的叫声而接近母猫,当母猫蹲伏下来时,公猫用牙齿咬住母猫颈背部疏松的皮肤而爬上母猫的背部,并用前爪揉母猫的两侧,但由于猫的阴茎是向后伸出的,于是公猫用后腿使身体放在适当的位置上,并做一系列迅速的腰部伸挺动作,经过约3 min,才能将阴茎插入母猫阴道内,这时公猫会发出响亮的叫声。射精后,公猫放开母猫或母猫在地上打滚,转身贴着地面摆动嘴、鼻和面部,将公猫抛下来。母猫则舔其前肢、后躯和阴道等处至少5 min。此时,母猫不会允许公猫再次爬跨。交配成功与否,除了观察交配动作和听其声音外,还可在交配后取母猫阴道分泌物进行显微镜检查,以有无精子为最可靠的根据。

（4）交配应在发情期内进行　当阴道分泌物涂片出现中性粒细胞后,表示交配成功率很低。断奶后4～6周龄的母猫,发情时交配成功率高。发情期母猫的体温有升高现象,而排卵期的基础体温则可比平时体温降低1 ℃。

5. 宠物猫的妊娠　妊娠前2周基本没有任何症状,从发情期间的少吃或绝食到食量慢慢恢复正常,3周左右乳头开始变粉、变大,乳头周围的毛逐渐褪掉,食量慢慢增大。4～5周时乳头会继续变大变红,5～6周时肚子非常明显地变大,乳头变大,附近的毛有脱落迹象,形成一个圆形,为了满足胎儿营养需要,母猫食量增大,行动小心,喜欢静卧,易受惊躲避。母猫睡觉次数增多,时间变长,喜欢将身体伸直,侧卧而睡。妊娠母猫的外阴肿大,颜色变红,频频排尿,不再发情,即使外边有公猫游荡,也无动于衷。但未怀孕的母猫这时可出现第二次发情,有公猫走过时,会表现得十分兴奋。

猫的妊娠期为63～66天,妊娠1个月左右可见腹部明显增大,轻压其后腹部即能触摸到胎儿活动。

6. 宠物猫的分娩

（1）临产预兆　母猫交配后40天,可以观察到妊娠母猫腹部逐渐膨大、下垂,平常不易看到的两排乳头也逐渐明显,甚至到临产前还会自动流出乳汁。临产前的妊娠母猫进入产箱或产房不愿出来。临产当天一般不进食,所以如无疾病等原因的干扰,到预产日期时突然停食,应该是分娩的重要预兆。产前12～24 h,妊娠母猫的体温下降1 ℃左右。

（2）产前准备　猫饲养场或养猫专业户应设专用产箱或产房,产箱要有门槛以防仔猫跑出,箱内要光滑,防止尖锐东西划破母猫和仔猫的皮肤、内脏等。产箱表面不涂油漆或其他有毒涂料,以防异味对猫的不良刺激引起中毒。如果是旧产箱,必须彻底消毒后再用。冬季产仔须保温,但不能使用乱草锯末或刨花等,因为小猫出生后,会在产箱中乱钻,易被母猫压死或发生意外。产箱应放置在干燥、安静和较暗的地方,用砖或木块将产箱垫高,这样既可通风,又能保持产箱内干燥。

（3）分娩

①临产猫的护理　临产前数天,应加强对妊娠母猫行为活动和饮食的观察。如见妊娠母猫非疾病和惊吓引起的不安、停食,不离产箱或体温明显下降等现象,则为妊娠母猫的临产预兆。

当妊娠母猫进入分娩期时,禁止与助产无关人员的进入,不得随意摸猫,即使是平常与猫非常熟悉的人,也要避免接触。另外,周围的环境变化也会影响猫的正常分娩,如光线太强、声音嘈杂和陌生人的出现,都会使妊娠母猫产生不安全感。

②分娩　分娩过程:猫的分娩一般持续1～3 h。分娩时妊娠母猫常改变体位,每产出一只仔猫,它就会马上去舔其全身以除去胎衣,刺激仔猫呼吸。在整窝仔猫出生后的2 h左右,母猫第一次吃食和哺乳。仔猫的脐带一般会在分娩时自动扯断,即使未扯断,产后也会被母猫及时咬断,所以不必管。由于猫的子宫壁上血管分布较少,分娩时一般出血很少。在剖宫产时选择子宫壁的切口也比较容易。在哺乳的初期和中期,母猫不会无故离开产箱。

难产:如果妊娠母猫已破水24 h,胎儿仍不能正常娩出即为难产。这时可见妊娠母猫不断地、阵发性地努责,不时地回头观腹,并不断地来回变动体位,常伴有呻吟声,这时千万不要随便乱动妊娠母猫,更不允许随意挤压妊娠母猫腹部,或伸手进猫产道中乱掏。应尽快请专业人员助产或剖宫产。

③产后观察及护理　产后观察:产后24 h,应由饲养人员或猫主人小心谨慎地去观察。如发现

有死胎,应及时取出。此外,不要乱摸母猫和仔猫,也不要乱动产房里的东西。如产后母猫无故离开产箱较长时间,或仔猫较长时间乱动和乱叫,可能是母猫无乳或生病的表现。若在产后24 h也不见母猫去哺乳,则应尽快采取人工哺乳或寄养。

移动产箱及仔猫的注意事项:如必须将仔猫从产箱、产房中取出,千万不能直接用手去捉,而应先戴上干净的线手套或用一块干净布,在母猫的排泄物或分泌物上涂抹一遍,使之带有母猫的味道,然后间接地去捉仔猫,取出后也不允许仔猫接触有异味的器皿和被不戴手套的人乱摸,工作结束后应及时把它们放回原处,以防母猫因嗅到仔猫身上有异味而不哺乳或吃仔。母猫分娩后,产箱或产房都不需要打扫或更换铺垫物,也不允许移动位置。仔猫的胎粪和分泌物,一般都会被母猫吃掉。

产后母猫护理:产后母猫的身体比较虚弱,加之哺乳和护仔,其抗病能力明显降低。因此,必须加强对产后母猫的饲养管理。成年猫一般每天喂食一次,而产后母猫每天应喂食数次,应随时供给清洁的饮水。哺乳母猫饲料和配方要力求合理。注意保持环境温度,以利于母猫身体的恢复和增强抗病力,以免影响正常哺乳。母猫的食具和其他用具要经常消毒,保持环境卫生,以减少病菌的传播。注意保持安静,不随便搬动周围的东西,使母猫得到充分的休息,以利于母猫身体的恢复。

7. 仔猫的哺乳

(1)仔猫的生长发育 初生仔猫全身都已长满了被毛,但眼睛尚未睁开。

初生仔猫体重一般为70~90 g(一胎多仔的仔猫个体轻一些)。9日龄时,小猫的眼睛开始产生视觉,一般10日龄即可睁开。仔猫总是互相靠近并与其母猫接触而堆叠在出生的地方。仔猫20日龄左右就能爬出产箱但不远离。随着日龄的增加,仔猫活动范围也扩大,并逐渐靠听觉和视觉跟着母猫行动,与母猫一起吃肉或其他食物。30日龄时体重为400 g。从出生后第4~5周起,仔猫就会滚在一起抓扒、追逐、拥抱嬉戏,在同窝仔猫中形成一种和睦相处的群体秩序。到第5周左右,仔猫单个或成对睡觉。40日龄以后,仔猫能捕食人们喂给的小鼠或较大昆虫类的活食。此后,仔猫的生长发育较快,50~60日龄的仔猫体重可达700~800 g,并且有完全独立生活的能力,此时就可以断奶了。

(2)自然哺乳 仔猫出生后24 h内要尽快吃到初乳。初乳浓稠,含抗体多,初生猫通过肠道吸收抗体而获得被动免疫力。仔猫出生后2 h,开始靠触觉、嗅觉和温度来确定母猫乳头位置而吸乳,乳头一旦固定很少发生争抢现象,所以不要人为地改变小猫哺乳位置。母猫定时让仔猫吃奶,并不断地舔仔猫的外生殖器部位,保持仔猫皮毛清洁,促进体表血液循环,促进小猫排泄,增进食欲。如果小猫在不到1周龄时就离开母猫、猫窝或小猫的出生地方,则会出现乱爬和鸣叫,当母猫听到时,会立即用门齿轻轻地咬住仔猫颈部及背侧的疏松皮肤,把小猫叼回来。若叼起来后小猫有惨叫,应考虑母猫吃仔的可能。

(3)人工哺乳 在仔猫出生后的第30~40天,以母猫的乳汁哺育仔猫,但从第20~25天起,就应逐渐给仔猫添加辅食。若产后母猫死亡、无乳或发生疾病,应对仔猫尽快采取人工哺乳的方法。人工哺乳时,动作不能快,以防食物误入气管和肺中。小猫出生后7天内,用易于消化吸收的全脂羊奶,每2 h喂食一次。每次可喂奶1~2 mL,1周后小猫的喂奶量可以增加到每次喂3~4 mL。在人工哺乳时,还应模仿母猫哺乳时舔小猫的动作来刺激其排尿、排粪,即用手指在喂奶时不断地轻轻抚摸小猫外生殖器部位的皮肤。当小猫能在食盘中舔吃食物时,就可以停止人工哺乳。

(4)仔猫寄养 在母猫死亡、不哺乳,母猫因产仔过多而不能正常哺乳时,除了人工哺乳办法外,也可找"奶猫"进行寄养。"奶猫"以选择刚生仔猫后仔猫死亡的母猫或产仔较少的母猫为宜,如遇几只母猫同时产仔而数量较少,也可合并哺乳。但是,因仔猫不是"奶猫"所生,其味道不一样,这就需要采取固定住母猫头部后再捉小猫吸乳的方法。注意:喂奶结束后应立即收回仔猫,或用金属筛子将小猫罩住,放置在母猫跟前让其逐渐熟悉仔猫,同时以母猫的尿液等分泌物多次地在小猫身上涂抹,待母猫对小猫有了亲近感后,就可以令其自然哺乳了。

(5)仔猫的断奶 仔猫出生后发育特别快,3~4周就可以在食盆中舔食,练习找食物;5~6周已具备独立生活的能力,7~8周已有完全独立生活的能力,此时就可以给仔猫断奶了。

断奶可采用母仔隔离或母猫自动断奶的方法。这是动物的本能,到了一定时间,母猫会将乳头压在腹下拒绝给仔猫哺乳,或用腿驱赶要吃奶的仔猫。为了减轻母猫乳房的肿胀,以免引起乳腺炎,在断奶前一天就减少母猫的喂食量,断奶当天母猫不喂食,第二天可喂正常食量的 1/4,以后逐渐增加,第 5 天才恢复正常食量。

三、宠物猫的饲养管理要求

(一)宠物猫的日常管理

1. 营造适宜的周围环境　环境应保持适宜的温度和湿度。猫是一种怕热、喜暖的动物,对冷有一定的抵抗力。猫较适合的温度是 18~29 ℃,相对湿度为 40%~70%,高温、高湿易引发疾病。气温超过 36 ℃时猫的食欲减退,体质下降,抗病能力降低。尤其是长毛猫因毛长厚密,不易散发体热,故夏季应注意通风降温,要有合适的猫舍和猫窝,尽量避免周围环境对猫的不利影响,多在干燥向阳的地方建猫舍。

2. 执行科学的饲养管理制度

(1) 定时定量饲喂　一般情况下,猫每天早、晚各喂一次,晚上的给食量应比早上多。妊娠母猫或哺乳期母猫可在中午再加喂一餐或多餐,幼猫则饲喂次数可再多些。定时定量喂猫既能保证猫的营养需要,又不会造成浪费,规律性进食也有利于消化和吸收。饲喂量和饲喂方法因猫而异,猫主人要注意观察猫的采食情况,不同用途的猫所采用的饲喂方法也不同。例如,观赏猫应注意健美,要求饲料质量高、体积小、脂肪含量适中,捕鼠用途的工作猫饲料中应减少动物性饲料,猫就会为了填饱肚子或满足身体的肉食需要而尽力捕鼠。

(2) 定点排泄　首先要训练猫在固定地点大小便。新购买的猫和一些尚未经过训练的猫,因不熟悉新环境,就会到处排大小便,这并非它们有坏习惯,而是动物性使然,此时要耐心地训练。当发现猫焦急不安,做转圈运动时,将猫带到便盆处,使其逐渐养成习惯,一般幼猫比成年猫易训导。便盆应保持清洁卫生。其次,养成给猫洗澡、梳理被毛和清洗眼耳的卫生习惯。

(3) 定点饲养　猫对食具的变换很敏感,有时甚至因更换食具而拒食。因此,食具的摆放位置要固定。猫不喜欢嘈杂声和强光,猫喂食的地方应安静且光线不宜太强,不要轻易变动喂食的地方,避免影响其采食。

(4) 养成好习惯　训练猫不上桌子,不上床和不乱动主人东西的习惯;训练猫不用爪钩取食物的习惯,防止抢食、抓盆等现象。

(5) 食物和饮水　猫粮可直接饲喂,新鲜食物应加热后再投喂,温度以 25~40 ℃为宜,夏天稍凉些,冬天则需要比较温热的饲料。凉食不但影响猫的食欲,还容易引起消化功能紊乱。从冰箱里取出的食物或刚买来的冻肉,加热后方可食用。猫虽饮水不多,但必须供给清洁、足量的饮水。

(6) 加强观察　主要观察猫的食欲、排便排尿、精神等方面的状况。

3. 建立防疫制度,定期健康检查

(1) 宠物猫的疫苗接种

①疫苗选择　目前市面上有预防猫鼻气管炎、嵌杯病毒病、泛白细胞减少症的三联灭活疫苗,即妙二多、猫三联,还有预防人畜共患的狂犬病疫苗。

②接种程序　2 月龄以上猫进行首次疫苗接种;间隔 3~4 周后进行第二次接种;首次接种疫苗共三针,两针猫三联,一针狂犬病疫苗。狂犬病疫苗和猫三联的注射最好分开进行,隔 5~7 天为佳。

注射过疫苗的猫,免疫有效期为 1 年,每年应免疫一次。

注射疫苗前先观察猫身体状况,若有异样,需等猫好转后再接种;新引进的猫不宜马上接种疫苗;注射疫苗后 10 天内不能给猫洗澡,避免猫外出;接种疫苗应在宠物医师指导下进行。

(2) 宠物猫的驱虫　寄生虫病是一种常见的消耗性疾病,但由于发病初期很少看到临床症状,因而往往被忽视。猫感染寄生虫后会逐渐消瘦,还可能伴有呕吐、便秘、腹泻等不适症状,有时甚至出现发热、咳嗽、皮肤瘙痒等现象。猫感染寄生虫的途径主要有吃生肉感染、蟑螂感染、蚊虫叮咬感染、接触或误食土壤内虫卵感染等。

①体外寄生虫 引发猫皮肤病的主要原因之一,可寄生在猫身上吸食血液,引发接触传染性皮肤病。体表寄生虫主要有跳蚤、毛虱、耳螨、疥螨、蜱虫等。

②体内寄生虫 主要有绦虫、蛔虫、钩虫、线虫、弓形虫及心丝虫等。不管是进行体内驱虫还是体外驱虫,在开始之前都应该先做检查,在确定寄生虫种类之后,再选择最合适的药物和方法。另外,要彻底消灭猫身上和周围环境中的跳蚤。

(3)用品消毒 猫窝、饮食用具及排便工具等用品应定期消毒,以利于预防疾病。但由于猫的皮肤对一些化学药品比较敏感,在消毒时要注意对药物的选择,一般不用酚类消毒液,氢氧化钠这类强刺激性的消毒液也不宜用于猫。可以使用 0.1% 的过氧乙酸喷雾消毒猫窝及用具。也可选用 0.1% 新洁尔灭或 0.1% 高锰酸钾溶液浸泡食具、便盆等,或用 3%~4% 的热碱水浸泡、洗刷,之后再用清水冲洗晾干。猫窝应经常接受阳光照射以杀菌消毒。

(4)隔离引进的新猫 对新引进的猫,必须将它先放置到一个单独的环境进行隔离饲养,至少 1 个月后才能并群,这是预防传染病最重要的措施。

(5)杜绝交配感染 进行繁殖时,防止患传染病的猫与其他猫有任何形式的直接接触,更不允许其交配,以避免发生传染或交配感染。

(6)定期健康体检 要定期对猫的生长发育情况、健康状况等进行检查,定期保健驱虫,这对预防疾病非常重要。

(二)不同年龄的饲养管理

(1)哺乳仔猫的饲养管理 新生仔猫消化器官不发达,缺乏自然免疫力,视听器官发育不完善。新生仔猫生长迅速,8 天听到声音,10 天左右睁眼,20 天左右出箱活动,30 天可觅食少量食物,40 天断奶吃小鼠,7~8 周独立生活。仔猫出生 40 天内,主要以哺乳为食。随着仔猫的长大,可适当补充牛奶和一些面包碎块。50 天左右可断奶,断奶后的幼猫能独立生活,在喂食的同时要进行调教。不要给幼猫喂生鱼、生肉以及带皮毛的禽肉,以免养成偷食、捕捉这类食物的习惯。猫舍要求干燥,光线充足。应加强饲养管理,夏季注意通风散热,冬季注意保暖,平时注意消毒、接种疫苗,预防偏食。

喂食定时定量,4 次/天,5 周龄日饲量为 85 g,10 周龄日饲量为 145 g。

①及时吃上初乳 初乳的色泽较深,黏稠,除营养成分较丰富以外,还含有大量的抗体。抗体是一种抗病物质,仔猫出生后,体内还不能产生抗体,但新生仔猫的肠道很容易吸收初乳中的抗体,从而获得被动免疫力,这对于维护新生仔猫的健康十分重要。因此,仔猫出生后要使其尽快吃到初乳,时间延迟后,仔猫肠道对抗体的吸收率相应下降。一般要求仔猫出生后 2 h 内吃到初乳。

②做好保温工作 这是提高仔猫成活率的另一关键性措施。无论是冬季还是夏季,都要设法让仔猫生活在较稳定的温暖环境中,特别是北方寒冷的秋冬季节,气温变化较大,更应注意保温。低温是造成新生仔猫死亡的主要原因之一。在炎热的季节中,猫窝的温度也不能过高,否则容易导致仔猫因过热而中暑死亡。

③仔猫勿染异味 母猫是通过气味来辨认仔猫的。如果仔猫身上有异味,母猫就可能会拒绝哺乳,甚至吃仔猫。因此,产后半个月内,不允许将仔猫从产箱中拿出观看、欣赏。如必须将仔猫从产箱中取出,应首先戴上干净的线手套或用一块干净布,在母猫的排泄物或分泌物上反复涂抹,使之产生母猫的气味后,再间接捉仔猫。取出后也不能让仔猫接触有异常气味的器皿或给不戴手套的人传看。工作结束后应及时把仔猫放回原处。

(2)断奶仔猫的饲养管理 仔猫断奶后,生长发育很快,对各种营养物质的需要量都很大,如蛋白质需要量要比成年猫多 2 倍,加之断奶后仔猫还有胃肠的适应过程,所以这时候的饲料一定要营养丰富、便于消化,尤其是要有足够的蛋白质和各种维生素。

仔猫断奶后开始学习独立生活,容易调教。到新环境后要先关好门窗,防止仔猫逃走,一般要经过 3~5 天,它才能熟悉和适应新的环境。这期间要避免大声喧闹及任何惊吓仔猫的动作,要温柔地抚摸它,并且让仔猫熟悉它的猫窝和便盆等。新引进的仔猫往往由于过度紧张而不停地叫,也不吃食,这时可先给饮水,一天后会改变。刚断奶的仔猫,应该注意饲料的质量,同时要少喂多餐,防止喂食过多发生消化不良以及饲料量不足而影响生长发育。通过喂食等照顾,也是使仔猫增进对主人的了解和感情的重要一环。

猫窝应安置在防风、保暖的地方,必要的时候加热水袋或棉絮等物增高窝内温度。猫窝的温度应保持在25～30 ℃。待几天后仔猫适应了新环境,就可通过饲喂、抚摸和引逗等方法对仔猫进行调教,建立感情。

（3）成年公猫的饲养管理　成年公猫的饲养情况对其配种能力和精液品质有重大影响,进而影响母猫的受孕率、窝产仔数及仔猫的成活率。公猫在整个配种期内一直处于发情状态,旺盛的性欲将会消耗大量的体力,加之食欲不振,采食减少,身体状况相对较差。为了使公猫保持良好的体况,产出品质优良的精液,此时应喂给一些饲料体积小、质量高、适口性好、易消化的食物。饲料中应有丰富的蛋白质、维生素及矿物质。饲喂次数要比平时多。

公猫的配种每天不能超过两次,每次间隔10 h以上。频繁的交配不仅会影响公猫的生长发育,而且会使其配种能力下降。同时在公猫的睾丸发育季节和换毛季节也要加强饲养管理,满足其营养需要。

（4）成年母猫的饲养管理　母猫的饲养管理可分为生产期和非生产期。非生产期母猫经历了配种、妊娠、产仔、哺乳4个阶段,时间长达4个月,体重减轻,体质变弱,健康状况明显不佳。因此,在仔猫断奶后1个月内,应多喂一些肉食,并添加维生素和矿物质,待其体况恢复后才可转入维持饲养。

在第二个配种期的前1个月,为了使母猫正常发情排卵,提高受孕率,要求母猫保持中等体况。母猫生产期的饲养管理要求如下。

①配种期母猫　因性欲旺盛、精神兴奋、求偶欲强,所以表现不安,性情急躁,食欲减退,此时应喂给适口性好、易消化的全价优质饲料。交配应放在饲喂前后1 h进行。拒绝配种的母猫,应考虑另找公猫;发情不明显的母猫要经常试情;不发情的母猫可用药物进行催情。妊娠期母猫供给的营养除了要维持自身的新陈代谢外,还要满足胎儿生长发育的需要,所以在饲料调配上,以动物性饲料为主,降低植物性饲料的比例,并补充维生素和矿物质。每天早、中、晚各喂一次,饲料种类变化不要太突然,饲喂时间要固定。不要轻易敲打和按摩猫的背部和腹部,要给猫创造安静的环境。

②哺乳期母猫　此时应以提高仔猫的成活率为主。母猫在产后由于体力消耗较大,此时应供给营养丰富、易消化的食物和充足的饮水,在日粮配合上,应增加肝和奶的比例,喂食应稀一些,可拌些大豆的豆汁,提高泌乳量。管理上要搞好卫生、消毒以及给仔猫补食,注意仔猫的保温和安全。

（5）老龄猫的饲养管理　猫8岁以后开始进入老龄期。猫衰老的过程很慢,外表变化不大,主要表现是活动减少而变得懒惰,睡眠时间延长,且喜在有阳光和暖和的地方睡觉,视力、听力下降,反应变得较迟钝,被毛变粗、变硬而且逐渐变成灰色,胡须变白,皮肤弹性降低,抗病能力下降,病后恢复慢。

对老龄猫应给予更多的关心和照顾,增加其自信。营养好会延长猫的寿命,因此,对老龄猫要给予高质量的蛋白质和脂肪丰富的饲料。猫进入老龄期后,牙会磨损严重以致逐渐脱落,咀嚼能力减弱,饲料应注意质软而容易消化,饲喂的次数可适当增加而每次饲料量要减少,并保证足够的饮水。由于老龄猫的肌肉关节老化和神经功能已降低,在训练和玩逗时要轻柔,以免造成损伤。要及时发现老龄猫的异常或病兆,及时诊治。

（6）病猫的饲养管理

①及时诊治　认真观察,及时发现病猫,并与健康猫分开饲养,防止病原微生物污染环境,危害人及其他动物健康。

②减少活动　对于病猫,尽可能减少其活动,应选择安静、舒适（冬暖夏凉）的地方,让猫得到充分的休息,减少消耗,保持体力,以便增强其对疾病的抵抗力。

③关注饮食　猫患病时,消化功能下降,表现为食欲不振或废绝,甚至机体脱水、电解质紊乱、酸

中毒,严重时将导致死亡。一般情况下应给予足够的饮水,对食欲不振的病猫,可给予少量含脂肪少的食物,如熟肉、熟肝等促进食欲。对消化不良的猫,应给予容易消化的流食,如米汤和牛奶等。

④搞好卫生 猫患病后,由于体力大量消耗,精神不振,行动迟缓或独自呆卧,被毛杂乱、眼睛分泌物增多等。因此要加强护理,认真梳理被毛,促进体表血液循环。当被毛受到粪尿污染后,要及时清洗干净。环境要保持清洁和定期消毒。夏季室内应通风降温,冬季则应保暖、多晒太阳。

⑤特殊护理 如果猫发生意外事故,造成骨折和烧伤等,应给予特殊的护理。

(三)不同季节的饲养管理

猫是一种怕热、喜暖的动物,而对寒冷有一定的抵抗力。因为猫体表缺乏汗腺,体热不易排出,特别是波斯猫等长毛品种,被毛长而密实,体热不易散失,因此要注意饲养环境的温度和湿度。一般来说,猫可在气温18～29 ℃和相对湿度40%～70%的条件下正常生活,但其最适气温为20～26 ℃,最适的相对湿度为50%。气温超过36 ℃可影响猫的食欲,使其体质下降,容易诱发疾病。因此,当气温过高时,应采取降温措施,如将猫饲养在通风凉爽的地方,室内多洒水或用电扇吹风,注意防暑。各个季节的气温不同,猫的生理状态也不同,因此,在管理要求上因季节而异。

1. 春季管理 春季是发情、换毛季节,在管理上应注意这一特点。猫虽一年四季都可发情,但以早春(1—3月)发情者居多。发情母猫的活动增加,精神兴奋,表现不安,食欲减少,在夜间发出比平时粗大的叫声,随地排尿,以此来招引公猫。公猫也外出游荡,并常为争夺配偶而打架,造成外伤。因此,春季要特别注意发情与交配的管理。

(1)母猫管理 如不准备使母猫妊娠、繁殖,最好将母猫去势或关在室内,以减少不必要的麻烦。

(2)公猫管理 公猫发情时常于夜间外出找配偶,因争配偶而争斗,发生各种外伤,要及时治疗,或公猫长至6月龄时去势。

春季也是换毛季节,故应注意给猫勤梳被毛,以防体外寄生虫的寄生和发生皮肤病。

2. 夏季管理 夏季气候炎热,空气潮湿,要注意预防中暑和食物中毒。猫是怕热的动物,炎热天气常影响猫的食欲,大多数猫体形消瘦,喜卧懒动。同时,高温、潮湿的环境最适合细菌、真菌等微生物的繁殖。因此,夏季的管理要注意以下几个方面。

(1)防暑 尤其是长毛品种的猫,在高温、潮湿的夏季易发生中暑。因此,夏季应将猫窝放在背阴通风凉爽的地方。

(2)防食物中毒 夏季的猫食应经过加热处理,以新鲜的熟食为宜。每次喂食量不宜过多,以免剩余食物变质。凡腐败变质的各类肉食品,应严禁喂猫。因变质的食物中除含有大量细菌外,有的还含有细菌产生的毒性较强的毒素,即使高温处理也破坏不了,猫吃了含有这种毒素的食物,即可发生食物中毒,甚至死亡。

3. 秋季管理 秋季秋高气爽、气候宜人,种猫的食欲旺盛,又是第二个繁殖季节。此阶段的管理要注意以下几个方面。

(1)增加食物量 由于气候冷热比较适宜,同时,为了迎接寒冬的来临和适应早晚气温的变化,被毛开始逐渐增厚,因而猫的食欲旺盛,此时应提高饲料的质量和增加食物量,增强猫的体力。

(2)繁殖期管理 秋季又是猫的繁殖季节,春季管理中提到的注意事项仍应在秋季继续加强。

(3)预防疾病 深秋昼夜气温变化大,应注意保温及锻炼。在管理上要预防发生感冒及呼吸道疾病。

4. 冬季管理 天气寒冷,猫的运动量不足,在管理上要注意预防呼吸道疾病和肥胖症。冬季室外气温寒冷,尤其是北方地区,猫的室外运动减少或停止。冬季的管理应注意以下几个方面。

(1)多晒太阳 冬季气温低,光照时间短,在风和日暖的日子,应让猫多晒太阳。正在生长发育中的仔猫更需要晒太阳,不仅可取暖,阳光中的紫外线也有消毒杀菌之功,还可促进钙质吸收,有利于骨骼的生长发育,防止仔猫发生佝偻病。

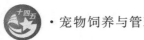

（2）注意保温　防止感冒、煤气中毒和烧伤。有暖气设备的养猫户，保温条件较好，但要防止室内外气温的骤变。用火炉取暖的养猫户，要注意防止一氧化碳中毒。也应注意淘气的幼猫或由于互相追逐嬉戏时，误跳到火炉上被烫伤。

（3）加强运动　冬季室外活动减少，如饲养管理不当，易造成猫肥胖症、糖尿病、妊娠难产等疾病。应增加室内逗玩运动，猫喜欢追捕活动，可给它乒乓球、皮球、小纸团、线团，特别是带有颜色的玩具，猫更有兴趣，它会不断地追捕玩耍，既可增加猫的运动量，又可增加家庭的欢乐气氛。

（4）防止钻窝　注意防止猫上床或与主人同被窝睡觉，冬季晚间气温低，猫为了取暖，常钻入主人被窝中睡觉，必须严格纠正，以防传播疾病。此时，应在猫窝中增加铺垫物，并将猫窝放在暖和的室内。

（四）猫的日常护理

洗澡和梳理被毛对猫来说极为重要。猫本身喜爱干净，洗澡不只是为了清洁、美观，而且有防治体外寄生虫病、皮肤病，促进血液循环和新陈代谢等作用，同时还有利于保持室内的环境卫生。

1. 被毛梳理　家养猫常年都有生长和脱落的被毛，但大量换毛还是在春、秋两季。健康猫自己用舌舔梳被毛，保持洁净，但常将脱落的毛勾入嘴内或混入食物而吞咽，若不及时排出，易影响正常的胃肠功能，甚至造成肠梗阻而危及生命。梳理被毛可清理已脱掉的毛，保持猫体美观，也可防止打结，有利于血液循环，防止寄生虫滋生。

（1）长毛猫的梳理　野生的长毛猫仅在冬、春季脱毛，家养长毛猫一年四季都会脱毛。因此，家养长毛猫必须每天梳毛，最好每天梳理两次，每次 15～20 min。若不经常梳理，被毛易打结，非常难梳理，有时不得不将猫麻醉（在清醒状态下剪掉粘结的毛常常会伤及周围的皮肤），用剪刀将粘结的毛剪掉。

（2）短毛猫的梳理　短毛猫的舌头长，能自己梳理，因此，短毛猫不需要每天梳理，每周梳理一两次即可。短毛猫梳理时，可先将被毛用水打湿，再给予按摩，可使脱落的被毛浮起，再用密齿的梳子或用刷子梳理。主人平时也可将猫抱在怀里，不用工具梳理猫，而用手捋顺。这样不仅可捋顺被毛，还可增进感情。

（3）注意事项　长期不梳理的猫，如毛粘结，可用手指尖理开或用疏齿梳子将其理开，由毛根的间隙，向毛根及毛尖处梳理。如已严重打结，可用剪刀顺毛的主干方向剪掉，新生的被毛会很快长起来。梳理时，不能只顺毛梳理，在脱毛季节，要适当逆毛梳理，或用密齿梳子，以清除脱落的被毛，促进新毛生长。梳理的动作要快，每次梳理 3～5 min。短毛猫和长毛猫的头部毛应使用密齿的梳子梳理。若猫的被毛受到污染，尤其是油漆或油污的污染，应及时予以清除。

2. 洗澡护理

（1）洗澡前的准备　洗澡前准备好必需的用具，如洗澡盆、浴巾、洗涤剂（对皮肤无刺激性的中性肥皂或小儿香皂）、梳子、刷子（猪鬃或尼龙）脱脂棉棒、小镊子、眼药膏、吹风机等。洗澡最好用木盆，盆内铺防滑垫。

（2）洗澡具体操作　洗澡水不宜太少，也不可太多，以不淹没猫体为宜。猫入浴盆前，先用手试水温，一般在 30～35 ℃最好，待调好水温后再将猫慢慢放入盆中。洗时按头部、后颈、背、尾、腹部、四肢的顺序进行搓洗。动作要轻而迅速，尽可能在短时间内洗完，然后用浴巾将猫身上的水吸干。吸水时，长毛猫不宜用浴巾搓擦，最好用吹风机边梳理边吹干。

（3）注意事项　6 个月以内仔猫和健康状况不佳的猫不宜洗澡。洗澡前应让猫进行轻微的活动，使其排便排尿，关好门窗。对长毛猫，洗澡前应充分对其被毛进行梳理，清除脱落的被毛，防止洗澡时造成粘结和不易梳理。

洗澡时要防止水进入眼内，必要时，在洗澡前，可将眼药膏挤入眼睑内少许，起到预防和保护眼睛的作用；应防止水进入耳朵，如无意将水灌入猫耳，可用脱脂棉棒将外耳道内的水吸干，但动作要轻，千万别伤及耳膜和耳内皮肤。

洗澡时要注意室内温度,尤其冬季更应保持温暖,以防感冒。清洗剂须是猫专用产品,不能使用家中普通的清洗剂或消毒剂。一般室内养猫,洗澡次数每月 2～3 次,室外养猫每月 1～2 次,不可洗得过勤。因为猫皮肤的油脂对皮肤和被毛有保护作用,如果洗澡次数太多,油脂大量散失,易使被毛变脆,皮肤弹性降低,并可诱发皮肤病。若因猫躁动、淘气而无法洗澡,可将猫放入专用袋内洗澡,也可两人配合完成。

3. 局部护理

(1)修剪趾甲 猫爪前端带钩,十分锐利,作为伴侣动物,室内饲养的猫的利爪往往会无意抓伤人的皮肤,爪太长时猫会本能地去磨爪,这些既不利于与人的互动,也不便于日常生活。因此,室内养的猫从小就要使其习惯定期剪爪,一般以 1 个月左右修剪 1 次为宜。

修剪的方法:首先把猫放在膝盖上,从后面抱住猫身;再用手握住猫爪并轻轻挤压趾甲根后面的脚掌,使趾甲显露出来;用锋利的趾甲剪剪去血线以外的趾甲,不要剪到血线或脚爪下敏感的肉;修剪趾甲不要忘记剪"拇指",拇指在前腿的内侧,有的猫在两只脚上分别有 6 或 7 个脚趾。不能随便剪掉猫的胡须,因为胡须是猫的雷达,若剪掉胡须,猫就没有方向感,会丧失生活能力。剪趾甲动作要快,如果在修剪过程中猫变得烦躁不安,就要等到猫安静后再继续剪。

(2)清洁耳朵 检查耳朵,看看有无发炎的迹象及其他异常的症状。如果猫的耳朵有臭味或者出现流脓发炎的症状,就要到医院检查,及早发现和治疗疾病。

要准备洗耳液和棉签。将洗耳液挤入耳道并打湿耳廓,轻轻揉猫的耳根,使耳油和污物充分接触。再让猫甩耳朵,将耳道的污物甩出来,之后用棉签擦拭,使耳道干燥洁净。对经常会犯耳部疾病的猫可以使用一些耳药护理。若猫常摇头或抓挠耳朵,提示耳部异常,应及时就医。

(3)清洁眼睛 健康的猫一般会自己清洁眼睛。如果发现猫的眼睛有分泌物,就要用棉签蘸湿眼药水将其擦拭干净。两只眼睛不可以用同一支棉签擦拭,为猫清洁眼睛时,注意不要擦到猫的眼球。

(4)清洁口腔 猫从小就要培养刷牙的习惯。开始时,可先用棉签或纱布(缠于指尖)蘸少许淡盐水,轻轻地反复拭擦牙齿和牙龈。

猫适应刷牙之后,就要准备专用的牙刷和牙膏,定时刷牙。每次刷牙时间不宜过长,力度要轻。坚持在饭后饮水(尤其食用了干硬的食物后),可以起到预防牙垢和牙龈疾病的作用。经常咀嚼洁牙玩具可以减缓猫牙齿菌斑和牙垢的形成。

复习与思考

1. 猫有哪些生活习性?
2. 如何从猫的声音和身体语言判断不同的情感?
3. 猫的品种类型有哪些?
4. 家庭养猫需要准备的用品有哪些?
5. 为什么要为猫选择食用植物?
6. 种公猫配种期的饲养管理要求有哪些?
7. 对种母猫哺乳阶段应采取哪些饲养管理措施?
8. 新生仔猫的生理特征和护理应注意哪些方面的问题?
9. 如何进行猫补奶和断奶?
10. 成年猫的消化特点是什么?
11. 猫衰老的表现有哪些?如何针对性地饲养管理?

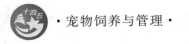

 实训

实训一　宠物猫的品种识别

一、实训目的

熟练掌握国内外猫的种类、名称、外貌特征、性格特点以及饲养要求,能够很好地识别这些猫的品种并指出其品种特征。

二、实训材料与工具

不同品种的宠物猫若干、不同品种的宠物猫图片若干,测杖、软尺、直尺等。

三、实训内容与方法

(1)通过图片观察识别猫的特征,熟练说出常见猫的归属及外貌特征。

(2)通过实物观察识别猫的特征(主要包括整体外貌、体型比例、头部、颈部、背线、躯体、前躯、后躯、被毛、毛色、步态和性格等),是否符合品种标准。测量猫的体高、体长、胸围、胸深、胸宽、荐高、管围、头长,把猫的体尺指标量化成数据,使之更为直观。

四、结果

将结果撰写在实验报告纸上。

实训二　猫粮的选购

一、实训目的

掌握猫粮选购的方法。

二、实训材料与工具

不同品种的宠物猫粮适量,猫数只等。

三、实训内容与方法

(1)营养成分　查看猫粮包装上的标签,优质的猫粮符合营养标准,且营养成分标注清晰。

(2)原材料来源　对猫粮包装袋上的原材料有所了解,优质猫粮原材料来源明确。

(3)包装　优质猫粮包装精美而且使用的包装是经专门设计制造的防潮袋;低档猫粮为进一步节约成本一般使用塑料或者牛皮纸包装,容易变质。

(4)味道　优质猫粮开袋后能闻到自然的香味,令闻者产生食欲;低档猫粮一般常用化学添加剂,故开袋后有刺鼻的味道,比如浓烈的香精味。

(5)质感　高档猫粮颗粒饱满,色泽较深且均匀,油润感由内而外;大多数低档猫粮由于生产工艺、原材料等原因,颗粒不均匀、色泽较浅且不均匀,显得较为干燥,更有些厂商为了使猫粮看着更有卖相在猫粮的表面涂了一层油并且使用色素。

(6)适口性　将不同品种的猫粮放在相同的器具中,观察猫更喜欢哪种猫粮。

(7)猫的粪便观察　饲喂 3 天,观察猫的粪便状态,粪便软硬适中,粪便量和臭味较少为好。

四、结果

将结果撰写在实验报告纸上。

实训三 宠物猫的选购

一、实训目的

正确选购宠物猫,并能判断其优劣,掌握猫的选购技巧。

二、实训材料与工具

品种、年龄、性别、健康状态不同的猫若干等。

三、实训内容与方法

(1)品种:通过品种识别的方法,判断猫的品种。了解在宠物市场上该品种猫的价格。

(2)年龄:根据猫的牙齿情况判断猫的年龄(表 2-3)。

表 2-3 猫齿与年龄

年 龄	猫齿情况	年 龄	猫齿情况
14 天左右	猫的幼齿开始长出	3 岁	上颌第一门齿尖峰磨损
2~3 周龄	乳门齿长齐	4 岁	上颌第二门齿尖峰磨损
将近 2 月龄	乳齿全部长齐,呈白色,细而尖	5 岁	上颌第三门齿尖峰磨损,下颌第一、二门齿磨损面为矩形
3~4 月龄	更换第一乳门齿		
5~6 月龄	更换第二、三乳门齿及乳齿	5.5 岁	下颌第三门齿尖峰磨损,犬齿钝圆
6 月龄以后	全部换上恒齿	6.5 岁	下颌第一门齿磨损至齿根部,磨损面呈纵椭圆形
8 月龄	恒齿长齐,洁白光亮,门齿上都有尖突	7.5 岁	下颌第一门齿磨损面向前方倾斜
1 岁	下颌第一门齿大尖峰磨损至与小尖峰平齐	8.5 岁	下颌第二及上颌第一门齿磨损面呈纵椭圆形
2 岁	下颌第二门齿尖峰磨损	16 岁	门齿脱落,牙齿不全

(3)性别:

①掀起仔猫的尾巴,观察其肛门下方的孔。

②如果阴户和肛门距离近,两个开口紧挨在一起,就可确定为母猫;如果阴户和肛门距离较远,就可确定为公猫。

③在上述方法难以判定时,可用拇指按住生殖器基部,此时生殖孔外翻,如生殖孔开口近似圆形,则为雌性;如生殖孔开口近似椭圆形,则为雄性。

(4)健康检查:对猫的精神状态、被毛、眼、鼻、耳朵、口腔、皮肤、肛门、四肢、爪子进行检查。观察猫是否处于健康的状态。

四、结果

将结果撰写在实验报告纸上。

实训四 宠物猫的饲料配制

一、实训目的

了解宠物猫的营养需要,掌握使用试差法完成宠物猫饲料配制的方法。

二、实训材料与工具

鸡胸肉、猪肝、低筋面粉、鱼粉、鸡蛋、奶酪、紫薯、胡萝卜、西蓝花、食用油、牛磺酸、氨基酸、复合维生素、矿物质添加剂、绞肉机、刀、案板、锅等。

三、实训内容与方法

（1）饲料配方的制定：

①查宠物猫的饲养标准。根据营养标准,确定所配制的饲料中各种营养物质的量。

②查出所给原料的营养成分含量。

③根据各种原料的大致比例表和自己的经验初步拟定配方。

④按初拟配方计算出所选定的各种原料中的各种营养成分的含量,并逐项相加,计算出每千克饲料中各种营养物质的含量。

⑤调整比例。将计算出的各种营养物质的含量与所确定的饲养标准进行比较,细心调整到与营养标准基本相符的水平。

⑥根据饲养标准添加适量的添加剂,如牛磺酸、维生素、无机盐。

（2）根据制定的饲料配方制作宠物猫的饲料。

四、实验结果

将饲料配方的制定过程撰写在实验报告纸上。

实训五　宠物猫的发情鉴定

一、实训目的

熟悉宠物猫的发情鉴定方法,正确判断宠物猫的配种时间。

二、实训材料与工具

处于不同发情周期的发情母猫、成年正常公猫等。

三、实训内容与方法

（1）外部观察法　阴门红肿、湿润,甚至流出黏液,阴毛向阴户两侧分开；按压母猫背部,母猫会做出踏足和举尾的动作。

（2）行为的变化　母猫发情时,性情变得特别温顺,喜欢在主人身上摩擦,发出鸣叫声,喜欢外出游荡,寻找公猫,与公猫玩耍、追逐,主动举尾,接受交配。

四、结果

将结果撰写在实验报告纸上。

项目三　观赏鸟的饲养与管理

扫码看课件

项目导入

　　本项目主要介绍观赏鸟的饲养与管理,主要包括四个部分,分别为观赏鸟的认知、观赏鸟的选购、观赏鸟的饲养与管理、实训。我国饲养观赏鸟的历史已有三千多年,已成为人们生活休闲娱乐的一种重要方式,所以本项目内容在教学和学习过程中有着重要的地位。

学习目标

　　▲知识目标

1.了解观赏鸟的生物学特性、行为特点和生活习性。

2.掌握观赏鸟的分类。

3.掌握不同种类观赏鸟的饲养用具。

4.掌握观赏鸟的饲养与管理。

　　▲能力目标

1.能熟练掌握各种观赏鸟的生活习性。

2.能根据各类观赏鸟的生活习性合理选择饲养用具和建造鸟房。

3.能根据观赏鸟的营养需求合理调制饲料。

4.能对不同品种的观赏鸟进行识别和区分。

　　▲思政与素质目标

1.培养学生保护野生鸟类、热爱自然、尊重自然的精神。

2.培养学生的工匠精神。

3.培养学生服务社会、奉献社会的精神。

4.培养学生尊重科学和激发学生的创新能力。

案例导学

　　2020年12月29日,吴某携带捕鸟网、鱼竿、诱鸟播放器、鸟笼等工具,驾驶摩托车前往桃源镇某山场,在选好捕鸟位置后,用鱼竿撑起捕鸟网,将诱鸟播放器放置在捕鸟网下方并打开,共猎捕到画眉3只。吴某捕鸟后准备返回时,被正在整治交通的派出所民警发现其车上有野生动物及作案工具,遂被口头传唤至派出所接受调查。2020年,福建省大田县人民法院审结一起非法狩猎案,判处在禁猎期使用禁用工具和方法狩猎的吴某拘役四个月,缓刑四个月。近年来,我国因非法捕鸟被拘役的现象时有发生。本项目将带大家认识观赏鸟。

Note

视频：
观赏鸟的认知

任务一　观赏鸟的认知

观赏鸟是指具有观赏价值、能使人类身心放松、娱乐情怀的人工饲养的鸟类。常见的观赏鸟有画眉、绣眼、百灵等。中国的鸟类有 1000 多种，是世界上鸟类品种最多的国家，能笼养的观赏鸟有 100 多种。

一、鸟类的习性

根据鸟类的习性将我国鸟类分为 6 大生态类群，分别是陆禽、游禽、涉禽、攀禽、猛禽和鸣禽。观赏鸟多数为攀禽和鸣禽。

（一）攀禽

攀禽善于攀缘树木。这一类鸟中，有生活在水边等候吃鱼的翠鸟，有专吃毛虫的杜鹃、有善效人语的鹦鹉，有专门吃树皮里害虫的啄木鸟。鹦鹉在世界各地分布广、种类多、适应性强、羽毛鲜艳、善效人语，是著名的观赏鸟。

（二）鸣禽

鸣禽大多属于小型鸟类。它们几乎遍布全国，生活在各种类型的环境中，如森林、草原、山地、荒漠、沼泽、水边。大多数鸟善于鸣啭，营巢巧妙，幼鸟为晚成鸟，雏鸟出壳后几乎裸露、闭眼，雏鸟需要亲鸟哺育。大部分的鸣禽都是农林益鸟，有些是善于鸣啭和效鸣的著名观赏鸟。

二、鸟类的食性

鸟类按照食性可以分为食谷鸟类、食虫鸟类、杂食鸟类和食肉鸟类 4 个类群。

（一）食谷鸟类

食谷鸟类以各种植物的果实和种子为食。这类鸟的嘴多呈坚实的圆锥状，圆钝粗短，峰嵴不明显。其消化道的特点是腺胃细小，肌胃大且肌肉发达（胃壁厚 5～5.5 mm），内膜硬而粗糙，胃内常有碎石或小砂粒等物，肠为体长的 2～3 倍，盲肠退化或消失。在笼养鸟中，食谷鸟类以雀科和文科的鸟较为常见，如黄雀、朱顶雀、交嘴雀、燕雀和十姐妹等。

（二）食虫鸟类

食虫鸟类以各种昆虫的成虫及其幼虫为食，是世界上种类最多、数量最大的一类鸟，占整个鸟类的一半以上。它们多羽色华丽、姿态优美、鸣声悦耳，备受人们喜爱，但由于其对食物及环境的苛刻要求，较难进行人工饲养和繁殖。这类鸟的嘴形多种，有的扁而阔、峰嵴明显、嘴须发达，如卷尾、鹟等；有的尖细呈钳状，如山雀等；有的细长而弯曲，如旋木雀等；也有的呈凿状，如啄木鸟等。其消化道特点是无嗉囊，腺胃细长，肌胃圆而坚实，肠管较短，为体长的 1.5～2 倍，盲肠不同程度地存在。

（三）杂食鸟类

杂食鸟类是食性比较复杂的一类鸟。有的以食植物种子为主，兼食少量昆虫，如百灵科的鸟；有的以食昆虫为主，兼食植物种子，如画眉、椋鸟和一些鸫等；也有的食植物种子兼食水果或浆果，如鹦鹉、太平鸟等。杂食鸟的嘴多长而稍弯曲，有峰嵴，或上嘴钩曲，形似鹰嘴，但比较肥厚。消化道特点是腺胃与肌胃几乎等长，肠管约为体长的 2 倍，盲肠退化或消失。鹦鹉类有嗉囊，肠道也较长，为体长的 3 倍以上。

（四）食肉鸟类

这类鸟可分为食肉鸟和食鱼鸟 2 种，它们一般矫健，形态凶猛，其嘴形有的大而强或钩曲尖锐，先端具缺刻，如鹰隼等；有的长而尖直，如鹳等；也有的长而弯曲，如鹮等。其消化道特点是腺胃发达，肌胃壁薄，肠道较短，肠壁坚实而内腔狭窄。

三、观赏鸟的品种

(一)观赏鸟的分类

观赏鸟的种类很多,根据鸟的毛色、技能和鸣叫声把鸟分为观赏型鸟、表演型鸟和鸣唱型鸟。

1. 观赏型鸟 这种类型的鸟外表华丽,羽毛鲜艳,在鸟群中常常一眼就能被认出,优美的体态令人赏心悦目,活泼好动的性格则更是让人喜爱。饲养也较为简单,不需要特别去调教和训练,只要能养活就能达到观赏要求。常见的翠鸟、黄鹂、寿带鸟、太平鸟、三宝鸟、金山珍珠、牡丹鹦鹉、玄凤鹦鹉、红嘴蓝鹊等在观赏型鸟中的知名度较高。还有一些体型较大的鸟,例如羽毛光鲜的山鸡、孔雀等也都属于观赏型鸟。

2. 表演型鸟 鸟类的智商在动物界里算是比较高的,其中一些聪明的鸟儿在经过训练之后可以掌握一定的技艺和表演能力。例如,八哥、蓝歌鸲、相思鸟、棕头鸦雀、绯胸鹦鹉、白腰文鸟、黑头蜡嘴雀等都是表演型鸟的品种。它们当中有的会模仿人说话,有的能遵循人的指示进行表演,有的甚至会打猎,比如猎隼、猎鹰等。

3. 鸣唱型鸟 歌唱的天分不只是人类才拥有的,很多鸟儿也有"好声音"。百灵、画眉、云雀、大山雀、金翅雀等都是善于鸣唱的类型。这类鸟儿的羽色虽然没有观赏型鸟的艳丽,但鸣叫声悦耳婉转,动人心弦。如果能够同时饲养几个品种,让它们一起唱起歌来,鸣唱声此起彼伏,清亮多变,就像是欣赏一场交响乐。

(二)观赏鸟的品种

1. 金丝雀 金丝雀又名芙蓉鸟、白玉、白燕、玉鸟,属雀形目,雀科。原产于非洲西北海岸的加纳、马狄拿、爱苏利兹等岛屿和非洲南部地区,经过长期的人工培育,已成为世界性笼养鸟。

(1)形态特征 野生的金丝雀体长12～14 cm,通体黄绿色,带有褐色斑纹。人工培育的品种,羽色变化较多,有黄色、白色、橘红色、古铜色等多种,其中以黄色者最为多见。我国饲养的金丝雀以山东种、扬州种和德国罗娜为主。金丝雀一般雌、雄同色,依据外形难以区分,但可根据其鸣叫姿态及泄殖腔有无突起加以鉴别。雄鸟鸣叫时常挺胸,竖直身体,喉部鼓起,连续颤动。泄殖腔突起呈锥形。雌鸟鸣叫时姿态如常,喉部一下一下地稍微鼓动,泄殖腔较平,呈馒头状(图3-1)。

图3-1 金丝雀

彩图3-1

(2)生活习性 野生金丝雀主要以植物种子为食,仅在夏季吃少量昆虫。每年1—7月繁殖。用树枝、草茎、纤维和羽毛等在地面上营巢,巢呈杯状,每窝产卵4～5枚。卵壳淡青色,有红棕色和黑褐色斑。卵主要由雌鸟孵化,孵化期14～16天。育雏期22～25天。

(3)饲养管理 单只饲养以听其鸣叫或观赏时,宜用专门的金丝雀笼,成对繁殖则必须用金丝雀繁殖笼,笼内安置碗状草巢。金丝雀的日常饲料以稗子、谷子、苏子(或油菜籽)为主,可将其按5:4:1的比例混合后喂给,冬季可将苏子或油菜籽的比例增加至15%～25%。青饲料要切碎后喂给,繁殖期补充蛋米或蛋黄玉米面,育雏期间补充熟蛋黄。日常管理除每天清洗食罐、水罐外,还应每周清理笼底粪便两三次。每周至少应让鸟洗浴 1 次,洗浴后要待羽毛干后再移至室外。

2. 画眉 画眉属雀形目,鹟科,画眉亚科。广泛分布于华东、华南和西南等地,是我国传统笼养鸟。

（1）形态特征 画眉体长 22～24 cm。上体橄榄褐色,头和上背部具褐色条纹;下体黄褐色,腹部中内灰色;锥状嘴上喙黑色,下喙橄榄黄色;鹂部红白相间,趾为红黄色;眉端黑色,眼圈白色并向后延伸,形成一道白色眉纹,犹如白漆画成,画眉便由此得名。画眉雌、雄同色,依据外形难以区分,常通过鸣叫加以鉴别,雄鸟的叫声委婉动听,而雌鸟叫声则单调(图 3-2)。

图 3-2 画眉

（2）生活习性 野生画眉生活在山区和丘陵地带的灌木丛和竹林中,喜单独活动,仅在秋、冬季节小群活动。画眉主要以蝗虫、椿象、松毛虫、飞蛾、蚂蚁等昆虫及其幼虫和虫卵为食,也吃各种植物的种子和野果。每年 4—7 月繁殖,用松针、枯枝和杂草等在地面草丛或灌木丛中筑巢,爪呈杯状。每窝产卵 3～5 枚,卵壳浅蓝色或蓝绿色,有光泽,有时具有粗大的斑点。

（3）饲养管理 笼养画眉,一般都是从野外捕捉的幼鸟。新捕来的幼鸟,应放入带布罩的板笼中饲养 1 周左右,待其安定并"认食"后再移入专门的画眉笼中饲养。画眉的饲料以蛋米为主,并添加一些动物性饲料,如面粉虫、蝗虫、蟋蟀、皮虫、蚱蜢及新鲜的牛、羊肉末等,还要经常喂些水果。画眉喜欢水浴,除换羽期及严寒的冬天外,应每天水浴一次。画眉越遛叫得越欢,故每天清晨应遛鸟 30 min 左右。遛完以后,将笼挂在鸟多的地方让其鸣唱。

3. 红嘴相思鸟 红嘴相思鸟又名红嘴玉、红嘴绿观音、五彩相思鸟、相思鸟,属雀形目,鹟科,画眉亚科。分布于我国长江流域及其以南的广大地区,是当地的留鸟。

（1）形态特征 红嘴相思鸟体长约 14 cm。头顶、枕部和腰背部为灰绿色,翼部呈金黄色和黑色,具有红黄色翼斑;尾短而呈叉状,灰绿色,下颊及颈前方淡黄色,前胸橙色发亮,腹部灰黄色;嘴朱红色,基部稍黑,足趾黄色(图 3-3)。

（2）生活习性 红嘴相思鸟生活在平原至海拔 2000 m 山地常绿阔叶林、混交林的灌木丛或竹林中,主要以各种昆虫、植物种子和果实为食,是杂食鸟。红嘴相思鸟喜结群活动,成对的雌、雄鸟更是形影不离,出则比翼双飞,宿则相互依偎。每年的 4—8 月繁殖,雌、雄鸟共同在沟谷向阳一面的灌木丛用竹叶、藤须、枯草等筑成一深杯状巢,巢常悬挂在距地面 0.5～1 m 的灌木或短竹的垂直或水平枝上。每窝产卵 3～5 枚,卵壳绿白色或蓝绿色,散布有暗斑。卵由雌、雄亲鸟轮流孵化。

（3）饲养管理 红嘴相思鸟常雌、雄成对饲养,也可单只饲养,鸟笼多用亮底、下有托粪板的小方形笼,大小介于画眉笼和点颏笼之间,条间距 1.8 cm。饲养以蛋米、玉米面、大豆面为主,适量喂给苹果、番茄、熟南瓜、香蕉等瓜果及面包虫(黄粉虫)等昆虫或昆虫幼虫。换羽期可添加一些色素。为防止红嘴相思鸟美丽的羽毛被粪便弄污,鸟笼必须每周清洗一两次。红嘴相思鸟喜欢水浴,应每天让它水浴一次。

4. 百灵 百灵又名百灵鸟、蒙古百灵、口百灵、蒙古鹨、塞云雀、华北沙鹨等,属雀形目,百灵科。

彩图 3-3

图 3-3　红嘴相思鸟

产于我国内蒙古的林西县、呼伦贝尔和鄂尔多斯,河北的张家口以及青海等地区。

（1）形态特征　百灵体长 18～19 cm。雄鸟上体栗褐色,下体沙白色;头顶为棕黄色,头缘和后颈部栗色;翅黑色而有白斑,上胸有不完整的黑色斑带;尾基部栗色,往后为黑色,两侧有对称的白斑。雌鸟的外形与雄鸟相似,但眼睛小而圆,不如雄鸟明亮;额部和后颈呈棕黄色,胸部两侧的黑斑不如雄鸟明显（图 3-4）。

彩图 3-4

图 3-4　百灵

（2）生活习性　野生百灵生活在荒漠和草原上,喜结群活动,以各种野生植物的种子和昆虫为食。每年 4—7 月繁殖,用枯草、兽毛等在地面上筑巢。每窝产卵 3～5 枚,卵壳白色或淡黄色,有褐色细斑。卵由雌鸟孵化,孵化期 12～15 天。

（3）饲养管理　饲养百灵需有专门的百灵笼。因笼养百灵都是由野外捕捉的野鸟,为便于调教,应从雏鸟开始饲养。一般认为,7 日龄前的雏鸟易于成活和调教。新掏来的雏鸟需进行人工填喂,饲料以绿豆粉或豌豆粉和熟蛋黄为主,可将绿豆粉（或豌豆粉）、熟蛋黄和玉米面按 5：3：2 的比例混匀,加水和成面团,再揉成两头尖的颗粒,沾水填喂。每天喂 5～8 次,喂饱为止。此时,既不给雏鸟饮水,也不喂给青菜。待雏鸟能自己啄食后,把拌好的饲料放在食缸内任其啄食,但仍不给水,

Note

113

可喂给一些切碎的嫩菜叶。其间应逐渐减少熟蛋黄的比例,并适当添加蛋米、谷子和活虫。成年百灵的饲料以谷子、黍、苏子为主。为了培养百灵上台鸣唱的习惯,自幼鸟时就要在台上喂给它喜欢吃的活食,或用夹粪棍捅其脚,促其上台。

5. 虎皮鹦鹉　虎皮鹦鹉又名黄背鹦鹉、石燕、娇凤、彩凤、阿苏儿,属鹦形目,鹦鹉科。原产于澳大利亚西南部,现在许多国家都有饲养。

（1）形态特征　原种虎皮鹦鹉体长18～20 cm,全身羽毛主要为黄绿色,颊部有蓝黑色圆斑,头部和背部黄色并有黑色横纹,腰、胸及腹部绿色,尾羽黄色,中间天蓝色。雌、雄鸟羽色相近,但雄鸟上嘴基部的蜡膜为蓝色,雌鸟的为粉褐色;雄鸟的足趾为蓝灰色,雌鸟的为粉红色(图3-5)。目前,虎皮鹦鹉主要有以下几种。

①波纹型:上体的黑色横纹近似原种,但羽毛有蓝、绿、黄多种颜色。

②淡色型:可分为上体深黄色、下体黄绿色和上体白色、下体蓝色两种,翅上均有黑色斑点。

③头型:分为头部白色、其他部位淡蓝色和头部黄色、其他部位绿色两种。

④白化型:全身洁白,眼红色。

⑤黄化型:全身黄色,眼红色。

图 3-5　虎皮鹦鹉

（2）生活习性　野生虎皮鹦鹉喜欢集群生活,主要以植物的种子和果实为食。一年四季均可繁殖,春、秋两季为繁殖旺季,多营巢于树洞中,每窝产卵4～9枚。卵壳白色,有光泽。卵由雌鸟孵化,孵化期18～20天。

（3）饲养管理　单只观赏时,可用专门的鹦鹉笼饲养;成对繁殖时,宜用较大的、内铺铁皮的箱形笼;成群饲养、繁殖时,需要用大的、用铁骨架和铁丝网制成的笼舍,笼舍内安置足够的栖杠和巢箱,并按一定的比例投放雄鸟和雌鸟,雌鸟应多于雄鸟。虎皮鹦鹉的日常饲料以谷子、稗子、黍等带壳的植物种子为主,可适量喂给一些麻子、苏子等脂肪性饲料,但用量不能超过10%。除此之外,还要经常喂给白菜、油菜、胡萝卜丝等青饲料以及牡蛎粉、鱼骨粉等。虎皮鹦鹉可以在人工饲养条件下大量繁殖。

6. 八哥　八哥学名叫鸲鹆,属雀形目,椋鸟科。广泛分布于我国西南和华南地区及台湾等地。

（1）形态特征　八哥体长约25 cm。全身羽毛黑色,有光泽;额前的羽毛竖立如同冠状,嘴喙和足趾淡黄色,尾羽末端白色;两翅有白色斑,飞翔时从下面看,两翅的白色翼斑如"八"字形展开,故有八哥之称(图3-6)。

（2）生活习性　八哥是我国南方常见的留鸟之一,喜欢结群在平原村落、田园和山林边缘活动,经常数十只一起活动寻找食物,喜栖于村落枝头、农家房屋。夜间宿于竹林、大树及芦苇丛中,并经常与乌鸦、椋鸟或其他鸟类混群栖息。八哥为杂食鸟,主要以昆虫、蠕虫及植物的软果实、种子和青菜等为食。八哥为晚成鸟,一年繁殖2次,繁殖期为每年的4—8月,每窝产卵4～6枚,多者8枚。卵壳呈玉蓝色,繁殖末期所产的卵壳色淡而近白色。雌、雄鸟共同孵化育雏。

彩图 3-6

图 3-6　八哥

（3）饲养管理　八哥一般都饲喂在专门的八哥笼中，日常饲料以蛋米为主，可适当喂些玉米面、黄豆粉等粒料以及蚯蚓、蝗虫、面包虫等动物性饲料和软质水果。成年八哥食量大、饮水多、排便多、喜水浴，夏季每天或隔天水浴 1 次。雏鸟应注意保暖。八哥善于鸣啭和效鸣，通过技艺训练，可以学会说一些简单的人语、叼物和其他空中表演。

7. 孔雀　孔雀，属鸡形目，雉科，孔雀属。目前，定名的有蓝孔雀（印度孔雀）和绿孔雀（爪哇孔雀）。白孔雀和黑孔雀是蓝孔雀的著名突变种；印度亚种（缅甸绿孔雀）、指名亚种（爪哇绿孔雀）和云南亚种（印度支那绿孔雀）是绿孔雀的 3 个亚种。孔雀主要分布在印度、缅甸、印度尼西亚、马来西亚等东南亚地区和我国云南。

（1）形态特征　印度孔雀体型较小，成年雄孔雀体重 7.5kg，雌孔雀体重 5kg。雌雄外貌差异较大，雄体羽毛光彩熠熠，身披翠绿色羽毛，颈项为宝石蓝色羽毛，富有金属光泽，统称蓝孔雀。印度孔雀下背闪耀紫铜色光泽，覆尾羽长 1m 以上，羽片上有紫色、黄色、蓝色、红色等斑纹，孔雀开屏时艳丽异常。雌性羽毛灰褐色，无尾屏。爪哇孔雀全身羽毛为翠绿色，杂有黑褐色和金黄色斑纹，统称绿孔雀。爪哇孔雀体型较大，头部冠羽聚成撮，腿、颈和翎羽较长，雌、雄孔雀都有闪烁的金属光泽，叫声略低于蓝孔雀（图 3-7）。

彩图 3-7

图 3-7　孔雀

（2）生活习性　孔雀栖居于海拔 2000 m 以下开阔草原，或生长在有灌木丛、竹丛或针叶、阔叶等树木的开阔高原地带，尤其喜欢在靠近溪水沿岸和林中空旷的地方活动。其脚强健，善奔走而不善飞行，很少单独活动，常见 1 只雄孔雀与 3～5 只雌孔雀，连同幼鸟一起生活。

在人工饲养的条件下，孔雀每年 8—9 月换羽，10 月之后大部分羽毛换齐。雄性尾屏依年龄和体

Note

115

质不同,需要11～12个月才能长成。孔雀成鸟雌、雄容易鉴别,雄性尾上覆羽延长呈"尾屏",华丽无比;雌性则无尾屏。22月龄达到性成熟,每年3—9月为繁殖季节。雄孔雀开屏是为了吸引雌孔雀配对。每只雌孔雀1年可产卵6～30枚,平均蛋重104.01 g,最大110.8 g,最小87.0 g;卵呈卵圆形,壳厚而坚实,并微有光泽,色为浅乳白色、浅棕色或乳黄色,不具斑点。驯化后的孔雀失去自然孵化能力,需要进行人工孵化,孵化期为27天。

（3）饲养管理　人工饲养,主要为平养,房舍一般为5 m×5 m×5 m。运动场可大1倍,用铁丝网罩起。依据孔雀的栖息环境和生活习性,网笼内宜为土质地面,种植灌木、草皮。房舍的建造应坐北朝南,冬暖夏凉。

孔雀的食性杂,动物性饲料有肉末、熟鸡蛋、昆虫、鱼粉、面粉虫等;植物性饲料有粒料、混合饲料和青饲料;粒料有高粱、玉米、大麦、麻子等;混合饲料由玉米、高粱、豆饼粉、麸皮、大麦渣、鱼粉、骨粉、贝壳粉和盐混合而成;青饲料为各种叶菜、嫩草、瓜果等;补充饲料有骨粉、碳酸钙、贝壳、微量元素和各种维生素。粒料为常备饲料,其他种类的饲料一年四季要保证充足喂给。孔雀养殖场要做好鸡新城疫、禽痘和禽黑头疫的预防接种,其他疾病的预防要结合本地区禽病流行特点进行。

8. 鸳鸯　属雁形目,鸭科,是中国的保护鸟,繁殖在乌苏里江、黑龙江、图们江、松花江、鸭绿江上游,迁徙时沿着东南沿海一带至长江下游及东南各省越冬。

（1）形态特征　雄鸟羽色鲜艳华丽,头具羽冠,眼后有白色眉纹。翅上有一对栗黄色的扇状直立羽,非常明显。雌鸟头背部为灰褐色,没有羽冠和扇状直立羽(图3-8)。

图3-8　鸳鸯

（2）生活习性　栖息在山涧溪流、河谷、近海江河、内陆湖泊和沼泽湿地、稻田。冬时成群活动,夏时成对活动。3—4月从南方北迁,日间飞翔、游戏、觅食,夜宿河边树丛下。繁殖期通常在近水青杨等树干、稻田、地边的树洞或岩石洞中营巢。5月产卵,每窝产卵6～10枚,多至13枚;卵呈椭圆形,白色;孵化期28～29天,雌鸟抱孵,6月中旬见雏鸟。育雏期6周,9月底随成年鸟南迁。

（3）饲养管理　从野外收集鸳鸯蛋进行人工孵化并培育成种用鸳鸯是最为理想的驯化方式。鸳鸯食性广而杂,采食各种草籽、稻谷、玉米及植物根、茎,也吃蜗牛、水生昆虫和鱼。根据鸳鸯的群集性和喜水性,可在阴凉、水草茂盛的地方,实行网罩围养。

任务二　观赏鸟的选购

一、养鸟用品准备

观赏鸟所需设备与器具(架)因饲养目的、饲养种类的不同,规模和形式也不一样,有用于展览和商业饲养的大型鸟场,有专营繁殖的中型鸟场,也有养鸟爱好者在家庭建的小饲养场所。

（一）鸟房

动物园、鸟的繁殖场、养鸟专业户和鸟商店的养鸟场所,因要饲养较多种类和数量的鸟,必须建造鸟房。鸟房的建造地点应选择地势较高、向阳、通风和干燥的位置,切忌建造于背阴、风口和低洼处。为了达到冬暖夏凉的效果,鸟房应坐北朝南,窗户要大,以便于通风采光。鸟房不宜太高,过高不利于保温。

观赏鸟由于体型、习性不同,对鸟房的要求也不一样。虽然它们都善于飞翔活动,但鸟房不能太大,过于高大常给管理和参观带来不便。

鸟房的类型按鸟对温度的要求分为常温、保温和加温三类,按鸟的体型分为小、中、大、特大四类。在鸟房组合上,为了管理方便,一般应将温度要求相近的种类组合在一起,当然也要考虑特殊要求。

鸟房的分类如下。

（1）按温度要求分类

①常温鸟房:建筑简单,无需室内运动场,只要可以挡风遮雨即可,可用于饲养能抵御冬天寒冷的鸟类,如当地的留鸟或冬候鸟。

②保温鸟房:分室内和室外两种,室内供冬季、夜晚及恶劣天气鸟栖息用;室外为与鸟房连接的运动场,适宜饲养夏候鸟及南方鸟类。

③加温鸟房:鸟房内有加热设备,如火墙、火炉等,以供寒冷季节加温,要求冬季室温达到 20～22 ℃。分室内和室外两部分,要求既保温又通风,光照良好,适合饲养热带鸟。

（2）按鸟体型大小分类

①小型鸟房:适合饲养体型较小的鸟,如绣眼、柳莺、红嘴相思鸟、文鸟、百灵、画眉、太阳鸟等体长 5～6 cm 的鸟。鸟房不宜太大、太高,室内宽约 2.5 m、长约 3.0 m、高 2.2～2.5 m,室外宽约 2.5 m、长约 3.0 m、高 2.2～2.5 m。室内为水泥地面,以利冲洗,室外用步道板铺地。室内外地面上铺细沙,并设排水沟,室内外之间通过落地长窗相通。室内设通风窗,室外运动场内一角设计人工假山并绿化,在不同位置安置栖架,以适应不同鸟的活动需要。室外活动场用网罩起,网用 16 号线编成,网眼为 1.25～2.2 cm² 。

②中型鸟房:适宜饲养杜鹃、戴胜、八哥、蜡嘴雀等。中型鸟房多为常温鸟房,故可建得宽敞些。中型鸟房的建造结构可参照小型鸟房,鸟房的大小根据鸟的数量而定。

③大型鸟房:用于饲养比八哥体型大的鸟类,如鸦科、噪鹛类、鸠鸽类和绿鸠等。此类鸟一般较粗放,根据鸟对气候的要求设置内室,粗放耐寒的鸟不用内室,如松鸦、斑鸠等。鹦鹉产于热带,必须要有内室,以利保温。此类鸟房可参考小型鸟房设计,高 3 m,宽 3 m,长 4 m。室外的铅丝网的规格仍参考小型鸟房,但网眼不能太大,否则易招鼠害。

④特大型鸟房:用于饲养犀鸟、孔雀等大型鸟。此类鸟房室内宽约 4 m,长约 5 m,高 2.5～3 m,室内多半要有加温设施;室外高 4～5 m,长 10～15 m,宽 7～10 m,铁丝网罩要牢固,网高约 2 m,网孔的规格可大些,为 4 cm×5 cm。

鸟房的设计除注意卫生防疫、外形及结构等方面要求外,还要注意是否符合鸟的生活习性、繁殖要求,同时还要饲养方便。

（二）鸟笼

鸟笼是饲养、观赏和遛鸟时所用的器具。由于鸟的种类、习性不同,对鸟笼的要求也不一样,若鸟与鸟笼不相匹配,则鸟的观赏效果差。

按鸟的种类鸟笼大致分为食谷类和食虫类两类鸟笼。食谷类鸟笼有玉鸟笼、黄雀笼、百灵笼,食虫类鸟笼有画眉笼、八哥笼等。按用途鸟笼分为观赏笼、繁殖笼、浴笼、串笼、运输笼、打笼(滚笼)等。按制作的材料可分为竹笼和金属笼。

（1）玉鸟笼　圆形、方形或长方形(繁殖用笼),笼顶有平顶和圆顶两种,笼底封闭有底圈。笼高

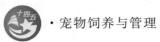
33 cm、直径 20 cm,条间距 1～1.2 cm、条粗 0.2 cm。可用于饲养文鸟、珍珠鸟、相思鸟、金翅雀、锦花雀等。

(2)黄雀笼　黄雀笼有多种多样,但比较讲究的为漆竹平顶圆笼。直径 28 cm、高 21 cm,条间距 1.2 cm、条粗 0～2 cm。笼底被木板或塑料板封闭。笼底圈高 3 cm,不铺沙而用布垫,设有 2 个栖杠,讲究用紫藤、六道木和花梨枝,精致而小巧的食、水罐各 2 个,分布于栖杠两端。黄雀笼适宜饲养各种小型食谷鸟,如朱顶雀、金翅雀及各种文鸟类等。

(3)山雀笼　此笼最初专为饲养红仔(沼泽山雀)设计,故又称红仔笼。极似黄雀的封底笼,只是条间距小(1 cm),除食、水罐各 2 个外,另有 1 个软食罐。山雀笼适宜饲养各种山雀,如白脸山雀、煤山雀、黄腹山雀、大山雀以及长尾山雀等。

(4)绣眼笼　多为小方笼,亮底,无底圈,粪托为笼底插板。笼子长、宽各为 17 cm 见方,高 24 cm,笼顶为拱形。条间距 1 cm,条粗 0.2 cm。上下各有一栖杠,食、水罐各有 1 个,另有 1 个软食罐。绣眼笼除饲养绣眼科鸟外,还可用于饲养莺亚科和山雀科等小型鸟。

(5)点颏笼　竹制圆笼。直径 26 cm 或 20 cm、高 20 cm,条间距 1.5 cm、条粗 0.2 cm,笼顶中央封闭部分直径 16 cm,底为亮底,铺布垫或托粪板,一根栖杠粗约 0.9 cm,两端各有 1 个食罐和水罐,另有 1 个圆柱形软食罐。点颏笼除了养红点颏、蓝点颏外,还可用于饲养红嘴相思鸟、大苇莺及体型似点颏的各种鸲类和各种鹟类鸟。

(6)百灵笼　圆形竹笼,笼顶有圆顶和平顶之分。大小多因地区和家庭条件而定,大致可分为 3 种规格:大型笼高可达 1 m 以上,直径为 50～60 cm。为了携带方便,也可制成高低可以升降的"拉笼",携带时降低,悬挂时升起;中型笼高 40～50 cm,直径 40 cm;小型笼又分为大五圈和小五圈(大五圈笼高 28 cm,直径 34～36 cm;小五圈笼高 25 cm,直径 30～32 cm)。

笼顶中央部分(俗称天井或顶盖)以铜板为好,美观大方。笼底为三合板封闭,并围以底圈,内铺细沙土,供鸟沙浴和食用。笼内不设栖杠,只设一高 10～15 cm 的蘑菇形高台,供鸟鸣唱。在笼子下部开一圆洞,可将水罐固定悬挂于洞外笼壁上;鸟头可自由伸出洞外饮水,食罐挂在笼内。

(7)画眉笼　有板笼和亮笼之分,均为竹制笼。板笼为方形,除正面为笼条外,其余部分均用竹片封住。板笼适宜饲养尚未驯熟的生鸟。在北方常以 24 cm×21 cm×21 cm 的长方笼加布罩代替。亮笼主要为圆笼、腰数笼,笼顶中央封闭。通常笼的直径和高各为 33 cm,条间距 2 cm、条粗 0.3 cm。底为亮底,有粪托。栖杠有一棍(直径 2 cm)。杠外围粘有金刚砂(称砂杠),有利于鸟爪的研磨。还应备有笼罩,适用于饲养各种体型大小与画眉相近的杂食鸟,如各种鸲类、鹟类、黄鹂、山椒鸟、惊鸟、太平鸟等。

(8)八哥笼　适用于饲养八哥、鹩哥及椋鸟科的其他种类,还可用于画眉亚科、鹟亚科、伯劳科、鸫科的大型鸟类,笼宜高大。杂食鸟食量大,排便多,故应为亮底,有粪托。有竹笼和铅丝笼两种,笼为简式笼,一般高 48 cm、直径 36 cm,条间距 2.2 cm、条粗 0.4 cm。设有鲨鱼皮栖杠一根,食、水罐(深、大)各 1 个。笼底有一软食罐。

(9)虎皮鹦鹉笼　虎皮鹦鹉是国内鹦鹉科最常见的鸟,因嘴强健有力,喜欢啃咬木质,故不能用竹笼,必须用铁丝笼,底由铁皮封闭,并有底圈。单只饲养时,圆形笼较好。笼的高和直径均为 33 cm,条间距 2 cm。虎皮鹦鹉笼可用于饲养各种中、小型鹦鹉。

(10)串笼　主要用于日常清扫或清洗消毒笼具时,以防鸟惊撞。串笼通常为长方形,前后两面均有门,较普通方笼稍大,为 30 cm×25 cm×25 cm。条间距应为 1 cm 左右,有栖杠而无需食、水罐。当然,用同样 2 个观赏笼互相串换最为理想。

(11)浴笼　专供鸟进行洗浴的笼,一般多为方形。浴笼有两种:一种是很大的竹制长方笼,无笼底,水浴时把浴盆放在地上,扣上浴笼,然后把鸟串入浴笼,任其自行水浴。另一种是较小的方笼,将鸟串入浴笼后将浴笼放入事先准备好的水盆中,让鸟水浴。对初次水浴的鸟,应先使鸟适应浴笼和浴盆后再在浴盆内加水,以免鸟因环境的突然改变而惊撞或拒绝水浴。

(12)运输笼　俗称扁笼或"拍子",是运输鸟的专门笼具。扁笼长 60～70 cm,宽 40～45 cm,高

12～13 cm。这类鸟笼可以减少鸟的活动,并可摞在一起,占地少,搬运方便。

(13)打笼 又称滚笼,是专门用来捕鸟的一种笼具,为竹笼或铅丝笼。长方形,分上下两层。下层放诱子,上层分为两格,笼盖上放有谷子,可上下翻动。野鸟听见诱子的叫声为争斗或因饥饿而啄食谷粒踩踏上翻动的笼盖而被捉住。

(14)繁殖笼 专门用于繁殖的一种笼具。目前繁殖笼大致可分为组合式和笼式两种。鸟场和养鸟专业户养鸟,通常采用组合式繁殖笼,其优点是占地面积小,操作方便,便于观察、管理。家庭饲养少量的观赏鸟可用繁殖笼,可以摞起来或悬挂于墙上,同时还能起到观赏的作用。

(三)鸟笼的附属器具

养鸟还要有与鸟笼、鸟架相配套的器具和用具,如食罐、水罐巢箱、食撮、饲料箱、自动饲料槽、筛子、研钵和研棒、浴盆、水壶、取卵勺等。

1. 食具与水具 食具与水具不仅可为鸟提供食物和饮水,而且是观赏鸟笼的装饰品,它除自身的使用价值外,还具有观赏价值。按食具的制作材料分为瓷罐、塑料罐、金属罐、竹罐等。

(1)粒料缸 一般由陶瓷制成,腹部宽大,口较小,用于盛放一般的粒料,比如苏子、稻谷等,也可以用作水缸。

(2)米缸 一般用于盛放一些比较贵的精制粒料,如蛋米、剥壳的大米、小米等。米缸的样式较多,为了防止鸟将粒料挑拨到米缸外造成浪费,它们口部都比较小,常见的有腰鼓型、缩口型等。

(3)粉料缸 口径和底径一样大,缸壁光滑,深度一般较浅,所以又被称为浅缸,最适合盛放容易变质的粉料。鸣禽类一般不用,因为可盛放的饲料量较少。

(4)湿料缸 一般用于盛放湿料。湿料是食虫类鸟的主要食物,主要是把鱼、虾、熟鸡蛋、各类鲜肉等剁碎后按比例与粉料及水混合调制而成。为了取食、清洗方便,湿料缸和粉料缸一样,缸壁都是光滑的,但深度相对来说更浅一些。

(5)菜缸 一般较深,口径和底径一样大,用于盛放叶菜或野草等,为了保持叶菜的新鲜,一般还会盛放一些清水。

(6)水缸 笼养鸟的饮水用具是必不可少的,可以直接用粒料缸替代,也可以用特制的饮水器。为了防止饮水污染,一般选用饮水口细小的容器。

2. 其他用具

(1)巢箱 用草绳编成,巢形有两种,一种是壶形巢,供文鸟科及筑暗巢的小鸟使用,另一种是碗形巢,供雀类等小鸟使用,另有用三合板做成小房子状的巢箱,供鹦鹉等鸟使用。

(2)研钵和研棒 主要用于研磨药片和加工饲料,是养鸟不可缺少的用具。

(3)食撮 专门用来添加饲料的用具。

(4)筛子 主要用于筛选散落在笼底和食罐的剩料。

(5)用于笼衣 主要用于避免鸟受惊,也可用于防寒、防风、遮光、防日晒及驯化鸟。

(6)栖息架 主要用于满足鸟类栖息的习性。

(7)笼刷和铲子 主要用于鸟笼的卫生清洁。

二、观赏鸟的选购

(一)根据饲养者的爱好和饲养目的选择观赏鸟

(1)为聆听鸟的鸣声,怡情养性,可选择芙蓉、画眉、百灵、绣眼等。这些鸟的鸣声或激昂悠扬,或婉转动听,或似秋虫低吟慢唱。

(2)为观赏鸟的艳丽羽色,获得美的享受,可选择红嘴蓝鹊、八色鸫、翠鸟、黄鹂等。这些鸟羽毛华丽,色彩斑斓。

(3)为教鸟语言,听它滑稽的学舌,可选择八哥、鹩哥、鹦鹉、南松鸦等。这些鸟聪明伶俐、善仿人语。

(4)为训练鸟的技艺,给生活带来乐趣,可选择蜡嘴、金翅雀、黄雀等。这些鸟能学会衔物、取物、翻牌等动作。

（二）根据饲养者的条件选择观赏鸟

（1）笼养的百灵、画眉应经常置于人多鸟杂的环境中，如早、晚的公园等地，常听嘈杂的人声和啾啾鸟鸣，可使它们变得伶牙俐齿、能模善仿。适合老年爱好者饲养。

（2）笼养的芙蓉，性情文静、能鸣善唱，饲养方法简单，无需过多的照料和饲养经验，适合初次养鸟者。

（3）绯胸鹦鹉好饲养，容易调教；虎皮鹦鹉容易繁殖，羽毛色彩丰富。适合学生观察和研究鸟的习性，培养爱心。

（4）八哥、鹩哥很会学舌，一般多为中老年人饲养。

（5）蓝点颏是食虫观赏鸟，羽色、鸣叫双佳，但对饲养条件要求苛刻，适宜有一定养鸟经验的人饲养。

（6）蜡嘴、金翅雀、黄雀等鸟轻巧活泼，但比较贪嘴，以食物为诱饵教以动作不是很难，但需要经常训练巩固，因此，要求养鸟者花费较多的时间和精力。

任务三　观赏鸟的饲养管理

视频：
观赏鸟的饲
养与管理

一、观赏鸟的营养与饲料

（一）观赏鸟的营养

观赏鸟的生长、发育及繁殖需蛋白质、碳水化合物、脂肪、维生素、矿物质和水分等物质。

1. 水分　水分占观赏鸟体重的50％～70％。水不仅是观赏鸟的营养物质，也是构成鸟体组织的主要成分，鸟体失水10％～20％就会影响其健康，甚至导致死亡。鸟体内的水分有多种功能，可促进鸟体内食物的消化、养分的运输、废物的排泄及体内各种生化反应，还可维持体内渗透压和血液的浓度等。为了保证观赏鸟的健康并维持各种生理功能，特别是在炎热的夏天必须为其提供充足的饮水。

2. 蛋白质　蛋白质是构成观赏鸟有机体的主要物质，观赏鸟的内脏、肌肉、皮肤、羽毛、血液、神经、激素、酶等主要由蛋白质构成。蛋白质由多种氨基酸构成，有些氨基酸在观赏鸟体内不能合成，靠饲料提供，称为必需氨基酸，如蛋氨酸和赖氨酸等。饲料中蛋白质的质和量直接影响观赏鸟对它的吸收利用，组成饲料的蛋白质种类越多，品质越好，越有利于观赏鸟的吸收，称为氨基酸的互补作用。为了提高饲料中蛋白质的利用率，通常将含有不同蛋白质的饲料按一定比例混合使用。饲料中的蛋白质分动物性蛋白质和植物性蛋白质，饲料中要含有一定量的动物性蛋白质。为满足观赏鸟的生长和生产需要，一般观赏鸟的饲料中蛋白质含量为16％～22％，其中，含动物性蛋白质5％～10％。

3. 碳水化合物　碳水化合物可为观赏鸟提供能量，维持观赏鸟正常的生理和生产活动。观赏鸟的体温比哺乳动物高，生性好动，新陈代谢旺盛，每天要消耗大量能量，所以必须从饲料中摄取大量的碳水化合物来补充能量。碳水化合物中含有粗纤维，观赏鸟对粗纤维的消化、吸收能力弱，所以饲料中的粗纤维含量不应超过5％。植物性饲料均含有丰富的碳水化合物，如玉米、稻谷、小麦等，以此为主要原料的饲料中，一般碳水化合物的含量可满足观赏鸟的需要。饲料中的碳水化合物过剩易使观赏鸟肥胖。因此，除合理搭配饲料外，还要加大观赏鸟的活动量，以防止观赏鸟肥胖。

4. 脂肪　脂肪是观赏鸟鸟体的重要组成成分，有维持体温、保护内脏与肌肉、润滑皮肤与使羽毛光泽的作用，是观赏鸟获得能量的重要来源。脂肪含有较高的能量，是碳水化合物、蛋白质的2.25倍。此外，脂溶性维生素只有溶解在脂肪中才能被观赏鸟吸收，如维生素A、维生素D、维生素E和维生素K等。有些脂肪酸不能在观赏鸟体内合成，必须靠饲料提供，如亚油酸。有些饲料中的脂肪含量过高，观赏鸟摄入过多时会造成肥胖。所以，养观赏鸟时要把饲料搭配好，不宜过多饲喂脂肪含量高的饲料。

5．矿物质 矿物质是观赏鸟生长发育过程中不可缺少的重要营养物质，是组成机体细胞的必要成分，细胞的多种功能，如生长、发育、分泌、繁殖等都离不开它。按观赏鸟需求量的多少可分为常量元素（如钙、磷、钠、氯、镁、硫）和微量元素（如锰、锌、铁、铜、碘、硒等）。其中，钙、磷、镁是构成骨骼的主要成分，机体中99％的钙和80％的镁存在于骨骼中，如果饲料中的这些元素不足或吸收发生障碍，会严重影响幼鸟的生长发育，使骨骼纤细而软弱，造成脚趾弯曲等。如观赏鸟在繁殖季节缺钙，会影响蛋壳的形成，导致产软壳蛋或产的蛋壳易破碎。

6．维生素 维生素是观赏鸟生长、繁殖过程中不可缺少的养分，它以多种形式参与代谢过程。维生素与观赏鸟生理活动有密切的关系，观赏鸟缺乏维生素时抗病力下降，生长缓慢，影响发情、繁殖。维生素分为脂溶性维生素和水溶性维生素，脂溶性维生素包括维生素A、维生素D、维生素E和维生素K，它们可在鸟体内储存。水溶性维生素主要为B族维生素和维生素C，水溶性维生素在观赏鸟体内的存留时间很短，一般不会引起中毒。维生素主要存在于糠、麸、青饲料等植物性饲料中，要注意青饲料的饲喂量，冬季缺乏青饲料时可在饲料中添加复合维生素或单体维生素，以满足观赏鸟生长、发育的需要。

（二）观赏鸟的饲料

1．能量饲料和蛋白质饲料 用于畜、禽的饲料原料都可作鸟类的饲料，只不过不同的鸟对某些饲料有偏爱。可作鸟类的饲料有谷子、稗子、黍、绿豆、玉米、黄豆、高粱、蚕豆、豌豆及各种豆类、谷类的加工副产品。在这些饲料中，谷子是各种鸟类都爱吃的。稗子营养价值高，价格较便宜，是观赏鸟的主要饲料之一。此外，玉米也是观赏鸟的好饲料。

2．辅助饲料 常用的观赏鸟的辅助饲料有白苏子、菜籽、麻籽、葵花籽、花生米、核桃仁、松子、柏籽、火麻仁等。辅助饲料也是维持鸟类健康的饲料，如换羽期、发情期或营巢之前要根据需要添加该类饲料。其中，白苏子是黄雀的主要饲料，菜籽多用于金丝雀，麻籽主要喂大、中型鹦鹉。观赏鸟特别爱吃这类饲料，但这类饲料的脂肪含量高，过多饲喂易使观赏鸟肥胖，影响繁殖。

3．昆虫类饲料 鸟类在育雏期需要大量的昆虫类饲料，食虫鸟要经常吃昆虫，如长期不喂活的昆虫会影响其生长发育。昆虫类饲料富含蛋白质和酶，可促进消化，增强体质。常见的有蝗虫、面包虫、玉米螟、蝇蛆等。

4．矿物质饲料 常用的矿物质饲料有贝壳粉、鱼粉、蛋壳粉、熟石灰、食盐、墨鱼骨粉等。与其他动物一样，观赏鸟的日粮也需添加矿物质饲料，以满足观赏鸟的健康和繁殖的需要。

5．青饲料 青饲料包括叶菜类、瓜果类、根茎类等，是观赏鸟维生素的主要来源。其中，以青菜为主，常用的有大白菜、小白菜、油菜等。菠菜含有大量草酸，会影响观赏鸟的骨骼发育，故不宜多用。野菜中的苦菜、马齿苋等含维生素较多，是观赏鸟较理想的保健饲料。此外，苹果、梨、香蕉、西瓜等也可作为保健饲料。

二、观赏鸟的繁殖

（一）种鸟的选择

种鸟的质量决定了后代品质的好坏，选择种鸟十分重要。现以鹦鹉为例，介绍观赏鸟的种鸟选择。

1．初选（或预选） 从孵化出壳的雏鸟开始，从中选择体型匀称、健壮、羽毛丰满且富有光泽、腹部紧收而干燥、活泼好动、眼大有神且向外突出、脚爪结实有力、不残不伤、反应敏捷、鸣声洪亮的作为初选的种鸟，待性成熟进入繁殖期后进一步复选。

2．复选（或精选） 将预选出的雏鸟按雌、雄分笼饲养，在生长发育过程中复选，选择饮食正常、体型匀称、羽毛华丽、活泼好动、善于鸣唱、体格健壮、无伤残、无疾病的作为种鸟，在繁殖期进行配种。

（二）鸟类繁殖的特点

1. 季节性 鸟类生殖器官的发育受光照周期的调控,导致鸟的繁殖具有季节性。在自然界,大多数的鸟在春季和秋、冬季繁殖,只有少数的鸟能够终年繁殖。

2. 择偶性 鸟类一般都是一雌一雄生活在一起,结成配偶,甚至多年不变(如鸽子)。但也有一雄多雌(雉鸡、鸵鸟等)或一雌多雄(三趾鹑、彩鹬)。

3. 占区性 到了繁殖季节,雄鸟先来到繁殖地点,在一定的区域内觅食、鸣叫,并伴随出现不同的求偶表现,以招引雌鸟来配对。繁殖季节的各种活动(觅食、孵卵、育雏等)均在巢区内进行,以保证繁殖期间有足够的食物。

4. 筑巢性 巢是鸟类产卵孵化和育雏的场所,因种类不同,筑巢的材料,巢的大小、形状、位置各异。进入繁殖季节后,如果发情雌鸟和雄鸟在栖杠上相互依偎亲昵、咬嘴;或雄鸟频繁鸣叫,在栖杠上不停地蹦跳,表明鸟已经发情,不久就会交配、产卵,鸟在交配前后便开始营巢。

目前,能够在笼养状态下进行繁殖的鸟尚且为数不多,只有文鸟科的文鸟、十姐妹、金山珍珠、五彩文鸟,雀科的金丝雀,鹦鹉科的虎皮鹦鹉、绯胸鹦鹉、牡丹鹦鹉、小五彩鹦鹉等少数鸟在人工饲养条件下能够成功繁殖。

三、观赏鸟的饲养管理要求

（一）日常的饲养管理

1. 喂料

（1）粒料 将各种粒料,如黍、苏子、麻籽等按一定比例,加入食缸中即可。食用粒料的鸟大多是把果壳敲开,啄里面的果仁吃。所以每天应至少将食缸内的饲料倾出一次,吹去壳屑,添加饲料,以免鸟啄不到壳屑下面的饲料。

（2）蛋米 添料时要先清除余料,洗净缸,每次加料不要太多。蒸蛋米以鸟一天内能食完为宜,炒蛋米至少2天更换1次。

（3）粉料 粉料是用豆粉、蛋黄粉、肉粉和水调制而成的,容易变质,所以应现用现配。气温在12 ℃以下时可以把一天的粉料一次性调配好,12 ℃以上时需多次调配,现用现配。

（4）青饲料 青菜为用得最多的青饲料,喂时不要切细,但要新鲜,不能喂已萎蔫的青菜,否则鸟啄食困难。青菜投放以前,一定要用水洗净,并用清水浸泡1～2 h,以去除菜叶表面的残留农药。青饲料一般1～2天喂一次,不可多喂,但产卵期和育雏期可适当增加一些。

（5）矿物质 可以把贝壳粉、蛋壳粉等混合在一起让鸟啄食。

2. 喂水 必须保证观赏鸟充足、清洁的饮水。鸟水缸中经常会有残食、鸟粪和水垢,这些污物对鸟的健康危害很大,因此水缸必须每天清洁后再注入清洁饮水。在夏季时,掺和了粉料的水很容易变质,为了防止饮水变质,可以在水缸内放入一小块木炭,这样即使在夏季隔天换水,水也不会变质。另外,在夏季可以每周在饮水中投放高锰酸钾1次,以对饮水进行消毒杀菌。为了避免鸟在水缸中水浴弄脏饮水,可在水缸中放入丝瓜络或海绵,使鸟仅能饮水而不能戏水。在鸟繁殖期间,应每天晚上给鸟换水,而不要在早晨换水,以免干扰鸟产卵。

3. 洗浴 大多数野生鸟类有洗浴的习惯,只要留心观察,就会发现湖泊、池塘经常有鸟在洗浴。野生鸟类在人工饲养后,失去了自由洗浴的条件,日久天长,笼养鸟的羽体就会变脏,不仅有碍玩赏,严重时还会产生羽虱等体外寄生虫,羽毛变得毫无光泽、蓬松、脱落,甚至因其他疾病而死亡。因此,一定要满足笼养鸟洗浴的需要。

（1）日光浴 日光浴可以使鸟体内能量积蓄,加强血液循环,增进食欲。同时,阳光还能刺激垂体,增强性激素和甲状腺素的分泌,促进鸟类的生长发育,并且阳光还有杀菌消毒的作用。夏季,由于阳光太强,要将鸟笼挂于阴凉处,利用反射的光线进行日光浴;冬季,最好在上午太阳斜射时,将鸟笼移挂到阳光下,让鸟直接照射阳光。

（2）水浴 饲养观赏鸟时,必须满足它们对水浴的要求。水浴时,可将浴缸盛满清水放置在笼内,也可将鸟笼放在盛有清水的盆中,使水淹及栖杠,让笼养鸟自由洗浴。不过最好是将鸟移入专门的洗浴笼内进行洗浴,以延长鸟笼的使用寿命。对入笼时间不长,还不会主动洗浴的笼养鸟,可用清水自笼顶淋在笼养鸟的身体上,使笼养鸟能安静洗浴。夏季应每天水浴1次,冬季可每周水浴1次。

（3）沙浴 沙浴可以驱除体内的寄生虫,保持羽毛的健康和光泽。笼养地栖性鸟类（如百灵、云雀、环颈雉等）时,应在笼内或鸟房里设置沙盘或沙坑,盘坑内放置细沙,让笼养鸟啄取进行沙浴。笼养鸟在沙浴时,会啄食一些沙砾,以增强消化功能,所以应经常清除沙盘内的粪便和食物残渣,换上新鲜干沙,保持笼内及鸟房的清洁卫生。

4. 修剪喙爪 野生鸟被人笼养、驯化后,失去了磨爪磨喙的机会,致使鸟爪与喙异常生长,影响了鸟的正常活动、啄食及修整羽毛。所以日常管理中应及时修剪鸟的爪与喙。

（1）修爪 当爪长已达趾长的2/3时或向后弯曲生长时,必须进行人工修剪。修剪方法简便易行,可用剪刀在离爪内血管1～2 mm处剪一刀,以无血渗出为度,然后,用指甲挫磨去棱角。

（2）修喙 鸟喙过长或过分弯曲会影响鸟的取食,这时要及时修理。修喙时先固定好鸟,然后以剪刀修剪,再以指甲锉磨去棱角。

5. 日常卫生清洁 鸟类非常爱干净,经过驯化后的笼养鸟生活在狭小的鸟笼内,如果环境不清洁,鸟体也会变脏,不仅丧失观赏性,也很容易生病。因此,日常卫生清洁是鸟饲养管理工作中一个非常重要的环节。日常卫生清洁主要包括两个方面:一是鸟具的卫生清洁;二是鸟体的卫生清洁。鸟具卫生清洁指做好鸟笼、食具、水具等的卫生清洁工作。每天要清洗鸟的栖架和承粪板,如果承粪板和栖架沾有粪便,需每3～5天用温水加洗涤剂清洗1次,鸟笼笼底如沾有粪便,应将鸟笼浸入清水盆中清洗。洗刷后的竹制鸟笼不能在阳光下暴晒,以防笼架松散。粒料缸一般每3～5天清洗1次,清洗后擦干再放粒料。米缸每天清洗1次,也要擦干后才能使用。粉料缸每3天清洗1次,也要干后再用。水缸要每天取出,将缸内水垢洗干净。笼底铺的细沙也很容易被粪便弄脏,要隔日过筛1次以清除粪便,并要经常换入经过暴晒或清洁的河沙。鸟体的卫生清洁是指鸟的羽毛、体表的清洁工作。除了要经常给鸟提供水浴和沙浴的条件外。沙浴用的沙子还要勤换,沙内还要加入少许硫黄粉,以防虱产生。

6. 运动 运动是保证鸟健康的重要措施。观赏鸟笼养后由于空间小,相应活动量也减少,所以笼养鸟时可以在笼舍的不同角度增加栖木,食具、水具设置在低处,使它们多飞翔,再加上人为喂料、打扫等操作,也可迫使鸟进行飞翔活动。另外,外出遛鸟时,鸟笼随人行走而摆动,鸟在栖架上为保持摇晃时的平衡,全身肌肉也会规律地收缩和放松,可达到运动的目的。

7. 日常健康观察 养鸟者每天都应抽出一定的时间认真观察笼养鸟的健康状况,以便发现问题及时解决。主要从排泄物、行动、鸣叫、觅食、呼吸及精神状态等方面进行观察。

（二）繁育期的饲养管理

在繁殖旺季,尤其对第一次产卵的观赏鸟要精心照料,需要加喂蛋米等发情饲料。对孵雏的鸟除验蛋外要减少惊动。要注意观察雏鸟发育状况,如同时有几窝同类的雏鸟育出,可调整亲鸟育雏的数量,以避免亲鸟弃雏或雏鸟发育不良等。雏鸟能自己吃食时,则应与亲鸟分笼饲养,以利于亲鸟恢复体力和提高繁殖率。应注意窝巢的清洁、巢箱的消毒,并加强螨虫病防治。

（三）不同品种的饲养管理

1. 百灵的饲养管理

（1）幼鸟的饲养 饲养百灵雏鸟一般选择7日龄的鸟,7日龄以下的鸟生命力较弱,很难成活。过迟,雏鸟已睁眼,不易驯服。在饲养过程中要把握好饲料选择、饲喂两个环节,出壳后第7日的百灵自己不会取食,须人工填食。饲养百灵雏鸟主要用粉状饲料,如绿豆粉、玉米面、鸡蛋黄,其次是昆虫及瘦肉等,饲喂量及饲喂次数根据雏鸟的日龄而定。饲喂前,将绿豆粉和鸡蛋黄分别蒸熟,按比例混合加水制成面团,用手搓成小丸或细条,蘸水后掰开雏鸟的嘴饲喂。

（2）成年鸟的饲养 当百灵体型、羽色近似成年鸟时才可喂干饲料和水。百灵属杂食鸟,要保

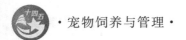

证饲料的多样性并有动物性饲料。成年百灵的主要饲料有谷子、大米,辅助饲料有菜籽、火麻仁等;保健饲料有青菜、胡萝卜等,动物性饲料有面包虫、蚕蛹、蝗虫等。

(3)幼鸟的管理　百灵每年 5—6 月孵出,对环境温度要求较高。一般 1~5 日龄的温度要维持在 32~35 ℃,随后逐渐下降,在 30 日龄时维持在 20 ℃左右。百灵喜欢沙浴,最好选用河沙,并要及时清理沙中的粪便。

(4)成年鸟的管理　饲养百灵的关键时期是换羽期和发情期。

①换羽期的管理　百灵每年换一次羽,一般从 7 月(农历)开始换羽,8 月羽毛大量脱落,9 月换羽结束,整个换羽期 100 天左右,即养鸟人说的"七零八落九长齐"。换羽期为百灵特殊的生理期,护理工作要格外细心,如果护理不好,有可能造成百灵死亡。因为换羽期百灵要消耗大量的营养来生长新羽,此时百灵的体质较差,加之此期百灵全身的毛孔疏松,易被病原菌侵入而引起各种疾病。要注意增加营养、保持环境安静、保暖、适时晒日光浴等。

②发情期的管理　百灵在每年 3—4 月开始发情,此时的鸣声最优美,鸣叫也最频繁,称为"大性期",此期的百灵晚上在灯光下也会鸣叫,称为"灯花"。发情期,百灵易兴奋,体力消耗大,因此,发情期要细心护理,多喂些绿豆粉、皮虫、瘦肉末等营养丰富的饲料,并让百灵多晒阳光,但要避免烈日直射。

2. 虎皮鹦鹉的饲养管理

(1)虎皮鹦鹉的饲料及饲养　虎皮鹦鹉平时的饲料以种子、小米为主或以蛋米为主,可每天喂点青菜、牡蛎粉或骨粉(也可在笼内放一整块墨鱼骨供其啄食)。虎皮鹦鹉喜食带壳的饲料。

(2)虎皮鹦鹉的管理　虎皮鹦鹉饲养简单,管理粗放,耐粗饲料,体质强壮,不易生病,易繁殖。

①温度和湿度　冬季注意保温,室温保持在 16 ℃。夏季温度达到 30 ℃以上时要加强通风,不要在强光下直晒。冬季繁殖时室温保持在 20 ℃以上,相对湿度为 45%~50%,保持室内空气流通。

②清洁卫生　每天更换清洁饮水,每周清理 1 次粪便。

③饲养环境　雌鸟在孵化期间对外界干扰较为敏感,尽量保持环境安静,以免亲鸟受惊后弃巢,影响孵化和育雏。

▶ 复习与思考

1. 鸟的概念及分类是什么?
2. 根据鸟的食性可以将鸟分为哪几类?
3. 鸟房和鸟笼的种类有哪些?
4. 请根据饲养需求设计一个画眉的鸟笼并列出其所需要的附属用具。
5. 请简述观赏鸟的主要营养需求。
6. 请查阅资料配制 5 种不同鸟的饲料。

▶ 实训

实训一　观赏鸟的品种识别

一、实训目标

通过观察图片对不同观赏鸟进行识别,使学生对各类观赏鸟有更加直观的认识。

二、实训内容

(1)实训材料　观赏鸟照片。

(2)实训步骤

①观赏鸟的识别。

②观赏鸟习性的认知。

（3）实训注意事项

①要注意对相近品种鸟的区分。

②要学会查阅资料以了解各种观赏鸟的习性。

（4）撰写实训报告。

实训二　观赏鸟的饲料配制

一、实训目标

要求学生了解观赏鸟饲料的种类和特征，初步掌握观赏鸟常用饲料的加工方法。

二、实训内容

（1）实训材料　各种谷物、玉米面、黄豆粉、绿豆粉、各种虫类、矿物质等，塑料袋或广口瓶（带塞）等。

（2）实训步骤

①根据饲喂要求设计饲料配方。

②准备饲料原料并进行初步加工。

③按照比例进行配制。

（3）实训注意事项

①要注意营养的均衡性。

②要根据观赏鸟的种类和生长阶段合理地对饲料配方进行调整。

③饲料原料要清洁卫生、防止发霉变质。

（4）撰写实训报告。

项目四　观赏鱼的饲养与管理

项目导入

　　本项目主要介绍观赏鱼的分类、形态特征、生活习性和饲养管理方法等内容,主要分为四个部分,分别为观赏鱼的认知、观赏鱼的用具、观赏鱼的饲养与管理和实训。观赏鱼的数量众多,饲养管理简单,所以本项目内容在教学和学习过程中占有着重要的地位。

学习目标

　　▲知识目标

1. 了解观赏鱼的生物学特性和生活习性。
2. 熟悉观赏鱼的分类和品种。
3. 掌握观赏鱼的用具和使用方法。
4. 掌握观赏鱼饲养管理的要点。

　　▲能力目标

1. 能够识别不同品种观赏鱼,并能够挑选适宜观赏鱼,并做好饲养观赏鱼的准备。
2. 能够根据观赏鱼的营养需要正确选择饵料。
3. 能够对不同品种的观赏鱼进行合理的饲养管理。

　　▲思政与素质目标

　　在培养学生掌握观赏鱼饲养管理技术的同时,坚定"四个自信",引导学生树立科技爱国、技术兴国意识,培养工匠精神,强化创新意识,实现可持续发展。

任务一　观赏鱼的认知

　　观赏鱼是指具有观赏价值的色彩鲜艳或形状奇特的鱼类。它们分布在世界各地,品种不下数千种,有的生活在淡水中,有的生活在海水中,有的来自温带地区,有的来自热带地区;有的以色彩绚丽而著称,有的以形状怪异而称奇,有的以稀少名贵而闻名。在世界观赏鱼市场中,通常由三大品系组成,即温带(冷水)淡水观赏鱼、热带淡水观赏鱼和热带海水观赏鱼。

一、观赏鱼的生活习性

（一）食性

　　在野生环境下,观赏鱼的食性可以分为3种:肉食性、杂食性和植食性。肉食性鱼类,齿较发达,以肉为食;部分热带鱼以及龙鱼等古代鱼类,如泰国虎鱼、地图鱼、射水鱼、红腹食人鲳等都是典型的肉食性鱼类;食物包括鱼、虾、贝、昆虫及幼虫、蛋类等,鱼类根据喜好各有取舍。某些肉食性热带鱼具有非凡的摄食方式,如射水鱼通过口腔顶部的凹槽和舌头形成的水管射水,射出的水柱可将植物叶面上的昆虫击落;龙鱼可以跃出水面 2 m 捕猎昆虫。大多数的热带鱼是杂食性的,金鱼和锦鲤是典型的杂食性鱼类,它们既能吃植物性食物,也能吃动物性食物。植食性观赏鱼类的数量不多,主要集中在鲤类和脂鲤类,食物包括水草以及附着性草类等,如银小丑鱼、鳉鲅等。

(二)繁殖习性

观赏鱼的生殖方式有卵胎生和卵生两种。卵胎生:在体内受精,受精卵在亲鱼生殖道内完成发育,所需营养物质由卵黄供给,当卵黄被吸收完全时,包裹新个体的受精卵被排出体外,仔鱼很快破膜而出,并能觅食。卵生:观赏鱼将卵子直接产于水中,体外受精,此后的发育也在水中进行,此过程通常称为"孵化",孵化出的仔鱼带有卵黄囊,一般不能立刻觅食。

卵胎生的观赏鱼很少,分属于鳉类的花鳉科、四眼科、古氏鳉科,其他鱼类都属于卵生。卵生鱼类的卵可分为浮性卵、沉性卵。

1. 产浮性卵的鱼类　鱼卵比重比水小,产出后浮于水面,并在水面孵化出仔鱼,多数常见的攀鲈类热带鱼属此种类型,其中斗鱼科部分雄鱼会在交配前吐出带有黏液的小气泡,并将其黏在浮于水面的水草叶和树叶上,大量水泡连成一片形成泡沫巢。筑好巢后雄鱼弯曲身体抱住雌鱼并将雌鱼翻转,然后雌鱼产卵,雄鱼同时射精,受精后的卵上浮并黏在泡沫巢上;此后雄鱼专心守护,36 h 后仔鱼孵出,但仍挂在巢上,其间偶有从巢上掉落的个体,雄鱼会立刻用口拾起并放回巢上。

2. 产沉性卵的鱼类　鱼卵比重比水大,多数具有黏性。此类鱼繁殖方式多种多样,常见的有如下几种类型。

(1)口孵型　卵在口中孵化,此类鱼被称为"口孵鱼",峡谷丽鱼和某些攀鲈类、鲇类属此种类型。峡谷丽鱼会先筑巢,然后在巢中产卵并受精,此后雌鱼口孵。仔鱼孵出后,往往仍会受到亲鱼保护,遇到危险时,进入亲鱼口中。龙鱼也是口孵型,雄性龙鱼可以口含 30~40 枚卵,雌鱼吃掉含不下的卵并担当守卫任务。

(2)洞穴型　小丽鱼大多选择隐蔽性很好的洞穴产卵,若没有洞穴,它们会在沉木与周围形成的间隙或枯叶之间的间隙进行产卵繁殖。雌鱼和雄鱼会一起清理整个产卵的巢穴,用嘴衔出巢穴中的细小杂物,将产卵的区域啄食干净。此时,巢穴周围 15 cm 的范围内都成了禁区,一旦有其他鱼类闯入,就会受到攻击和驱逐。人工繁殖时,要准备瓦罐等物体提供"洞穴"。

(3)开放型　大丽鱼选择的产卵地点是开放式的,这些地点往往比较平坦,没有其他物体作隐蔽。雌鱼选择好瓦片、石块或花盆等,并用嘴进行清理,此后雌鱼产卵,雄鱼随后射精,配合十分默契。孵化期间,亲鱼会护卵。

(4)播撒型　此类卵多具黏性,能附着在其他物体上,但有的卵不具黏性。播撒型鱼类不清理产卵地,往往在激烈追逐中完成交配。追逐中,雌鱼播撒卵,雄鱼随后射精,受精卵黏附在水体下方的物体上,因此繁殖时要为其提供合适的附着物,如水草、纤维团、玻璃弹珠、棕榈丝等。金鱼、锦鲤产黏性卵,鲤类、脂鲤类的大都产黏性卵,如斑马鱼、鲅类等。卵不具黏性的播撒型鱼类,如斑马鱼等少数鲤类和非洲产的脂鲤类,产卵时要为亲鱼准备隔离装置。

此外,还有部分鱼类将卵产在河蚌体内、埋入泥土、鱼类不能到达的岸边岩石或水草上等。

(三)栖息习性

水域在空间上分为上、中、下 3 层,但是鱼类活动的水层可能不会严格按照水域划分,多数会兼顾 2 个水层。鱼类栖息水层与其外部形态之间有一定联系,扁平型鱼类常在下层活动,如珍珠红鱼;平腹、口下位的鱼类多数喜欢在中下层的水域活动,如鼠鱼等;背部较平直、口上位或体形为针形的鱼类通常在中上层水域活动,如斧鱼、斑马鱼等。在中层活动的鱼类种类不多,包括铅笔鱼、血心灯鱼等。还有多种鱼类在全水层活动,如霓虹灯鱼、日光灯鱼(又称"白金宝莲灯")、黑裙鱼、盲鱼、接吻鱼、曼龙鱼以及几乎所有的卵胎生鲋等。

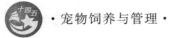

（四）行为特点

1. 群居性 多数鱼类性情温和，可以群养，如鼠鱼、霓虹灯鱼、锦鲤和多数金鱼。但也有例外的，比如，虎皮鱼通常被认为比较温和，可是它们不能和鳍大而且游动缓慢的鱼混养，如神仙鱼、斗鱼等，因为它们会叮咬其他鱼类的鳍，严重时会引起死亡；几乎所有的鲈类鱼都不习惯群游。

2. 攻击行为 有的鱼具有攻击行为，按照攻击目的可分为两种：一种是领地性攻击行为，此类鱼因无法容忍同类而发生争斗，如泰国斗鱼、接吻鱼等。有的鱼不仅攻击闯入领地的同类鱼，而且连异类也不放过，尤其在繁殖季节，攻击行为更加猛烈。另一种是猎食性攻击行为，如地图鱼、斑点鲈、龙鱼等，它们口比较大，喜欢捕食小型鱼类，就连水族箱中的小鱼也不会放过，但它们不会攻击体型大而无法吞咽的鱼。

3. 防御能力 鱼类的防御能力很强，多数鱼在受到攻击时会通过迅速游动来躲避危险，有的可以将身体突然变大，恐吓敌人或让敌人无法将其吞吃下去；有的鱼腹鳍特化成长丝，如曼龙等，可以利用灵活的长丝来试探敌人，并保持安全距离。有的鱼甚至可以改变体色以迷惑敌人，如变色鱼科的巴地斯鱼等。

4. 繁殖期的异常行为 繁殖期鱼类的行为往往会出现异常，有的鱼类色彩会更加艳丽，多数以雄性明显，这种变化后的色彩称为"婚姻色"，如雄性接吻鱼的体色由肉红色转为紫色，且有光泽。鲤类、脂鲤类的雄鱼会激烈追逐雌鱼；雄性胎生鳉鱼会在追逐雌鱼时将精液射入雌鱼体内；丽鱼类比较优雅，成双入对，配合默契，但富于攻击性。

5. 环境适应性 水是鱼类生存的环境，其理化因素对鱼类生长、繁殖有着极其重要的影响，其中主要的理化因素包括温度、溶氧量、pH值和硬度等。

（1）温度 按照温度可将常见淡水观赏鱼大体分为温水性观赏鱼、热带鱼。温水性观赏鱼对温度的适应范围较大，金鱼、锦鲤、鳑鲏等可以在 0.5～38 ℃的温度范围内生存，适宜水温为 23～32 ℃，繁殖的适宜温度为 22～26 ℃。热带鱼对温度要求比较严格，生活的水温一般在 20～30 ℃，繁殖水温一般在 24～28 ℃，多数种类能够承受的最低温度为 18 ℃。但不同种类的热带鱼对水温要求也有差异，如孔雀鱼、红剑鱼、黑玛丽等鱼种可以忍耐 10 ℃左右的水温而不死亡，而燕鱼、虎皮鱼等鱼种在水温低于 18 ℃时就会死亡。鱼类是变温动物，水温的急剧大幅度变化会造成鱼类生病，成鱼温度变化应控制在 3 ℃以内，鱼苗应控制在 1 ℃以内。

（2）溶氧量 多数观赏鱼正常生活的水中溶氧量应在 5mg/L 以上；当溶氧量在 2～3mg/L 时，摄食减少，生长缓慢；当溶氧量低于 2mg/L 时，鱼类开始浮头，甚至死亡。但是，不同种类有一些差异，如攀鲈类具有鳃上呼吸器官，可游到水面上吞咽空气而进行呼吸，耐低氧的能力较强。同种鱼类，幼体的耗氧率比成体高，温度高时的耗氧率比温度低时的高。

（3）pH值 大多数的热带鱼适宜生存的 pH 值为 6.0～8.0，其中喜欢偏酸性的居多。金鱼喜欢中性至弱碱性水质（pH 值为 7.0～7.5）。锦鲤也喜欢中性至弱碱性水质（pH 值为 7.2～8.0）。可使用市场上售卖的水族专用增酸剂和增碱剂改变水的 pH 值。鱼缸越大，水的 pH 值的稳定性越好。

（4）硬度 水的总硬度是指水中钙离子、镁离子的浓度，其中包括碳酸盐硬度和非碳酸盐硬度。一般情况下，高原山区水质的硬度一般偏高，平原与沿海地区的水质的硬度偏低，地下水的硬度一般高于地面水，雨水、雪水的硬度较低。淡水观赏鱼对硬度的偏好不同，多数适宜的硬度范围为 2～10 °dH。几乎所有的观赏鱼都能忍受较大的硬度变化，对硬度的变化不如温度敏感，但在繁殖期，水的硬度要调整到该种观赏鱼的适宜要求。

二、观赏鱼的品种

（一）金鱼的主要品种及其特征

中国是金鱼的故乡，发源地为浙江嘉兴和杭州。金鱼发现于我国的晋朝（公元 265—420 年），金鱼的放生池养始于距今 1000 余年的北宋初期（公元 968 年），家养始于南宋时期（公元 1127 年），金鱼是由野生鲫鱼经过长期人工选种和定向培育成功的品种。在自然界生活的银灰色的野生鲫鱼突变为红黄色的金鲫鱼,经过几百年的家养及人工选育,金鲫鱼逐渐演变成为不同品种的金鱼。世界各国饲养的金鱼最初均来自中国。公元 1502 年,中国金鱼传入日本,并在日本培育出了独具特色的新品种;公元 1611 年,中国金鱼首次运往葡萄牙,之后传入英国,到 18 世纪中叶,中国金鱼传遍欧洲各国;公元 1874 年,中国金鱼传入美国,之后逐渐传入美洲各国。现在中国金鱼已遍及全球各地,成为世界性的观赏鱼种类。

1. 文鱼　品种特征:头尖、体短、腹圆,身体呈三角形,各鳍发达(图 4-1)。中国金鱼输出后,在日本培育出琉金类,近年来引入中国并成为常见的养殖品种。

图 4-1　文鱼

彩图 4-1

常见品种:红文鱼、蓝文鱼、红白文鱼、五花文鱼、花文鱼、十二红文鱼、透明鳞文鱼、朱砂眼文鱼、红琉金长尾、红白琉金长尾、三色琉金、五花琉金等。

2. 高头　品种特征:又称帽子,体短而圆,头宽,头顶肉瘤高高隆起,呈方块状,并由数个小块组成,各鳍均很长(图 4-2)。

图 4-2　高头

彩图 4-2

常见品种:红高头、黄高头、橘黄高头、红白高头、五花高头、十二红高头、鹤顶红、皇冠珍珠、玉印头、朱顶紫罗袍、红高头球、紫高头球、红高头翻鲤球等。

3. 狮头　品种特征:体短而圆,头部肉瘤呈草莓状高高隆起,丰满厚实,包裹两颊,眼睛半陷于肉瘤中,各鳍发达(图 4-3)。

常见品种:红狮头、黄狮头、黑狮头、铁包金狮头、红白狮头、三色狮头、五花狮头、十二黑狮头、菊花头等。

图 4-3　狮头

4. 珍珠　品种特征:头尖嘴小,腹圆膨大,身披珍珠鳞片,体形有球形和橄榄形两类,以及大尾和短尾之分(图 4-4)。

图 4-4　珍珠

常见品种:红珍珠、橘黄珍珠、白珍珠、紫珍珠、蓝珍珠、红白珍珠、红白皮球珍珠、铁包金珍珠、五花珍珠、软鳞五花珍珠、红白珍珠高头、红珍珠翻鲤等。

5. 龙睛　品种特征:体短,眼为龙眼,眼球膨大而突出,眼仁乌黑明亮,有背鳍,各鳍发达(图 4-5)。

图 4-5　龙睛

常见品种:红龙睛、墨龙睛、紫龙睛、红白龙睛、十二红龙睛、黑白龙睛、铁包金龙睛、玛瑙眼龙睛、五花龙睛、透明鳞龙睛、红顶墨龙睛、喜鹊花龙睛等。

6. 蛋鱼 品种特征：体短而肥，呈卵圆形，无背鳍，鳍短小者称蛋鱼，鳍较长者称丹凤（图4-6）。

图4-6 蛋鱼

彩图4-6

常见品种：红蛋鱼、红白蛋鱼、黑白蛋鱼、三色蛋鱼、五花蛋鱼、红丹凤、紫丹凤、透明丹凤、五花丹凤等。

7. 水泡 品种特征：体短而肥，眼球下方有半透明的大水泡，各鳍较长，有背鳍或无背鳍（图4-7）。

图4-7 水泡

彩图4-7

常见品种：红水泡、黄水泡、银身红水泡、墨水泡、紫水泡、红白水泡、黑白水泡、素蓝水泡、五花水泡、朱砂水泡等。

（二）热带鱼的主要品种及其特征

热带鱼是指生活在热带和亚热带地区淡水中的观赏鱼，通常能够正常存活的温度在20℃以上。热带鱼主要分布于距离赤道较近的南美洲（亚马孙河流域），如巴西、秘鲁、哥伦比亚、委内瑞拉、圭亚那等；非洲，如喀麦隆等；东南亚地区，如泰国、印尼等；我国出产的热带鱼主要分布在广东和台湾等地。20世纪初国外开始驯养热带鱼，1923年德国人巴德撰写的《水族馆淡水鱼》是最早的专门介绍热带鱼饲养的书。20世纪30年代热带鱼从国外传入中国，如今世界范围内的热带鱼养殖方兴未艾，成为众多家庭、办公场所和宾馆、饭店、娱乐场所等的装饰物。

1. 花鳉科 花鳉科鱼类对环境的适应性强，易产生变异性状，均以卵胎生方式繁殖后代，雄鱼臀鳍演化成棒状输精器，雌鱼直接产出仔鱼。

（1）孔雀鱼

学名：*Poecilia reticulata*

别名：虹鳉鱼、彩虹鱼、百万鱼。

原产地：南美洲的委内瑞拉、圭亚那。

形态特征：体呈长纺锤形，前部圆筒状，后部侧扁，体长5～7 cm。雌雄鱼外形及颜色差别很大，雄鱼较雌鱼瘦小，背鳍、尾鳍宽而长，臀鳍呈尖状。体色艳丽，有红、橙、黄、绿、青、蓝、紫及杂色等，尾鳍上有如孔雀尾屏上的彩色斑点，故名孔雀鱼。尾鳍形状有十多种，有上剑尾、下剑尾、双剑尾、圆尾、扁尾、琴尾、旗尾、三角尾、火炬尾、裙尾等，单尾鳍呈鲜艳的蓝色、红色、黄色、淡绿色、淡蓝色，散布着大小不等的黑斑点（图4-8）。

彩图4-8

a.红礼服孔雀鱼　　b.马赛克白子孔雀鱼

c.蓝草尾孔雀鱼　　d.蓝礼服白子孔雀鱼

e.全红孔雀鱼　　f.剑尾孔雀鱼

图4-8　孔雀鱼

习性：性情温和，活泼好动，宜与其他热带鱼混养。适宜水温为20～24 ℃，耐低温，10 ℃以上能存活，对水质要求不高，能耐受较脏的水质，喜微碱性和中性水质。杂食性，不择食。4个月时性成熟，雌鱼较雄鱼个体大，身体粗壮，体色单调，为暗橄榄色。卵胎生，繁殖周期为30天左右。

品种：孔雀鱼经过百余年的人工培育，形成了十几个系列近百个品种。改良的孔雀鱼主要表现为体色、背鳍与尾鳍的形状、色彩、花纹的不同，有马赛克、蛇王、礼服、剑尾、草尾、金属、单色系、白金、粉红、虎斑、日本蓝等系列孔雀鱼。

（2）剑尾鱼

学名：*Xiphophorus helleri*

别名：剑鱼、蓝剑尾鱼、鸳鸯剑尾鱼。

原产地：墨西哥、危地马拉。

形态特征：体呈长纺锤形，稍侧扁，体长 10～12 cm。雌雄鱼差别明显，雄鱼出生后约 3 个月，尾鳍上叶长似剑，故名剑尾鱼；雌鱼无剑尾，身体比雄鱼粗壮。

习性：性情温和，喜跳跃，适宜与其他热带鱼混养。适宜水温为 20～25 ℃，对水质要求不高，适应性强。杂食性，不择食。7 个月时性成熟，卵胎生，繁殖周期为 40 天左右，有性逆转现象，雌鱼可转化成雄鱼。

品种：剑尾鱼经过百余年的人工养殖，已培育出许多华丽夺目的品种，其颜色变化有红、青、黑、白、花等，其体形的变化有高鳍、帆翅、叉尾、双尾等。常见品种有鸳鸯红剑鱼、帆鳍燕尾、红剑尾鱼（图 4-9）、黄剑尾鱼、绿剑尾鱼、红眼剑尾鱼、黑鳍白剑尾鱼、燕尾剑尾鱼、双剑尾鱼、胡椒剑尾鱼、什锦剑尾鱼等。

彩图 4-9

图 4-9　红剑尾鱼

（3）月光鱼

学名：*Xiphophorus maculatus*

别名：月鱼、新月鱼。

原产地：墨西哥、危地马拉。

形态特征：体呈纺锤形，稍侧扁，身体较粗壮，体长 5～6 cm。雌雄鱼体色差别不大，雄鱼臀鳍呈尖形，雌鱼臀鳍为圆形，体色多种，原种为褐色，体侧有少数蓝色斑点，尾柄上有半月形黑斑纹，故名月光鱼，灯光下体色更加艳丽夺目。

习性：性情温和，爱静，适宜与其他热带鱼混养。适宜水温为 22～26 ℃，能忍受 14 ℃ 的低温，适应性较强，对水质要求不高，喜中性、弱碱性水质。杂食性，不择食。5 个月时性成熟，卵胎生，繁殖周期为 40 天左右。不同品种间容易杂交，能与剑尾鱼类杂交。

品种：月光鱼经过长期人工培育产生出众多色彩缤纷的品种，主要表现为体色、鳍色上的差异以及色彩搭配、鳍形等的不同（图 4-10）。常见品种有红月光鱼、蓝月光鱼、黄月光鱼、黑尾红月光鱼、黑尾黄月光鱼、帆鳍红月光鱼、红鳍金月光鱼、金头月光鱼、双鳍月光鱼、金头帆鳍月光鱼等。

（4）珍珠玛丽鱼

学名：*Poecilia latipinna*

别名：宽鳍鱼、摩利鱼。

原产地：墨西哥、美国。

形态特征：体呈宽纺锤形，侧扁，体长可达 10 cm。雌雄鱼差别较大，雄鱼背鳍宽大，展开竖立如帆，并缀满珍珠状的小点，臀鳍尖形，雌鱼个体较大，臀鳍圆形。鱼体侧从鳃盖后端至尾柄基部有 10 条纵向的褐红色的条纹（图 4-11）。

习性：性情温和，活泼好动，适宜与其他热带鱼混养。适宜水温为 20～28 ℃，耐低温，10 ℃ 以上

Note

彩图 4-10

彩图 4-11

图 4-10　月光鱼

图 4-11　珍珠玛丽鱼

能存活,喜欢弱碱性的硬水。杂食性,可吃植物性食物,喜啃食固着藻类。6 个月时性成熟,卵胎生,繁殖周期为 40 天左右。

品种:玛丽鱼因体色和花斑的变异,具有多个品种,有高鳍玛丽鱼、金玛丽鱼、花玛丽鱼、黑玛丽鱼、银玛丽鱼等。

2. 脂鲤科　脂鲤科是热带鱼中种类最多的一个科,多产于美洲,主要特征是背鳍后有一个小小的脂鳍。绝大多数为小型鱼类,体色光亮,鲜艳美丽,均属卵生鱼类,繁殖时需避光,卵具有多动性,需放入水草等处附着受精。

(1)红绿灯鱼

学名:*Paracheirodon innesi*

别名:鲃脂鲤、霓虹灯鱼、红蓝灯鱼、红莲灯鱼。

原产地:南美洲的秘鲁、哥伦比亚、巴西。

形态特征:身体较细,体型娇小,体长 3～4 cm。身体上半部有一条明亮的银蓝色纵带,在光线折射下既绿又蓝,身体下半部从腹部至尾部有一条红色条纹。鱼体小巧玲珑、晶莹剔透、色彩艳丽,游动时红绿蓝交相辉映,频频闪烁,故名红绿灯鱼(图 4-12)。

习性:红绿灯鱼性情温和,活泼,喜欢集群游动,可与其他温和热带鱼混养。适宜水温为 22～24 ℃,喜欢弱酸性(pH 值为 6.4～6.8)、硬度 4～8 °dH 的水。胆小易惊,喜欢幽静的环境,光照不宜过强,水中宜多种植水草。对食物无苛求。6 个月时性成熟,雌雄鉴别较难,卵生。

(2)头尾灯鱼

学名:*Paracheirodon*

图 4-12　红绿灯鱼

彩图 4-12

别名:眼斑半线脂鲤、车灯鱼、灯笼鱼。

原产地:南美洲圭亚那、亚马孙河流域。

形态特征:体呈纺锤形,侧扁。腹鳍、臀鳍呈微黄色,光照下发蓝色荧光,体两侧中部有一条深蓝色条纹,在眼缘处和尾端各有一块金色斑,游动时闪烁不停,如灯照耀,故名头尾灯鱼(图 4-13)。

习性:头尾灯鱼性情温和,娇小美丽,活泼强健,喜结群游动于水体的中上层,可与其他热带鱼混养,放养数量宜少,对水质要求不高,适宜水温为 22～27 ℃,水的 pH 值为中性。不择食。6 个月时性成熟,雄鱼体色鲜艳,雌鱼较雄鱼宽,腹部膨大。卵生,黏性卵。

图 4-13　头尾灯鱼

彩图 4-13

(3) 柠檬灯鱼

学名:*Hyphessobrycon pulchripinnis*

别名:柠檬翅鱼、美鳍脂鲤、柠檬鱼。

原产地:南美洲的巴西、亚马孙河。

形态特征:体呈长梭形,侧扁,体长 4～5 cm。全身呈柠檬色,体两侧中部有一条光亮耀眼的黄色条纹,背鳍和臀鳍前缘为柠檬色,边缘有黑色条纹,眼上部为亮红色。柠檬灯鱼晶莹剔透、色调和谐、色彩淡雅,故在热带鱼中享有盛誉(图 4-14)。

习性:柠檬灯鱼性情温和,喜群居,可与其他热带鱼混养。适宜水温为 21～30 ℃,喜弱酸性软水和有水草的环境。不择食。6 个月时性成熟,雌雄鱼无明显区别,卵生。

(4) 黑裙鱼

学名:*Gephyrocharax melanocheir*

别名:裸顶脂鲤、黑褶鱼、黑掌扇鱼、半身黑鱼。

彩图 4-14

图 4-14　柠檬灯鱼

原产地:南美洲的巴西、巴拉圭、玻利维亚。

形态特征:体高而侧扁,呈卵圆形,体长 7～8 cm。前半身银灰色,有 3 条黑长斑,分别位于眼、鳃盖后,背鳍起点与后半身包括背鳍、腹鳍、臀鳍等,均为黑色,老龄鱼黑色褪变为深灰色。背鳍、臀鳍发达,臀鳍宽大,游泳时摆动如裙,故名黑裙鱼(图 4-15)。

彩图 4-15

图 4-15　黑裙鱼

习性:黑裙鱼性情温顺,活泼好动,爱挑斗,宜和温和的大中型热带鱼混养。对水质无严格要求,适宜在水温 22～25 ℃,pH 值为 6.8 左右的水中生长。应注意保持水质和水温稳定,以减少"黑裙"褪色。杂食性,能争食。6 个月时性成熟,雄鱼体细长,背鳍、臀鳍黑色,鳍末端尖长;雌鱼体肥壮,背鳍、臀鳍呈扁状。卵生,黏性卵。

(5)拐棍鱼

学名:*Thayeria abliqus*

别名:企鹅鱼、斜鱼、黑白线鱼。

原产地:南美洲的巴西、亚马孙河支流。

形态特征:体呈长形,稍侧扁,体长 5～6 cm。鱼体为银灰色,各鳍为透明的浅黄色,体两侧偏上各有一条黑带,从鳃盖后缘至尾基部拐向尾鳍下叶末端,加上它那倾斜的游姿,像一根黑色的拐棍镶嵌在鱼的身上,故名拐棍鱼(图 4-16)。

习性:拐棍鱼性情温顺,喜欢集群活动,适宜与其他小型热带鱼混养。适宜水温为 22～27 ℃、pH 值为 6.4～6.8 的弱酸性软水。不择食,喜食小型浮游动物。10 个月时性成熟,雌雄鉴别较难,仅生殖期雌鱼腹部较大。卵生,黏性卵。

(6)红鼻剪刀鱼

学名:*Hemigrammus rhodostomus*

别名:红鼻鱼。

原产地:南美洲的亚马孙河、巴西。

彩图 4-16

图 4-16　拐棍鱼

形态特征:菱形,体长 5～6 cm。体色银白色略带淡黄,尾鳍上下叶有 5 条黑条纹和 4 条白条纹,形似剪刀,头部红色,吻部鲜红色,故称红鼻剪刀鱼(图 4-17)。

习性:红鼻剪刀鱼性情温和,可与同体型同性格的小型鱼混养,喜欢群居,单个水族箱里的红鼻剪刀鱼的数量最好不要少于 3 条。适宜水温为 22～26 ℃,喜 pH 值为 5.4～6.8 的弱酸性软水。不择食。6～8 个月时性成熟,雌雄较难区分,雄鱼瘦小,雌鱼腹部隆起。卵生,沉性卵,繁殖需要水草。

彩图 4-17

图 4-17　红鼻剪刀鱼

3.鲤科　鲤科观赏热带鱼主要产于东南亚,主要特征为上下颌无齿,有咽喉齿 1～3 行,卵生鱼类,产黏性卵,繁殖需要水草等附着物,亲鱼无护卵习性。

(1)斑马鱼

学名:*Danio rerio*

别名:花条鱼、蓝条鱼。

原产地:亚洲的印度、孟加拉国。

形态特征:体呈菱形,胸腹部较圆,尾部侧扁,体长 5～6 cm。全身基调黄色,背部橄榄色,体侧有数条深蓝色纵条纹直达尾鳍,而且臀鳍较长,也有与体侧相似的纵条纹,因满身条纹似斑马,故名斑马鱼(图 4-18)。

习性:性情温和,活泼友好,爱在水中结群快速游动,宜群养,能与其他热带鱼混养。适宜水温为 20～25 ℃,能耐 10 ℃以上低温,对水质要求不高,喜 pH 值为中性的环境。不择食。6 个月时性成熟,雄鱼偏黄色,瘦小;雌鱼偏蓝色,腹部膨大。卵生,沉性卵。

品种:斑马鱼有 10 余个品种,主要区别表现为条纹的多少、宽窄、形状,以及鳍形上的变异等,如长鳍斑马鱼、闪电斑马鱼、大斑马鱼、豹纹斑马鱼。

Note

图 4-18 斑马鱼

（2）虎皮鱼

学名：*Barbus tetrazona*

别名：四间鱼。

原产地：马来西亚、印度尼西亚。

形态特征：体呈卵圆形，高，侧扁，体长 5～6 cm。体色基调浅黄色，背部金黄色，背鳍、腹鳍、尾鳍、吻部为红色，鱼体两侧通过眼部、腹鳍前部、背鳍前部和尾鳍前部有 4 条垂直的黑色条纹，斑斓似虎皮，故名虎皮鱼（图 4-19）。

图 4-19 虎皮鱼

习性：喜群居游动，活泼敏捷，经常袭击游动缓慢的鱼，尤爱咬丝状体鳍条，不宜与神仙鱼等混养。对水温要求较高，18 ℃ 以下易生病，15 ℃ 即死亡，适宜水温为 24～26 ℃，此时体色最艳丽，喜欢清澈的老水。杂食性，爱吃甜食。6 个月时性成熟，雄鱼繁殖期间吻部鲜红色；雌鱼体态丰满，腹部膨大。卵生，沉性卵。

品种：虎皮鱼有 20 多个品种，主要区别表现为体色和条纹的不同，如绿虎皮鱼、金虎皮鱼、红虎皮鱼等。

4. 斗鱼科 斗鱼科鱼类具有辅助呼吸器官——褶鳃，可用褶鳃吞咽空气中的氧气，一般不易因水中缺氧而窒息死亡。腹鳍一般有丝状延长鳍条。繁殖期间出现婚姻色，雄鱼更为明显，卵生鱼类，雄鱼有吐泡营巢和护幼的特性。

（1）泰国斗鱼

学名：*Betta splendens*

别名：暹罗斗鱼、搏鱼、五彩搏鱼。

原产地：亚洲的泰国、马来西亚。

形态特征：鱼体呈长纺锤形，稍侧扁，体长 7～8 cm。背鳍、臀鳍、尾鳍宽大，尾鳍呈火炬形，身体及各鳍色彩艳丽,主要有鲜红色、紫红色、蓝紫色、艳蓝色、绿色、黑色、乳白色及其他杂色和复色(图4-20)。泰国斗鱼经人工选择、杂交等定向培育,色彩更加缤纷,游姿飘逸稳健,深得人们喜爱。

a.超红超半月斗鱼	b.紫蝶将军斗鱼

c.黄金钢龙将军斗鱼   d.黄金双尾斗鱼

彩图 4-20

e.皇室蓝龙全面具将军斗鱼   f.超红龙将军斗鱼

图 4-20　泰国斗鱼

习性:泰国斗鱼好斗,争斗一般在雄鱼间进行,因此不能把两尾以上成年雄鱼放在一起,雌鱼间以及泰国斗鱼与其他鱼之间不会发生争斗,可以混养。适宜水温为 22～24 ℃,不能低于 20 ℃,对水质要求不高。不择食。6 个月时性成熟,雄鱼颜色鲜艳,各鳍较长;雌鱼颜色浅,各鳍较短。卵生,浮性卵。

（2）珍珠马甲鱼

学名:*Trichogasterleeri*

别名:珍珠鱼、珍珠毛足鲈。

原产地:亚洲的泰国、印度尼西亚、马来西亚。

形态特征:鱼呈长椭圆形,侧扁,体长可达 12～14 cm。腹鳍长丝状,金黄色,有触角作用,臀鳍长而宽,呈金黄色。体为银灰色,体侧中部有一条齿形黑色纵条纹,其末端有一个大的黑色圆斑点,全身和各鳍布满珍珠样银色斑点,游动时珠光闪烁,美丽无比,故名珍珠马甲鱼(图 4-21)。

习性:平时性情温顺,可以和其他热带鱼混养,但繁殖期间变得暴躁好斗,宜分开养。适宜水温21～30 ℃,对水质要求不高,喜欢藏匿在水草中。不择食,喜食高蛋白活饵料。10 个月时性成熟,雄

图 4-21 珍珠马甲鱼

鱼各鳍长,体色艳丽;雌鱼各鳍短,腹部较膨胀。卵生,浮性卵。

（3）丽丽鱼

学名:*Colisa lalia*

别名:密鲈、桃核鱼、小丽丽。

原产地:亚洲的印度。

形态特征:体呈长椭圆形,侧扁,腹鳍演化成丝状体,体长 5～6 cm。体色艳丽,雄体呈红、橙、蓝三色,相间的红、蓝色条纹斜向体侧,背鳍、臀鳍、尾鳍上饰有红蓝色斑点,镶红色边;雌鱼体色较暗,呈银灰色,体侧浅黄,以蓝色斜向条纹相间为主(图 4-22)。

图 4-22 丽丽鱼

习性:性情温和,胆小,喜欢躲在水草中,可以和其他热带鱼混养。适宜水温为 23～26 ℃,18 ℃以上能生长,对水质要求不高,喜欢生活在弱酸性的硬水里,爱清澈的老水。不择食。6 个月时性成熟,雄鱼背鳍末端尖,雌鱼背鳍末端圆,腹部膨胀。卵生,浮性卵。

品种:因体色差异产生不同品种,主要有紫丽丽鱼、灰丽丽鱼、红丽丽鱼、金丽丽鱼等。

（4）蓝星鱼

学名:*Trichogaster trichopterus*

别名:三星鱼、蓝三星、毛足鲈。

原产地:亚洲的泰国、印度、马来西亚、印度尼西亚。

形态特征:体呈椭圆形,侧扁,体长 14～15 cm。腹鳍长丝状达尾鳍,浅黄色,臀鳍宽长,鳍基起自胸下至尾鳍基部,浅黄色有金红色的边缘。遍体蓝灰色,体侧有 3 个大的黑色圆斑点(图 4-23)。

习性:性情温和,可和其他大中型热带鱼混养。适宜水温为 22～28 ℃,对水质无严格要求。杂食性,不择食。6 个月时性成熟,雄鱼背鳍长而尖,体色鲜艳;雌鱼背鳍短而圆,腹部膨大。卵生,浮性卵。

品种:蓝曼龙鱼是蓝星鱼的变种,不同的是其全身散布云石状浅蓝色斑纹和大块不规则黑斑,与其体色不同的品种有黄曼龙鱼、咖啡曼龙鱼、银曼龙鱼等。

彩图 4-23

图 4-23　蓝星鱼

　　斗鱼科常见热带鱼种类还有印尼斗鱼、厚唇丽丽鱼、大丝足鲸鱼、梳尾鱼、蛇纹马甲鱼、巧克力飞船鱼等。

5. 沼口鱼科

接吻鱼

学名:*Helostoma temmincki*

别名:吻鱼、吻嘴鱼、桃花鱼。

原产地:亚洲的印度尼西亚、马来西亚、泰国。

形态特征:体呈卵圆形,侧扁,体长可达 10～20 cm。口唇发达能伸缩,上有锯齿。体呈乳白色,微透粉红色,吻端浅肉红色,各鳍均透明(图 4-24)。

彩图 4-24

图 4-24　接吻鱼

　　习性:性情温顺,好成群游动,宜与好动的热带鱼混养。两条鱼相遇会嘴对嘴接吻,可长达几分钟,故名接吻鱼。接吻是在口对口地打斗,是它们保卫领地的习性。适宜水温为 21～28 ℃,对水质适应性强,喜欢弱酸性的软水。杂食性,喜欢刮食固着藻类。8 个月时性成熟,雌雄鉴别困难。卵生,浮性卵。

　　品种:接吻鱼野生种为长椭圆形,变异种鱼身变形为圆形,因而有长接吻鱼和短接吻鱼之分。

6. 丝足鱼科

金战船鱼

学名:*Osphronemus goramy*

别名:战船鱼、大万隆鱼。

原产地:南美洲的亚马孙河。

形态特征:体呈椭圆形,头大,嘴大,体长 30～40 cm。全身金黄色,体表鳞片边缘透着淡淡的红

色,有金属光泽。胸鳍宽大,背鳍前部较低,后部挺拔,臀鳍由后腹部一直延伸到尾柄,胸鳍、背鳍、臀鳍、尾鳍金黄色(图4-25)。

图4-25　金战船鱼

习性:具有一定的攻击型,只能和大型鱼类混养。适宜水温为24～27 ℃,对水质要求不高,喜中性或微酸性软水。杂食性,食量大。4年左右性成熟,雄鱼头部有像鹅一样的隆起,雌鱼头部较为平顺。卵生,浮性卵。鱼体两侧闪烁着桃红色、天蓝色、嫩绿等鲜艳色彩的金战船鱼,其色彩是靠人工处理用激光打在鱼体上或注射人工染料而成。

7. 慈鲷科　慈鲷科鱼类的常见种类体型较大,体型较小的称为短鲷类。慈鲷科鱼类背鳍、臀鳍前部分鳍条为硬棘。多数种类要自择配偶,有争夺领地和护幼习性,喜产卵在石块和池底上。

(1)神仙鱼

学名:*Pterophyllum scalare*

别名:燕鱼、天使鱼、帆鳍鱼。

原产地:南美洲的圭亚那、巴西。

形态特征:体呈菱形,高、扁,体长可达12～15 cm。背鳍、臀鳍长、大,上下对称,中部鳍条长,张开如帆,腹鳍呈丝状,柔软细长,白色。体色基调银白带黄,两侧各有4条间距相等、黑色明显的垂直条纹,眼眶为红色(图4-26)。

图4-26　神仙鱼

习性:性情温和,爱在水中上层游动,可与习性相同的热带鱼混养,不能与虎皮鱼放在一起。适宜水温为22～26 ℃,要求水体宽大,水质清洁,有水草和光线照射,喜欢弱酸性(pH值为6.5～7.4)的软水;不择食,喜食动物性饵料。10个月时性成熟,雄鱼头顶凸起,个头较大;雌鱼头顶平滑,腹部膨大。卵生,黏性卵。

品种:神仙鱼经过人工培育产生了数十个不同的品种,主要表现为体色、花色、体态、鳍形的不同,常见品种有黑神仙鱼、白神仙鱼、灰神仙鱼、云石神仙鱼、斑马神仙鱼、鸳鸯神仙鱼、玻璃神仙鱼、金头神仙鱼、长鳍或短鳍神仙鱼等。

(2)七彩神仙鱼

学名:*Symphysodon aequifasciata*

别名:七彩燕鱼、铁饼鱼、盘丽鱼。

原产地:南美洲的委内瑞拉、巴西、圭亚那。

形态特征:体呈圆盘,侧扁,体高可达 18 cm,体长可达 20 cm。背鳍、臀鳍分别起于背部前和腹鳍基处直至尾柄,左右对称。体色基调蓝色,从鳃盖后端至尾柄基部有 8 条间距相等的棕红色横条纹,从头、体、背鳍至臀鳍有无数条不规则的、弯曲的、波浪形的红色纵向条纹,体色受光线影响而变化,亮光下色彩艳丽,五彩缤纷。七彩神仙鱼因其独特的形体、丰富烂漫的光纹、闪烁变幻的色彩、高雅轻盈的泳姿,被冠以热带鱼之王之称(图 4-27)。

彩图 4-27

图 4-27 七彩神仙鱼

习性:七彩神仙鱼喜静怕惊,要求有水草,水体宽大,虽性情温和,但适于单养,也可和小型文静的中上层鱼混养。对水质要求高,属高温高氧鱼,水温需要长期保持在 26～30 ℃,溶氧量丰富。要求弱酸性软水,pH 值为 6.0～6.6,水质洁净,光照适宜。对饵料要求苛刻,好食动物性饵料和活饵料,并应经常变换口味。1.5～2 年性成熟,雌雄鉴别较难。卵生,黏性卵,仔鱼要吸食亲鱼体表的黏液。

品种:七彩神仙鱼是五彩神仙鱼的变种,经多年的人工选育后已产生许多新品种,有体色(红色、绿色、蓝绿色、蓝色)之分、花纹的差别、体型和鳍形的差别等。七彩神仙鱼一般分为九大派系,其中原种四系:五彩神仙鱼、棕(褐)色七彩神仙鱼、蓝七彩神仙鱼、绿七彩神仙鱼;人工育成五系:条纹蓝绿七彩神仙鱼、纯蓝绿七彩神仙鱼、红蓝绿七彩神仙鱼、红色型七彩神仙鱼、杂交七彩神仙鱼。台湾将七彩神仙鱼分为七大品系:红松石(全红)七彩神仙鱼、蓝松石(全蓝)七彩神仙鱼、红点(豹纹)七彩神仙鱼、鸽子(蛇鸽、点鸽、全红万宝路、棋盘鸽、白鸽)七彩神仙鱼、蛇纹(红蛇、点蛇、豹蛇)七彩神仙鱼、魔鬼(熊猫)七彩神仙鱼、其他不可分类(雪玉、黄金、棋盘、珍珠)七彩神仙鱼。七彩神仙鱼主要品种:野生七彩神仙鱼、棕色七彩神仙鱼、蓝七彩神仙鱼、绿七彩神仙鱼、黑格尔七彩神仙鱼、皇室蓝七彩神仙鱼、皇室绿七彩神仙鱼、改良种纯系七彩神仙鱼、蓝松石七彩神仙鱼等。

(3)地图鱼

学名:*Astronotus ocellatus*

别名:星丽鱼、猪仔鱼、黑猪鱼。

原产地：南美洲的圭亚那、委内瑞拉、巴西。

形态特征：体呈椭圆形，侧扁，体长可达 30 cm。背鳍和臀鳍发达宽长，对称，背鳍前部是锯齿状短硬棘，尾鳍上有一个金色圆环，鱼体黑褐色。体侧有不规则的橙黄色斑块和红色条纹，呈地图状，故名地图鱼（图 4-28）。

图 4-28　地图鱼

习性：性情凶猛，游泳快速，反应敏捷，不能和小型鱼混养。适宜水温为 22～30 ℃，对水质要求不高。肉食性，吃鱼虾或动物肉块，食量大，生长快。18 个月时性成熟，雄鱼头厚而高，背鳍、臀鳍末端较尖而长，斑纹色泽鲜艳；雌鱼头薄而短，背鳍、臀鳍末端圆而短，腹部膨大。卵生，黏性卵。

品种：地图鱼因体色斑纹的不同，有多个品种。常见的有红地图鱼、白地图鱼、黄地图鱼、红花地图鱼等。

（4）非洲凤凰鱼

学名：*Melanochromis auratus*

别名：非洲王子、黄线凤凰。

原产地：非洲的马拉维、坦桑尼亚、莫桑比克。

形态特征：体呈梭形，稍侧扁，体长 10～12 cm。背鳍长，臀鳍短。体呈黄色，从背鳍到体侧中部有 3 条黑色纵带，尾鳍上散布着不规则黑点。体色不稳定，成长后体色与斑纹黄黑互换或互为增减，繁殖期有婚姻色（图 4-29）。

图 4-29　非洲凤凰鱼

习性：性恶，好欺侮弱小，成熟雄鱼间会为雌鱼相斗，适于单养。对水质要求不高，适宜水温为 22～30 ℃。杂食性，不择食。10 个月时性成熟，雄鱼变为灰黑色，背鳍与尾鳍上部为黄色，黑色纵带变成浅蓝色；雌鱼保持原来的色彩与斑条纹，略显浅蓝色。卵生，口孵化。

（5）荷兰凤凰鱼

学名：*Papiliochromis ramirezi*

别名：七彩凤凰鱼。

原产地：南美洲的委内瑞拉。

形态特征：体呈长椭圆形，侧扁，背鳍前方有 4 条黑色的棘刺，体长可达 8 cm。体呈蓝灰色，鳃盖上有一长条黑色斑块，前半身有 1～3 个黑斑，身体和鳍上布满蓝色斑点，在光线照射下闪闪发光。雄鱼的腮部下方有黄染，鳍上有漂亮的红边，背上的黑斑加上红色的眼睛可谓靓丽非凡，展开背鳍上的 4 根黑色的棘条非常美丽，体侧黑斑周围蓝色喷点排列规则，整体喷点较粗大；雌鱼各鳍略短小，腹部线条突出，并有红晕，体侧黑斑周围的蓝色喷点排列不规则，整体喷点较细小（图 4-30）。

彩图 4-30

图 4-30　荷兰凤凰鱼

习性：性情温和，在水中底层活动，需要单养在植有绿色水草的水族箱内。适宜水温为 25～28 ℃，喜欢硬度 1 °dH 左右的弱酸性软水，pH 值为 6.5～6.8。肉食性。10 个月时性成熟，雄鱼泄殖腔只在繁殖前 1 h 内和繁殖后几小时中突出，淡白色，相对尖细；雌鱼发情时泄殖腔突出，乳白色，相对粗圆。卵生，黏性卵。

品种：主要流行于 21 世纪，以其艳丽的色彩、独特的个性成为南美短鲷类中的佼佼者。德系的荷兰凤凰鱼品质更高，常见的有特蓝荷兰凤凰鱼、黄金荷兰凤凰鱼、红色荷兰凤凰鱼、皮球荷兰凤凰鱼、波子荷兰凤凰鱼等。

（6）血鹦鹉鱼

学名：*Cichlasoma citrinellum* ×*Cichlasoma synspilum*

别名：发财鱼。

来源：杂交种，父母本原产地为中美洲的尼加拉瓜和哥斯达黎加。1986 年，台湾台北市郊，一位名叫蔡建发的水族饲养业者无意中在自己的渔场中将红魔鬼鱼（*Cichlasoma citrinellum*）和紫红火口鱼（*Cichlasoma synspilum*）杂交，获得了这种新品种。

形态特征：体呈椭圆形，体幅宽阔，长宽比约为 3.0∶2.5，背厚，嘴巴呈心形，嘴部常无法闭合，体长 25～35 cm。幼鱼体色灰白，成鱼体态臃肿，血红色或粉红色。因体态像鹦鹉，呈血红色，故名血鹦鹉鱼（图 4-31）。

习性：性情温和，活泼，喜好活动于中下层水域，可以和体型相似的鱼混养。适宜水温为 25～28 ℃，喜爱弱酸性且硬度较低的软水，pH 值为 6.5～7.5。杂食性，食量大。10 个月时性成熟，卵生，黏性卵。

品种：经专业水族研究者的研究和品种改良，现又创造出姿态、色彩更为丰富的变种血鹦鹉鱼。常见品种有花鹦鹉鱼、红白鹦鹉鱼、紫鹦鹉鱼、金刚鹦鹉鱼、罗汉鹦鹉鱼、达摩血鹦鹉鱼、斑马鹦鹉鱼

Note

图 4-31　血鹦鹉鱼

等品种。

（7）罗汉鱼

学名：*Cichlasoma spp.*

别名：彩鲷、花罗汉。

来源：杂交种，1996 年马来西亚的水族从业人员经过不断杂交选育，获得这种新品种。通过青金虎鱼、紫红火口鱼、九间菠萝鱼、金钱豹鱼和金刚鹦鹉鱼等复杂的杂交过程，最终得到了罗汉鱼。

形态特征：体呈近四方形，健壮有力，身体的阔度与体长比例约为 2∶3，一般体长在 30 cm 左右，最大可达 42 cm，高 18 cm，厚可达 10 cm。头上额头高耸，圆润饱满，背鳍、臀鳍长大，末端尖长，尾鳍呈扇形。体色艳丽，分别有红色、黄色、蓝色、白色等以及几种颜色的搭配色，多数品种身体两侧有形态各异的黑斑，各鳍及体侧珠点多而粒粒清晰可见（图 4-32）。

图 4-32　罗汉鱼

习性：性情凶猛，体格强壮剽悍，同种间格斗剧烈，对不同种类的鱼有极强的攻击性，不宜混养。适宜水温为 26～28 ℃，对水质要求不高，pH 值为 6.5～7.5 的软水最合适。有翻砂习性。不挑食，食量巨大。10 个月时性成熟，通常身体较为粗大，腹鳍硬化，生殖孔突出呈"V"形的为雄性；腹鳍较软，生殖孔突出呈"U"形的为雌性。卵生，黏性卵。

品种：罗汉鱼通常分为四大品系，每个品系又能分出许多个品种。花罗汉鱼品系代表品种有笑佛罗汉鱼、金刚罗汉鱼、花财神罗汉鱼、千禧罗汉鱼、花和尚罗汉鱼、红花寿星罗汉鱼、花罗汉鱼等。金花罗汉鱼品系代表品种有七彩凤凰罗汉鱼、金凤凰罗汉鱼、金花财神罗汉鱼、金花罗汉鱼、寿星罗汉鱼等。花角罗汉鱼品系代表品种有七间虎头罗汉鱼、火玫瑰罗汉鱼、焕然一新罗汉鱼、燎原之火罗汉鱼、高吉花角罗汉鱼、五色财神罗汉鱼等。珍珠罗汉鱼品系代表品种有东姑罗汉鱼、珍珠罗汉鱼、金水银罗汉鱼、七彩罗汉鱼、汗血宝马罗汉鱼、福星罗汉鱼、黄金珍珠罗汉鱼、金按衣罗汉鱼、珍珠映城罗汉鱼等。

慈鲷科常见热带鱼还有火口鱼、紫红火口鱼、青金虎鱼、红魔鬼鱼、九间菠萝鱼、金钱豹鱼、画眉鱼、红宝石鱼、五星上将鱼、橘子鱼、七彩短鲷、凤尾短鳃、白蓝特短鲷、非洲王子鱼、棋盘鲷、红肚凤凰鱼、翡翠凤凰鱼、蓝肚凤凰鱼、布氏鲷、黄天堂鸟鱼、女王燕尾鱼、阿里单色鲷、金黄鲷、黄线鲷、蓝翼蓝珍珠鱼、火狐狸鱼、七彩仙子鱼、埃及艳后鱼、红尾皇冠鱼等。

8. 甲鲇科

清道夫鱼

学名：*Hypostomus plecostomus*

别名：吸石鱼、吸盘鱼、琵琶鱼。

原产地：南美洲的巴西、委内瑞拉。

形态特征：鱼体呈半圆筒形，头、胸、腹部扁平，尾部稍侧扁，体长可达 30 cm。口下位，口唇发达如吸盘，可吸附在石块、玻璃上，全身披盾鳞，使体表显得坚硬。鱼体呈灰褐色，布满黑色斑纹和小点（图 4-33）。

图 4-33　清道夫鱼

彩图 4-33

习性：幼鱼性情温和，可以和大型热带鱼混养，但有时会吸到患皮肤病鱼的伤口上，成鱼粗暴不宜混养。适宜水温为 22～28 ℃，耐低温，对水质要求不高。夜行性，体格强壮，生长快。杂食性，不择食，喜吸食玻璃或池壁上的固着藻类。18 个月后性成熟，卵生，雌鱼产一个透明胶状卵袋，内有数百粒受精卵。

9. 骨舌鱼科

（1）银龙鱼

学名：*Osteoglossum bicirrhosum*

别名：双须骨舌鱼、龙吐珠鱼、银带鱼、银船鱼。

原产地：南美洲的巴西、圭亚那。

形态特征：体呈长宽带形，侧扁，体长可达 100 cm。口上位，口裂大而下斜，下颚比上颚突出，长有一对短而粗的须。背鳍和臀鳍长，呈带状，向后延长至尾柄基部。全身银白色，体侧排列着 5 排大鳞片，至尾部为较小的鳞片（图 4-34）。

习性：性情凶猛，喜欢在水表层游，个体大，生长迅速，不适宜混养。适宜水温为 24～28 ℃，水质要清洁，喜欢中性水。肉食性，喜吃活鱼虾，也可摄食肉块、昆虫等。雄鱼 5～6 年性成熟，雌鱼 6～7 年性成熟，雄鱼腹鳍尖长，雌鱼腹部膨大。卵生，口孵化。

图 4-34　银龙鱼

（2）红龙鱼

学名：*Scleropages formosus*

别名：美丽骨舌鱼。

原产地：东南亚的印度尼西亚。

形态特征：体呈长宽带形，侧扁，体长可达 50 cm。口上位，口裂大而下斜，下腭比上腭突出，长有一对短而粗的须。背鳍起点在臀鳍之后，体侧排列着 5 排大鳞片，至尾部为较小的鳞片。鱼的鳞片、吻部、鳃盖、鳍与尾均呈不同程度的红色（图 4-35）。

图 4-35　红龙鱼

习性：性情凶猛，喜欢在水表层游，个体大，不适宜混养。适宜水温为 24～28 ℃，水质要清洁，喜欢 pH 值为 6.5～7.5、硬度为 3～12 °dH 的中性水。肉食性，喜吃活鱼虾，也可摄食肉块、昆虫等。雄鱼 5～6 年性成熟，雌鱼 6～7 年性成熟，雄鱼腹鳍尖长，雌鱼腹部膨大。卵生，口孵化。

品种：红龙鱼分为辣椒红龙鱼、血红龙鱼、橙红龙鱼等品种，以辣椒红龙鱼为极品。

任务二　观赏鱼的用具

一、养鱼用具准备

（一）饲养容器

观赏鱼的饲养容器又称为水族箱或鱼缸，既是用来饲养观赏鱼的容器，也具有观赏价值，可作为室内装饰品。水族箱晶莹透明，鱼儿的一举一动可尽收眼底。水族箱有很多种类型，通常用于家庭养观赏鱼等，有现成的产品，也可依需求定做特殊规格和要求的水族箱。

1. 水族箱的类型　根据制作材料不同，现代的水族箱可分为塑料水族箱、普通玻璃水族箱、有机玻璃水族箱等数种，多为普通玻璃或有机玻璃类的透明材质，以硅胶黏合而成。中国金鱼养殖使用传统饲养容器由来已久，主要有黄沙缸、泥缸、陶缸、瓷缸、石缸、木盆等。黄沙缸口大底尖，外表简单无花纹,用黏土烧制,工艺较简单,多见于江南农村;泥缸外形似平鼓,缸底与缸口相等,外壁有花纹,缸壁光滑、通透性好,多见于北京、天津地区。陶缸缸口较宽,缸壁厚实,用陶土烧制,外壁有花纹,内壁釉层不厚,通透性尚可。瓷缸做工考究,用瓷土烧制,外壁龙凤走兽,釉彩光亮,内壁釉层厚实、光滑细腻,通透性略差,是较好的观赏容器。石缸常用青石等石材打制而成,外壁雕刻图案,坚固耐用,通透性较差。木盆又称木海,不上漆,通透性能较好,但内壁易附生青苔,在北京地区常用。

水族箱依照造型的不同,可分为长方形(方形)、圆形、一体成型鱼缸等。长方形鱼缸是最常见的造型,四周都是直角,早期是以铸铁作框架的玻璃水族箱,现在用黏合强度很大的玻璃胶直接将五片玻璃或亚克力黏合成箱,这种水族箱美观实用,最为普及,适于饲养各种观赏鱼,便于侧面观赏。圆形鱼缸一般为普通玻璃或亚克力材质,小巧玲珑,移动方便;上方有开口,做成球状、杯状、瓶状及特殊造型,可摆放在茶几或书桌上;一般圆形鱼缸适于养金鱼,多为从上向下观赏鱼。一体成型鱼缸是最昂贵的水族箱,由同一片玻璃弯折后一体铸制而成,在折角处较为美观,但角落处水中物体会有失真情形。

常见的水族箱材质有普通玻璃、钢化玻璃(强化玻璃)、亚克力等,大部分水族箱以普通玻璃为材质,其表面坚硬、光滑,透视性好,价格便宜,应用较广。钢化玻璃又称强化玻璃,是用物理或化学的方法,在玻璃表面形成一个压应力层,具有较好的机械性能、热稳定性、抗压强度,抗压强度比普通玻璃大 4～5 倍。现在流行由超白玻璃制作的超白缸水族箱。超白玻璃是一种超透明低铁玻璃,也称高透明玻璃,是一种高品质、多功能的新型高档玻璃,透光率可达 91.5% 以上,具有晶莹剔透、高档典雅的特性,能够进行各种深加工。

有机玻璃水族箱较为轻便,不易破碎,透视性好,但它质地软,不能承受较大压力,不宜制作大型水族箱,否则水满后容易变形;有机玻璃不耐摩擦,一旦与硬物摩擦,会出现永久性划痕,长久擦拭后表面会变得粗糙而透明度降低,有碍观赏。亚克力又叫 PMMA,化学名称为聚甲基丙烯酸甲酯,是一种重要的可塑性高分子材料,透明性好,透光率在 92% 以上。亚克力水族箱外观优美,比玻璃透光率好,重量也轻,便于搬动和运输。亚克力水族箱能够承受极大的水压,一般适合高档或大型水族箱及海洋生物馆中的观景窗使用。

2. 水族箱的大小　水族箱从大小上看,有掌上缸、迷你水族箱、家用水族箱、大型水族箱及超大型水族箱等,水族箱规格、容水量和玻璃厚度的参考值可见表 4-1。水族箱的大小可以按照其容水量来分类,一般容水量在 70 L 以下为小型水族箱,容水量在 70～200 L 之间为中型水族箱,容水量在 201～400 L 之间为大型水族箱,容水量在 400 L 以上为超大型水族箱。

表 4-1　水族箱规格、容水量和玻璃厚度的参考值

长×宽×高/ (cm×cm×cm)	容水量/L	玻璃厚度/cm	长×宽×高/ (cm×cm×cm)	容水量/L	玻璃厚度/cm
40×25×30	30	2	90×45×45	180	5(强化)
45×30×35	50	3	90×45×60	240	5(强化)
60×30×35	60	3	120×45×45	240	5(强化)
75×30×35	80	5	120×45×60	320	5(强化)
75×30×45	100	5	120×60×60	430	5(强化)

水族箱不宜过高,水越深,对水族箱壁的压力就越大,也就越容易引起水族箱玻璃的爆裂;太高还要使用能发出较强光的灯具才能满足水草生长对光的需求,且太高时对水草的日常修剪整理也不方便,一般水族箱的高度最好不要超过 60 cm。水族箱的长度和宽度则可以尽量加大,越宽越能表现

造景的层次感,由于水折射的关系,一般长方形水族箱从正面观赏时会感到其宽度只剩实际宽度的2/3,这点在造景时应该考虑到。大部分的鱼是左右游动而不是上下游动,所以越长的水族箱越能表现鱼游动时的律动之美。

3. 水族箱的放置　水族箱的安放地点要根据居室陈设的格局来协调布置,原则上应依据采光和观赏效果决定;要求采光好,空气流通,便于观赏。水族箱一般不宜摆放在走廊或靠近门口的地方,以免人来人往对鱼产生惊扰,避免发生碰撞,保证安全;也不应摆放在紧靠窗户的地方,既影响窗户的开关,又会使光线过强并形成逆光效果,还会使藻类过度繁殖,水色变绿,从而影响观赏效果。

一般水族箱摆放高度为底部距地面 50～80 cm,常安放在水族箱底柜上,也可放置在桌台、矮组合柜、茶几等上;可立放在室内墙壁一角或客厅一隅,还可作为挂饰,也可将水族箱和墙面或壁橱等作为整体装饰,使景致与房间合二为一,俨然一幅天然的鱼水图。六面、四面或圆形等带底座的水族箱一般不靠壁、不靠边,放置在大厅中,形成前后都可观赏的立体景观。

(二)过滤与净化装置

过滤装置又称为过滤器。水族箱里的水经过过滤装置后,观赏鱼的排泄废物、残饵、有害的有机物、悬浮颗粒等被滤去,使水保持清澈透明。过滤器由过滤材料(纤维棉、活性炭、珊瑚沙、沸石、沙砾等)、水泵、管道等组成。常用的是顶部过滤器。将过滤器和气泵集合为一体的沉水式过滤器,不仅外观美丽,还使用简便,节约空间。近年来水族箱外置式过滤器的应用更加普遍。水族箱不同类型过滤器的比较见表 4-2。

表 4-2　水族箱不同类型过滤器的比较

种类	作用原理	优点	缺点	备注
顶部过滤器	放置在水族箱顶部的机械式过滤装置。通过小型抽水马达将水族箱内的水抽入已放置由活性炭、陶瓷环、生物球以及过滤棉等组成的过滤层的过滤箱内,水流通过过滤层再流回水族箱中,从而脱除水质中所含杂质,起到净化水质的效果	充分利用水族箱顶部的剩余空间放置而不占地方,日常维护操作、清洗十分方便,并且价格十分低廉	过滤范围不大,需要定期清洗、更换过滤材料,防止因过滤层积聚过多的杂质而影响水的循环流动及过滤效果	适合初次饲养的水族爱好者以及裸缸饲养的爱好者选购使用
侧部过滤器	在水族箱的侧部用玻璃隔出一部分用于过滤,其内部分为几个小格用于放置过滤材料和循环泵,一边设有溢流口,当水泵将水从过滤部分抽向水族箱时,水族箱溢出的水通过溢流口流入过滤部分的第一格,在隔板的引导下流经各种过滤材料,水从最后一格通过水泵再次送入水族箱形成循环	利用水族箱的内部空间使水族箱和过滤器形成一个整体。一些器材可以放置在侧部过滤器上,适当放置不影响水族箱的正面视觉美感	占用了水族箱的部分空间,水族箱内的空间会减少,放置过滤材料受水族箱宽度或长度的限制,水分的蒸发较快,需要频繁补水	主要适合在水草缸中使用

种类		作用原理	优点	缺点	备注
沉水式过滤器	生化棉过滤器	水质中的残余饵料、生物排泄物，以及因物理作用而被破坏的有机物质均可被吸附于海绵体表，而海绵体表、内部有无数的微细孔，可促进好氧细菌的繁殖。因物理作用而被破坏的有机物质在通过溶氧量高的水质时，好氧细菌会因为分解被破坏的有机物质而消耗氧气，而被消耗的氧气需要通过空气泵、潜水泵产生的动力来补充	结合物理、生物过滤的两大性能优点	不适用于大型水族箱	适合在繁殖期、隔离治疗期的小型水族箱中过渡使用
	机械式过滤器	一个内含过滤棉和抽水马达的封闭式过滤器，将水引流至过滤材料，通过简单的物理作用来处理水中的杂质，达到净化水质的效果	体积小，占用水族箱空间有限，清洗方便	过滤材料的清洗时间间隔较短，过滤范围不广	适合在较小型水族箱中使用
	生化机械式过滤器	过滤器先滤除水中所含悬浮浊物，再通过过滤材料中的好氧细菌生物性分解水中的杂质，达到净化水质的效果	过滤性能极佳	过滤效率低，换水频率高	适合各种类型的水族箱使用
底板式过滤器		过滤板设于水族箱底部，板上留有插放通气管的孔洞，插有塑料管。过滤板上面铺设砂石。塑料管连接空气泵、潜水泵，带动水流经过砂石，利用砂层中存活的好氧细菌进行生物过滤，并保持水中充分的溶氧量	经济，既有效又不需做特别的保养	常出现淤堵现象，使用不当会造成水质污染	适合养殖水平高的爱好者使用
外置式过滤器		一种分离放置在水族箱外部的过滤器，可根据不同需要放置不同过滤材料进行不同效果的过滤	不占使用空间，维护简单	耗氧量较大。停电将导致密封于过滤槽内过滤材料中附着生长的好氧细菌在短时间内死亡	适合各种类型的水族箱，值得推荐

（三）增氧设备

1. 增氧设备的作用　用水族箱饲养观赏鱼时，往往需要使用增氧设备，对水体进行增氧。增氧设备的作用主要有以下几点：①把氧气输送到每一个角落，增加水中的溶氧量，避免鱼类窒息，特别是对海水水族箱和未栽种水草的水体更为重要；②增加水中气压使水体产生波动，清除水中的二氧化碳、硫化氢等有害气体；③使水体流动，避免水族箱内上下水温、溶氧量等不一；④增氧使好氧细菌的活动加剧,可加速水中有害物质的分解,改善水体环境;⑤气泵输入的气体形成气泡从排水嘴喷出,由水箱下层向上漂浮,增加了水族箱的动感,提高了水族箱的观赏效果。

2. 增氧设备的类型

(1)电磁振动式空气泵　电磁振动式空气泵适用于一般家庭中小规模水族箱。依送气孔的数量,气泵可分为单孔、双孔和四孔3种,另有一些此类气泵附有干电池或自动充电装置,以备野外运输观赏鱼或停电时使用。这种气泵空气压力小,电池振动时的声音很大,最好在气泵底下垫一柔软物品,以减少噪声。气泵的橡皮垫磨损较大,应经常更换。还有一类电磁振动式空气泵功率较大,可以由1个气孔分出6个或12个分气孔等,适用于水族店或小型水泥池。

(2)马达式空气泵　马达式空气泵的气压大,体积也较大,适用于水族馆、专业养殖场、大型和多个水族箱。这类气泵包括罗茨鼓风机、旋涡式本田引擎空气泵和层叠吹吸两用空气泵等多种。这类气泵的功率分为1.5 kW、3.0 kW、7.5 kW、22 kW等,可以根据养殖场的面积、养殖密度、水质条件等选用。增氧时气泵不断地把空气经过输气管由排气嘴送入水中,一般排气嘴处为砂滤石(气石),输气管可直接或分支成多条分支输气管,以连接一个或多个排气嘴;砂滤石把空气变成细小的空气泡喷出,使空气中的氧溶于水中。

选择气泵时,应依据水族箱或鱼池的大小、数量,以及鱼的品种、规格、密度及耗氧量决定其功率的大小。冬季饲养热带鱼时,若充气量太大,可使水温下降,导致鱼类不适应或死亡。使用气泵时,一定要注意调节充气量、谨防漏电和防止水族箱的水逆流到气泵中。气泵不要放在低于水面的位置,输气管不要折曲。近年来市场上已有止逆阀出售,可防止水回流,还有各种高效增氧片,供停电时急用。

(四)控温装置

家养观赏鱼常用的加热设备是恒温加热器,它的出现解决了水族箱冬季保温的问题,对扩大热带鱼和海水鱼养殖的范围及普及起到了极大的推动作用。通常水族箱使用的恒温加热器是一种自控电热棒,由加热器和自动调节器组合而成。加热器利用管内的电阻丝通电后发热来供暖,当温度升高到预定温度时,自动调节器中的金属片张开断电,加热停止,反之金属片冷缩,又接触通电加温。恒温加热器的功率从几十瓦到几百瓦不等,使用时应根据环境温度和水族箱的大小合理选用(表4-3)。恒温加热器按照材料分为普通玻璃管加热器、不锈钢加热器和LED显示加热器等。目前普通玻璃管加热器由于易爆裂而较少使用。

表4-3　不同规格水族箱加热器功率

水族箱规格/(cm×cm×cm)	加热器功率/W
60×30×35	100
75×30×45	150
90×45×45	200
120×45×45	300
120×60×60	500

加热器按照安放方式主要分两种,一种是完全放在水下的潜水型加热器;另一种是电热丝在水中、控温器在水面上的半潜水型加热器。潜水型加热器设计比较科学,可以平放在水族箱的底部,以保持水族箱内温度的均匀分布(因为热量向上传递),而且可以防止换水时加热器暴露在空气中。使用半潜水型加热器,在换水时一定要先拔掉加热器的电源,如果加热器在空气中仍加热,当向水族箱中加水时,将导致加热器的玻璃管破裂。一个加热器会使水族箱局部过热,两个小的加热器可使水温更加均匀,而且当一个加热器损坏时,另一个加热器还在工作,不会造成太大的损失。

(五)照明系统

饲养观赏鱼的目的主要是供人们观赏,因此水族箱必须要有光源。通常水族箱多放置于室内,没有直接的天然光源或光线强度不足,因而必须配备、安装一定的照明设备,使人们在观赏时不受放置地点和时间的限制;同时,可随时借助照明设备进行管理;此外,观赏水草的生长和鱼类的繁殖也离不开光照。

照明设备的安装位置、材料的选择、照明强度的选择,必须根据所饲养的观赏鱼对光线的要求和观赏效果来综合考虑,通常以主要养殖的种类(如是淡水鱼、海水鱼、无脊椎动物还是水草)以及水族箱的高度来决定。早期一般采用白炽灯或日光灯,日光灯既省电,照明面积又大。目前专供水族箱用的有白色灯管、红色灯管、蓝色灯管、生物灯等,也可根据需要购置荧光灯、金属卤素灯、水银灯、珊瑚灯等。可在灯管外套上不锈钢或硬塑板外罩,以作防水之用。一般在饲养观赏鱼时选用荧光灯;饲养日光类的珊瑚时选用水银灯;饲养多种软体动物时,选用金属卤素灯。不管使用何种灯,最好配以蓝光灯和红光灯,以增强鱼和珊瑚等体表的颜色,增加观赏性。安装位置一般设在水族箱顶部或前上方,其亮度以能使水族箱内景物清晰、水生植物正常生长为宜。由铝合金制作的高档水族箱灯架,美观实用,便于安装各种灯管,可调试照明强度。

近几年,LED 水族灯在水族业的发展较快。LED 水族灯是针对鱼类、水草、珊瑚等水生生物观赏养殖而研发出来的照明灯。LED 水族灯发出的光效近似于阳光照射到水面时产生的光效,能满足鱼类、水草、珊瑚等水生生物生长所需求的光能。LED 水族灯散热迅速,具有传统灯所不能代替的优势,同时 LED 水族灯具有色彩丰富、品种多样、安装方便、使用安全、节能环保、使用寿命长、维护成本低等优势,越来越受到市场青睐。

(六)抽水设备

保持水族箱或水泥鱼池水质适宜不仅需要有效的过滤设备,还需要配备抽水设备。观赏鱼养殖中常用的抽水设备主要有四类。

(1)沉水回转式抽水机　推进器在水面下,而电机(马达)突出于水面。这种抽水机工作时不会影响水族箱中水的温度,但扬程和效率较低(仅 50%),只用于水循环。

(2)气冷回转式抽水机(磁力式抽水机)　安装了球形轴、聚丙烯推进器,寿命长,用于海水水族箱。

(3)油冷回转式抽水机　电机浸在油中,输水量大,噪声低,但必须在水下使用。

(4)水冷回转式抽水机　安装了同步永久磁力回转轴。藻类、食物残渣和各种物质很容易沉积在这种抽水机内,必须定期(至少 6 个月)拆洗、润滑、养护。沉积在抽水机内的碳酸钙等污垢需用 3% 的稀盐酸清洗;塑胶零件可以浸泡在 1∶5 的漂白水中 3～4 h。抽水机长期不用时应用淡水冲洗干净,以防腐蚀。

目前,家养观赏鱼的抽水设备多采用小功率的全塑料材料的潜水泵。它小巧轻便,功率为 200 W、500 W、1000 W 等,其扬程为 5～10 m。使用时,将潜水泵吸附在缸壁上,数分钟内可将水族箱中的水抽完,使用方便,而且安全可靠。如果换水量较小,也可以采用水族箱换水器抽水。

(七)网具

观赏鱼养殖常用的网具有捞鱼网和捞虫网,以粗铁丝为网口框架,网的形状有圆形、方形和三角形等。捞鱼网网身用质地柔软、滤水性强的尼龙网布,以免捞鱼时碰伤鱼体。捞虫网网身用尼龙筛绢制作,一般选用 70～100 目的筛绢,100 目可用来捞原生动物、轮虫,70 目适合捞取大型鱼虫如枝角类等。

在观赏鱼的养殖过程中,还有可能使用其他器具,常用的有水草剪、镊子、温度计、水管固定夹、储水桶、饵料暂养缸、喂食器、盐度计、pH 试纸、刮苔器等。

二、观赏鱼的选购

(1)选购动作活泼且有精神的鱼,不要选择躲在角落里的鱼。要查看鱼体有没有受伤,尤其要查看尾鳍和脊椎是否破损。

(2)鱼体颜色不好,鱼鳍无法展开,游姿像是在漂浮的鱼,不要购买。

（3）观察鱼吃饵的情形，同类鱼中，见到有饵就扑过来、食欲良好的鱼一定是健康、生命力强的鱼。

任务三　观赏鱼的饲养管理

一、观赏鱼的营养与饲料

（一）观赏鱼的营养

观赏鱼从外界摄取食物，以维持其基本的生命活动及生长、发育、繁殖过程。具有营养作用的物质统称营养物质，通常指蛋白质、脂肪、糖类、维生素和矿物质，不同的营养物质在动物体内的生理作用、存在形式和作用途径都有着不同的特点。

1. 蛋白质　蛋白质是构成观赏鱼机体重要的组成成分，并为其生长、修补组织等提供基本原料；蛋白质以酶和激素的形式参与体内各种生理功能和代谢过程；蛋白质作为能源物质可供应观赏鱼所需的能量（每克蛋白质分解产生的能量为 18.41 kJ）。观赏鱼生活、运动所需的能量主要由体内蛋白质提供，因而要求观赏鱼饲料的蛋白质含量较高。

蛋白质由 20 余种氨基酸组成，能够利用其他含氮物质在鱼体内合成的氨基酸称为非必需氨基酸，在观赏鱼体内不能合成或合成量少不能满足机体需要的氨基酸称为必需氨基酸，它必须由饲料供给。观赏鱼的必需氨基酸有赖氨酸、蛋氨酸、色氨酸、缬氨酸、苯丙氨酸、亮氨酸、异亮氨酸、苏氨酸、组氨酸和精氨酸 10 种。

在一般情况下，当饲料中蛋白质未达到最适蛋白质含量前，观赏鱼的增重随饲料中蛋白质含量的增加而增长；达到最适蛋白质含量时，观赏鱼增重最大；超过最适蛋白质含量后，观赏鱼的生长反而受抑制而表现为体重下降。观赏鱼的种类和生长阶段不同，其最适蛋白质含量不同。观赏鱼以杂食性偏肉食性为主，因而要求饲料中最适蛋白质含量较高，一般为 35%～50%。对于同一种鱼类来说：鱼苗阶段生长旺盛，对蛋白质含量要求高；成体阶段生长减慢，对蛋白质含量的要求降低。此外，蛋白质中的氨基酸平衡十分重要，要努力使饲料蛋白质的氨基酸含量和比例与观赏鱼的营养需要相符合；含量丰富，比例合理，蛋白质的利用率就高。

2. 脂肪　脂肪是观赏鱼机体能量的重要来源。脂肪是一种高能物质，其所含能量比相同重量的糖类和蛋白质更高（每克脂肪分解产生的能量为 89.75 kJ）。通常脂肪在观赏鱼体内积存以作为能量储备，脂肪参与体内某些器官组织的组成及合成分泌物质，脂肪有助于脂溶性维生素 A、维生素 D、维生素 E、维生素 K 等在体内的吸收。

脂肪由甘油和脂肪酸组成，脂肪酸分饱和脂肪酸和不饱和脂肪酸两大类，不饱和脂肪酸不能在观赏鱼体内自行合成，必须在其饲料中补充，可添加 1%～5% 的植物油类，饲料中所含总脂量为 4%～10% 时，通常被认为是适宜的脂肪含量。

当观赏鱼饲料中可消化能含量较低时，饲料中部分蛋白质就会作为能源被消耗掉。在此种饲料中适量提高脂肪的添加量，可以提高饲料的可消化能，从而减少作为能源消耗的蛋白质的用量，使之更好地合成体蛋白，提高饲料蛋白质的利用率。这一作用称为脂肪对蛋白质的节约作用。当前在饲料蛋白质越来越紧缺的情况下，根据鱼营养学的特点，在饲料中使用一些易消化的糖类和优质脂肪，可节约蛋白质的用量，降低饲料成本。

3. 糖类　糖类是观赏鱼生命活动所必需的，来源极其广泛，是最为经济的能源物质。因此，在饲料中如能充分合理地添加糖类，将大大降低饲料成本。但鱼类可利用糖类的程度远较其他动物低，且肉食性鱼类对糖类的需要量或代谢利用能力较草食性或杂食性鱼类低。饲料中过多的糖类如淀粉等，可能会使鱼类的肝细胞变性，而将过多的肝糖原储存于肝内，使肝苍白而肿胀，因而造成鱼类生长缓慢。这点在观赏鱼配合饲料的生产中应加以注意。

糖类包括单糖(如葡萄糖、果糖等)、双糖(如蔗糖、乳糖等)和多糖(如淀粉、纤维素等)。观赏鱼饲料中适宜的糖类含量随鱼的种类、年龄、食性以及糖类种类的不同而有差别,一般观赏鱼饲料中适宜的糖类含量为25%左右,不易消化吸收的粗纤维的含量不超过10%。

4. 矿物质 矿物质又称无机盐。观赏鱼从外界摄取矿物质,用于组成骨骼。矿物质可维持机体的渗透性、兴奋性和酸碱平衡。观赏鱼体内的矿物质含量一般为3%～5%,包括常量元素(含量在0.01%以上),如钙、磷、钾、钠、氯、硫、镁等;微量元素(含量在0.01%以下),如铁、铜、锰、锌、碘、钴、硒、铬、硅、硼等。生产观赏鱼饲料时应根据不同动物对矿物质的需要添加某些必需元素,以保证观赏鱼的健康生长。

5. 维生素 维生素是维持观赏鱼正常生理功能和生命活动所必需的微量低分子有机化合物。维生素是一类生物活性物质,它们参与调节体内的新陈代谢,可提高机体对疾病的抵抗力。缺乏维生素会对机体造成有害影响,产生严重缺乏症。

目前已知的维生素有20余种,分为脂溶性和水溶性两大类,脂溶性维生素包括维生素A、维生素D、维生素E、维生素K,水溶性维生素包括B族维生素和维生素C。大多数维生素具有不稳定性而易被破坏,一般脂溶性维生素可以在体内储存相当的量,短期不足或缺乏不容易出现缺乏症。水溶性维生素一般在体内不储存,必须靠饲料供应,且多吃多排,容易出现缺乏症,应注意补充。生产上拟定饲料配方时可根据实际情况确定单一或复合维生素的添加量,以满足观赏鱼对维生素的需求。

6. 能量 观赏鱼为了维持生命和正常代谢活动,要不断地从外界摄取营养物质,从摄食的饲料中获得营养物质的同时也获得了能量。饲料中蛋白质、脂肪、糖类能提供能量,称为能量物质,它们在体内通过生物氧化过程释放出能量。根据进入鱼体内的变化过程,通常把饲料能量分为总能、消化能、代谢能和净能。

饲料中能量-蛋白质比(C/P)对观赏鱼的生长有明显的影响,观赏鱼饲料对蛋白质要求较高,其C/P值一般比较低,特别是肉食性鱼类和鱼苗阶段的鱼类。饲料中能量不足,则饲料蛋白质等营养物质将不能充分用于生长;能量过多,则会影响鱼的日摄食量,可能引起肝脂肪的积累。因此要对观赏鱼饲料中各种能量物质合理配制,以满足其对能量的需要。

(二)观赏鱼的饲料

1. 天然饵料 热带观赏鱼的天然饵料是以原生动物、轮虫、枝角类、桡足类、水蚯蚓、摇蚊幼虫等为主的动物性饵料。

(1)原生动物 原生动物俗称原虫,是由单细胞构成的微小动物,一般个体较小,在30～300 pm之间。原生动物一般生活在水质较肥的坑塘、河沟等水域,以细菌、藻类、腐屑等为食,能运动,以细胞分裂方式进行繁殖,因此个体数量可迅速增加,通常每代的世代时间不到一天。

具有较高食用价值的原生动物有草履虫、喇叭虫、变形虫、表壳虫等。

原生动物是观赏鱼苗适宜的开口饵料,当鱼苗开始主动寻食时,原生动物是其最主要的天然食物。采集天然水体中的原生动物需用较密的筛绢制作的捞虫网捞取,也可采用人工培育的方法生产原生动物。

(2)轮虫 轮虫是一群很小的多细胞动物,体长一般为100～500 pm。轮虫在淡水中广为分布,为池塘、湖泊中常见的浮游动物。轮虫多为滤食性,一般以藻类、细菌、腐屑或其他动物等为食,靠头部纤毛的摆动向前运动。环境条件好时进行孤雌生殖,即由雌体产出的卵直接发育成新的个体,每次产卵10～20个,因而其数量能迅速增加,每个世代时间为1.25～7天。常见的轮虫有臀尾轮虫、龟甲轮虫、多肢轮虫、三肢轮虫、晶囊轮虫等。

(3)枝角类和桡足类 枝角类和桡足类统称为水蚤,俗称蹦蹦虫、鱼虫,是小型的甲壳动物,体长一般为0.2～3.0 mm。因其营养丰富,蛋白质、脂肪含量高,容易消化,同时又有分布广、数量多及繁殖力强等优点,是观赏鱼理想的天然动物性饵料。枝角类和桡足类的无节幼体是鱼苗培育中、后期的适口食物。因桡足类繁殖速度不及枝角类,且运动迅速,不易为幼苗所捕食,故其饲料价值低于枝角类。

枝角类常见种类有溞、裸腹溞、低额溞、秀体溞、盘肠溞等，在淡水中分布极广，尤其在池塘、沟渠等水质较肥的地方数量很多，一般每年的4—9月是其生长和生殖旺季。枝角类多为滤食性，极少数为肉食性，主要以藻类、细菌、腐屑等为食，运动能力较轮虫、原生动物强，能耐低氧。在温度适宜、食料丰富的良好环境中，枝角类主要进行孤雌生殖，繁殖速度快，每只雌体每批产卵量达 10～20 个，一生可繁殖 5～6 代，达到性成熟的时间为 2～6 天，每个世代时间为 5.5～24 天。

桡足类俗称跳水蚤、青蹦，常见种类有剑水蚤、哲水蚤、猛水蚤等，广泛分布于池塘、湖泊等水域。桡足类的部分种类及幼体阶段为滤食性，以藻类、细菌、腐屑等为食；部分种类是肉食性的，以水中浮游动物等为食，同时也吃鱼卵和鱼苗，因此对观赏鱼养殖有不利影响。桡足类的繁殖通常为两性生殖，每次产几个至几十个卵，幼虫发育经过无节幼虫和桡足幼虫两个阶段，一般每个世代时间为 7～32 天。

(4)丰年虫　丰年虫又称盐水丰年虾，是一种耐高盐的小型甲壳动物。丰年虫是一种使用极为方便的活饵，一般自盐田采集丰年虫休眠卵，可以长期保存，需要时能自行孵化幼虫投饲。丰年虫的无节幼虫刚从卵中孵化出来时具有很高的营养价值，是观赏鱼鱼苗最佳的开口饵料。

丰年虫卵需经过一定盐度的水孵化，而且它无菌卫生，可以大大提高鱼苗的成活率。其价格一般较高，但用量很少，一般家庭中繁殖一批小型热带鱼有一瓶丰年虫卵(10 g)就足够了，不必买太多。

(5)摇蚊幼虫　摇蚊幼虫俗称血虫、红虫，为昆虫纲摇蚊科幼虫的总称，鲜红色，蠕虫状，体长2～30 mm。摇蚊幼虫早期为浮游生活，以后转为底栖生活，分布广，适应性强，耐低氧，常生活在有机质丰富的水沟、稻田、池塘的污水中。摇蚊幼虫可分为肉食性摇蚊幼虫和杂食性摇蚊幼虫两类。肉食性摇蚊幼虫以甲壳类、寡毛类和其他摇蚊幼虫为食；杂食性摇蚊幼虫则以细菌、藻类、水生植物和小动物为食。

摇蚊幼虫营养丰富，蛋白质及脂肪含量高，容易消化吸收，而且数量多、生长快、繁殖力强，是观赏鱼的天然饵料。因其常生活在肥水污泥中，捞出的摇蚊幼虫必须用水反复冲洗。生产上也常进行摇蚊幼虫的人工培养，培养池深 20 cm 左右，底质疏松，腐殖质丰富，表层为肥污泥，保持浅流水，接入足够的种源后，正常生长情况下，日采收量可达 20 g/m² 左右。

(6)水蚯蚓　水蚯蚓俗称红线虫，属环节动物中的水生寡毛类，淡红色，身体细长，可伸缩，体长为 1～100 mm。常见的水蚯蚓有颤蚓、带丝蚓、尾丝蚓等，喜欢密集生活在肥沃的河湾及其污水沟中，能耐低氧。水蚯蚓吞食泥土，同时也食腐屑、细菌和底栖藻类，这种习性有助于改善水底环境。

水蚯蚓是很多观赏鱼苗培育阶段最好的天然饵料。以往基本靠人工进行天然捕捞，但仅靠天然的资源是远远不够的。因此，近年来，各地都在探索水蚯蚓的人工培育方法，也取得了一些初步的经验和效果。培育方法如下：选择水质良好、富含有机质、水深 0.5～1 m，水流缓慢的废旧沟塘，使用前清除池底淤泥，最好铺三合土。以有机碎屑丰富的污泥作培养基原料，按 10 cm 厚度铺于塘底，污泥下面适当加一些蔗渣，然后注水浸泡，每亩(1 亩≈667 m²)施人畜粪 300～400 kg 作基肥。放蚓种前每亩再用米糠、麦麸、面粉各 30 kg 混合发酵后投入池塘。可以到废水沟中捞取蚓种，每亩水面放养蚓种 25～50 kg。培养池最好有微流水，保证水质清新，溶氧量充足，pH 值为 5.6～9。进出水口设牢固的过滤网布，以防杂鱼和敌害进入。一般每 3 天投喂 1 次饲料，每次每亩用 100 kg 精料加1200 kg 牛粪稀释后均匀泼洒。精料需经发酵处理，先加水拌和饲料(加水量以手握饲料，松开能散为度)，封闭发酵 15～20 天再使用。通常放蚓种后的 30 天左右即可采收。采收方法：放掉大部分池水，使剩余池水处于缺氧状态，待水蚯蚓群聚成团漂浮于水面时，用 24 目捞虫网捞取。每天捞取量不宜过大，以捞完聚成团的水蚯蚓为度。采集的水蚯蚓经消毒后作饲料投喂，也可以制成干品加工混合饲料。

(7)面包虫　面包虫又称黄粉虫、花粉虫，为昆虫纲鞘翅目幼虫，富含蛋白质、钙与磷，是鱼类的最佳活饵料。面包虫在蛹化及刚脱壳时，磷与钙的含量较高，鱼类吃了之后，鳞片亮丽，色泽增加。亲鱼在发情产卵前喂食蛹化的面包虫，其孵化率会提高，仔鱼也较健康。面包虫主要用来饲养龙鱼和大型慈鲷鱼类。

(8)干燥、冷冻饵料 干燥、冷冻饵料就是把生饵料处理后再干燥或冷冻保存,如干燥红虫、冷冻血虫等。这种饵料使用方便,可以去除部分细菌,有利于观赏鱼的健康,但观赏鱼不爱吃,营养价值和饲养的观赏鱼的生长速度不及活饵料。

2. 配合饲料 配合饲料是根据观赏鱼的营养需要,将多种营养成分不同的原料,按一定比例科学调配,经加工而成的产品,生产和投喂配合饲料是观赏鱼大规模养殖的最好途径。

(1)配合饲料的优点 可根据观赏鱼不同种类和不同生长发育阶段的营养需要标准进行配制,营养较为全面,还可添加抗生素、调味剂、酶制剂等非营养性添加剂。配合饲料原料经粉碎、混合、制粒后营养均衡、适口性良好,可进一步提高观赏鱼对饲料的消化率。配合饲料可以减少饲料中营养物质在水中的散失,提高了饲料的利用率。配合饲料成本相对低廉,制造简便,并可大量生产。配合饲料的使用、储存和运输方便,有利于生产安排。

(2)配合饲料的种类 配合饲料按其外观形态和加工工艺的不同可分为如下几类。

①粉状饲料:将饲料原料粉碎或磨碎后混合均匀制得,粒径应小于 0.5 mm。使用时直接撒入水中,飘散在水面供鱼取食,适合喂观赏鱼幼鱼及小型热带鱼,但因其溶矢量大,难以达到配合饲料的效果,故使用时有其局限性。粉状饲料加水调制成糊状即成为糊状配合饲料,如原料中加足量的黏合剂,用时加水、油调和成团状即成为团状配合饲料,糊状或团状配合饲料通常置于食台,供鱼取食。

②微粒饲料:微粒饲料也称微型饲料,是在 20 世纪 80 年代中期开发的一种新型配合饲料,供饲养观赏鱼幼鱼使用。观赏鱼的种苗生产需要依赖硅藻、绿藻、轮虫、枝角类、桡足类等浮游生物。而培养这些生物饵料需要大规模的设备和劳动力,受自然条件限制,很难满足观赏鱼苗种培育的需要,所以许多水产养殖工作者很重视微粒饲料的研制和开发工作。微粒饲料是用特殊工艺制成的微小颗粒饲料,颗粒小,粒径仅有 200 μm 左右,高蛋白质,低糖,脂肪含量为 10%~13%,能充分满足幼鱼的营养需要,其外有一层胶质膜将营养成分包于其中,既能防止溶于水中,又能被鱼消化。微粒饲料在水中的状态类似浮游生物,可以在水中升降,尤其适宜喂观赏鱼幼鱼及小型热带鱼。

③软颗粒饲料:颗粒松软,含水量达 30%~40%,颗粒密度为 1 g/cm³ 左右。软颗粒饲料质地松软,水中稳定性差。一般采用螺杆式软颗粒饲料机生产。常温下营养成分无破坏。软颗粒饲料制作方便、实用,可根据需要确定每日生产量,但不宜储运。一般由养殖场自产自用,适宜喂观赏鱼中的肉食性种类。

④硬颗粒饲料:饲料颗粒硬度较大,圆柱状,直径为 2~5 mm,长度为 5~10 mm,含水量在 12% 以下,颗粒密度为 1.3 g/cm³ 左右。硬颗粒饲料的加工从原料粉碎、混合、成型制粒都是连续机械化生产。在成型前用蒸汽调质,制粒时温度可达 80 ℃ 以上。机械化程度高,生产能力大,适宜大规模生产。硬颗粒饲料的颗粒结构细密,在水中稳定性好,营养成分不易溶失,属沉性饲料。硬颗粒饲料是目前普遍使用的观赏鱼饲料,适宜用于大型观赏鱼的成鱼养殖和观赏虾的养殖。

⑤破碎颗粒饲料:将硬颗粒饲料用破碎机捣碎后形成的不规则的碎粒,筛选后即成。破碎颗粒饲料克服了粉状饲料易于溶散的缺点,同时营养更为全面,适宜喂观赏鱼幼鱼及小型热带鱼。

⑥膨化饲料:膨化饲料的含水率为 6% 左右,淀粉含量为 30% 以上,脂肪含量为 6% 以下。原料经充分混合后通蒸汽加水,送入机器主体部分,螺杆压力和机器摩擦使温度不断上升,直至 120~180 ℃。当饲料从孔模中挤压出来后由于压力骤然降低,致使饲料内部的水迅速汽化,其组织膨化形成结构疏松、粒粒牢固的发泡颗粒或条状。膨化饲料的密度低于 1 g/cm³,一般可漂浮在水面上(也可根据动物摄食需求制成半沉性膨化饲料),适宜喂观赏鱼类。膨化饲料也可根据饲养的观赏鱼的摄食习性制成一些动物形状,如鱼形的膨化饲料可以投喂肉食性的观赏鱼。

⑦新型饲料:新型饲料是现今水族饲养最值得推荐的一种不但更经济而且更省时省力,不含寄生虫,容易控制投饲量,更不必担心饲料投饲过多给水质造成污染的饲料。新型饲料的种类很多,有粘贴饲料、薄片饲料,甚至还有为某些特定的动物种类特别设计的、适口的、营养丰富的类型。最好喂食多种新型饲料,以提供各种营养物质。

a.薄片饲料：由 40 多种不同原料制成，蛋白质含量高，极易被鱼类吸收，可促进鱼类健康、迅速成长。这种饲料初投入水中，可漂浮在水面上，当完全吸水后，沉入水中，吸水后软化。它适用于饲养淡、海水观赏鱼。

在薄片饲料中加入一定的着色剂，可制成增艳薄片饲料，能让鱼类增加自然艳丽的色彩。另外，在成分中添加碘质、海藻、糠虾、丰年虫以及一些浮游生物，可制成高蛋白质薄片饲料，适合大型慈鲷科热带鱼以及海水鱼中的鲽鱼、神仙鱼食用。现在市面上也有蔬菜薄片饲料出售，它是所有草食性观赏鱼适合的植物性饲料。

b.粘贴饲料：可方便地将它粘贴在水族箱壁上，鱼儿会成群聚集到前面来啄食，可以近距离观察鱼群，以便每天检查它们的成长状态。它适用于饲养淡、海水观赏鱼。

c.锭状饲料：适合饲喂鲶科、鼠科等底栖鱼类，也可喂饲海水无脊椎生物中的海葵和部分珊瑚。

（三）投饵的原则

热带观赏鱼的饲喂并非喂得越多越好，鱼吃得越饱越好。很多热带鱼爱好者对自己所养的热带鱼十分关心和爱护，当他们买回或捞回鱼食后，就将鱼食大量投入鱼缸，他们认为：这样鱼就会有足够的食物，随时都可以吃到鱼食，鱼就会长得更快。其结果是事与愿违，鱼缸里经常剩有大量残饵，这些残饵与鱼争夺水中的溶解氧，并且不断死亡、腐烂，使水质变坏，水中缺氧，从而导致热带鱼大量死亡。喂食过量，还会使鱼因吃得过饱而消化不良，使鱼长时间不愿吃食。若将同样多的两份鱼食，喂同样多的两缸鱼，将鱼食一次投入鱼缸里的，四天后鱼缸里还有残饵；分四次投喂的，两天后鱼缸里就没有鱼食了。

投饵的最佳方法为一天喂两次，即早、晚各一次，每次以鱼总重量的 2% 为宜，鱼能将鱼食在 30 min 左右吃完最佳，原则就是少喂、勤喂、宁少勿饱。每日的投饵饲喂要做到"四定"，即定点、定时、定量、定质。对幼鱼的喂养要更细心，卵胎生的幼鱼可喂丰年虫，若没有丰年虫，也可以喂小型鱼虫；卵生鱼的幼鱼，则一定要喂丰年虫，若没有丰年虫，则应喂一些蛋黄水，还要根据幼鱼生长发育情况，把握时间，及时更换鱼食，做到循序渐进，逐步过渡到正常喂养。

二、观赏鱼的繁殖

（一）亲鱼的选择和培育

亲鱼应在同种同龄鱼中挑选个体大、色泽鲜艳、形态标准、年龄适宜、性腺发育良好的雌雄鱼。如在同一批中选择，应选生长快、个体大的亲鱼，但只能选择一种性别，以避免近亲繁殖。有些观赏鱼的雄鱼个体大、生长快，有些鱼则反之，在选亲鱼时切勿只顾个体大，而忽视了雌雄比例。

选亲鱼时还要注意选副性征突出且明显者，例如繁殖期出现婚姻色和追星的鱼，婚姻色和追星要明显；斗鱼要好斗；接吻鱼要常吻嘴等。

选择了良种亲鱼后，还要给予适宜的生活条件，这样良种的优良性状才能不断保持。水质、水温、光照、溶氧量等对亲鱼性腺发育具有重要影响，科学的饲养和合理的投喂又是亲鱼培育的关键之一。多数热带鱼个体虽小，但相对怀卵量较大，需要更大量的多种营养物质，否则，不仅影响亲鱼的怀卵量，也影响幼鱼的体质。所以，每天应给亲鱼投喂优质足量的动物性饲料。一般来说，天然活饵料中，底栖动物的营养比浮游动物更全面些。对草食性观赏鱼也应适量补充动物性饲料。投喂量以性腺发育对营养物质的需要为依据，以无剩饵料过夜为度，以免败坏水质，因缺氧而死鱼。亲鱼培育前期以营养为重点，培养后期，尤其是临近繁殖季节时，应以环境条件为重点。

在环境因素中，光照和水温对亲鱼性腺发育的影响较为明显。不同种鱼的产卵所需的水温和光照不同，若营养、水温、水质、光照等条件达不到鱼成熟产卵的临界范围，其性腺就发育不良或退化；同种同龄鱼，人工控制光照和水温时也可反季繁殖。

（二）鱼苗的培育

1. 鱼苗的饲养管理　刚从母体产出或从鱼卵中孵化出膜的鱼苗，只有通过人工精心饲养和培育才能良好地生长发育。对于卵生鱼通常将刚出膜至体内卵黄囊消失的时间段称为鱼类的仔鱼期，以后进入幼鱼期，处在鱼苗时期的观赏鱼生命极为脆弱，而且在生长中的每个阶段都有其特殊要求，应根据每种鱼苗的不同要求，精心喂养和管理。

卵胎生鱼苗刚从母体内产出时，个体已较大，可以自由游动，当天或第二天即开始摄食。人工饲养可以投喂小个体的鱼虫，也可直接投喂人工粉状饲料（要粒度小，营养全面、丰富），使鱼苗能很好地生长发育。

刚从鱼卵中孵化出来的仔鱼，个体很小，常细如针尖，腹部有一个膨大的储藏养料的卵黄囊。这时的仔鱼或侧卧水底或吸附在箱（池）四壁、水草等附着物上，不食不动，以吸收卵黄囊中的营养维持生活。不同种类的仔鱼开始游动觅食的时间是不同的，在最适水温条件下，有的3天左右，如金鱼、锦鲤、蓝星鱼等；有的5天左右或更长，如神仙鱼、地图鱼等。一般当卵黄囊中的营养快被吸收消耗完时，仔鱼便开始游动觅食，这时鱼苗由内源性营养阶段转向外源性营养阶段。转食成功是仔鱼成活的关键之一，此时尤其要认真观察仔鱼的动态，以便及时开食，投喂适宜的开口饵料，并注意饵料要分布均匀，量少次多，使仔鱼得以生存和健康生长。

喂食应该从幼鱼能够正常平游的当天开始，刚开始游动的幼鱼太小，口裂很小，应给它们喂食能吞下的活饵料，一般是喂草履虫等原生动物和小型轮虫，可用200目尼龙过滤网捞取，然后用100目的过滤网筛去大型鱼虫，最后用吸管吸出网底浓度很高的鱼虫，缓慢均匀地挤进幼鱼箱。一般每天可喂两次，使水中活饵料的浓度较高，以保证幼鱼能吃到嘴边的食物。幼鱼在开喂后，应随着鱼的长大适时改喂用60目过滤网筛下的鱼虫。

如果没有鱼虫，可用熟蛋黄代替。方法是用100目左右的筛绢包住鸡蛋黄，放在盛有少量水的碗中挤压，制成蛋黄颗粒液，将蛋黄水泼散水中，供鱼食用，一个蛋黄可喂一万尾仔鱼。用蛋黄喂养易使水变浑浊，投喂宜少勿多，并注意适时换水，以防水质败坏，幼鱼长大些后再投喂鱼虫或人工饲料。

饲养仔、幼鱼期间，应保持水温稳定，水温变化幅度不宜太大，水温突变常会危及仔鱼的生命。应保持良好的水质和适宜的环境条件，溶氧量丰富，光照充足，投食不可太多，食物要适口，能满足其营养需求，转食期及时改换符合要求的饵料，放养密度不能太大，后期应分箱（池）。早期尽可能不换水或少换水，每次换水量不宜超过总水量的1/8，抽水时注意消除死卵、腐烂有机质、残渣等，后期换水量可增加，但也不宜超过1/6。仔、幼鱼因个体柔弱，适应力差，管理时要注意防止病菌、敌害生物等对鱼苗的危害，使其能够正常生长发育。

2. 鱼苗的筛选 鱼苗的筛选依据观赏鱼的优劣标准，按照生产的不同需要，在幼鱼生长过程中，分批次挑选。经严格挑选出来的鱼苗具有许多优良特征，常作为后备种鱼，加以精心培育，可使其后代具有较高的观赏价值。选择的幼鱼要求生长速度快，形体优良，外形匀称，游姿优美，色彩鲜艳，变色早，各品种特征突出的观赏部位要求完美，此外，如果发现有观赏价值的变异品种，要注意选留和观察，以求培养出千姿百态的新品种。

实例：金鱼鱼苗的筛选。

一般留作后备种鱼的鱼苗，至少要经过4次选择。

第一次，鱼苗孵出20天至1月龄时，鱼苗体长2 cm左右，尾鳍分叉易见时，淘汰单尾鳍、身体畸形的种类。

第二次，鱼苗1.5月龄，体长3 cm左右时，选留形体端正，各鳍良好，尾鳍对称者，淘汰残次鱼。

第三次，鱼苗2月龄余，体长4 cm左右时，品种性状特征日益明显，可依良种鱼苗筛选标准，以形态特征为主进行标准筛选。

第四次，鱼苗4月龄，体长6～8 cm时，主要注重色泽方面的筛选，选留体态好、色泽鲜艳的金鱼。

三、观赏鱼的饲养管理要求

（一）不同品种观赏鱼的饲养管理

1. 金鱼的饲养管理　金鱼的饲养管理是一项多技术综合工程,它包括投饵、换水、日常观察等;在鱼类的幼鱼期、成年期、亲鱼期、老年期,要求都不一样;在一年四季中,也各有不同的管理要点。

（1）饲养设备

①传统饲养容器:金鱼的传统饲养容器有黄沙缸、泥缸、陶缸、瓷缸、木盆等。黄沙缸口大底尖,外表简单无花纹,用黏土烧制,工艺较简单,多见于江南农村。黄沙缸可半埋在地下,接受地温,缸壁通透性好。泥缸多见于北京、天津地区,外形似平鼓,缸底与缸口相等,外壁有花纹,缸壁光滑、通透性好,适合饲养绒球、朝天龙、蝶尾等品种。陶缸由陶土烧制,缸口较宽,缸壁厚实,外壁有花纹,内壁釉层不厚,通透性也可,也常用来养鱼。瓷缸做工考究,外壁龙凤走兽,釉彩光亮,内壁釉层厚实,光滑细腻,通透性略差,是较好的观赏容器。木盆又称木海,直径 0.7～1.5 m,高 0.3～0.5 m,不上漆,通透性较好,内壁易附生青苔,水质澄清。木盆是古代民间较常见的容器,目前北京地区还可见到。

②水泥池:水泥池由砖或混凝土制成,四壁、池底用黄沙水泥抹平,大小随意,目前常见的水泥池有 10 m²、16 m²、25 m² 等,它是金鱼养殖场的主要容器。

③水族箱:水族箱以玻璃为材料,用工程硅胶黏结而成,是目前家庭饲养时常见的饲养容器。它晶莹透明,鱼儿的一举一动,尽收眼底。水族箱中养鱼还需要配备的设备有充氧泵、箱内循环过滤器、加热管、捞鱼网等。家庭饲养容器还有一种小型的椭圆形鱼缸,由玻璃经过特殊处理后吹制而成。它小巧玲珑,可摆放在茶几或书桌上,移动方便,内放几束水草或数粒雨花石,观赏效果也好。

（2）投饵

①觅饵习性:金鱼是变温动物,它的一切活动与水温的变化息息相关。金鱼活动的大部分内容是在水中寻饵觅食,它们能和平相处,没有占领地盘的习惯。在金鱼养殖场,黎明时常见金鱼沿池边缘觅食。当饲养人员走近,它们会齐刷刷地向前游来,俗称讨食,这时投放鱼饵,它们立刻蜂拥而至,抢夺鱼饵。水温在 15 ℃以上时,金鱼的觅食活动较积极,水温超过 30 ℃时,金鱼会停止觅食,水温低于 5 ℃时,金鱼的觅食活动明显减少,水温在 18～25 ℃时,金鱼的食欲最旺盛,鱼体生长发育也最迅速。

②投饵要点:春秋季节,水温多在 15～25 ℃,是金鱼一年之中食欲最旺盛的季节。这时的投饵量较大,要尽量让鱼吃饱,如一次投饵后,金鱼仍有寻饵活动,可作第二次补饵。盛夏季节,水温多在 25～30 ℃,有时水温也会超过 30 ℃,这时金鱼的食欲减弱,投饵数量要减少,保持金鱼有七八成饱即可,投饵时间要提前到早 7—8 点,争取在水温上升前,让金鱼将饵料吃完。冬季,水温多在 7 ℃以下,金鱼的觅食活动较少,投饵数量较少,投饵时间多选择在中午光照较强时,遇到水温 1～2 ℃时,可停止投饵。

③投饵原则:一年生的金鱼,其食量约为与头部大小相等的量;二年生的金鱼,其食量约为头部大小一半的量;三年以上的金鱼,其食量约为其头部大小三分之一的量。家庭观赏鱼的饲养,每天可投喂一次,投饵量供七八成饱即可。生产性观赏鱼的饲养,春秋季节,水温适宜,要保持足够的投饵量。刚换新水,在开始的一两天投饵量略少些,当水色转绿时,要定量投喂,让金鱼吃饱吃足。繁殖季节的金鱼,投饵量较正常饵量减少 1/2～1/3。体弱有病的鱼,投饵量较正常量减少 2/3。凡需长途运输的鱼类,要换入新水中,停饵 1～3 天。

（3）用水

①换水方法:金鱼的换水只有两种方法,即部分换水和全部换水。部分换水即兑水。在露天鱼池,将老水放掉 1/3～1/2 的量,然后将新水直接加入,可以起到刺激鱼类食欲、部分改善水质的效果,这是观赏鱼水质保养的一种方法。家庭用水族箱,可将缸底的污物用软质塑料管吸出,吸出的水量相当于原水量的 1/3～1/2,然后再用软质塑料管将同温度同数量的新水徐徐注入。全部换水时,

可将老水放掉 2/3 后,再用网具将鱼捞出,换入同温度的新水中。家庭用水族箱,全部换水时,要先将水族箱中各种设备的电源切断,老水放完后,可用软布将玻璃缸擦净,或者用低浓度高锰酸钾药水浸洗。观赏鱼换水时,新旧水的温度要保持平衡,温差应控制在 1～2 ℃。

②换水原则:观赏鱼的水质稳定时间与水温密切相关。春秋季节,水温适宜,水色鲜绿,水中藻类生长适中,水质保鲜期较长,这时多采用兑水的方法,一般 2～3 天兑一次水,全部换水时间约 15 天一次。盛夏季节,水温较高,藻类生长旺盛,一般 3 天左右水色变绿,盛夏季节的绿水,容易引起金鱼烫尾,所以金鱼饲水多采用全部换水的方法,换水时间为 3～5 天换一次。冬季水温较低,水中藻类生长缓慢,水色变绿的时间较长,这时多采用兑水的方法。全部换水时间为 1～2 个月换一次,全部换水时常将部分绿水兑进新水中,以保持水质的稳定。家庭饲养金鱼,水族箱中都配备有水质循环过滤器,一般每天开启 5～6 h,就可保证水质澄清。在水温适宜的季节,也可采用兑水的方法,既可保持水质的稳定,也可保持水质的清新,同时达到刺激鱼类食欲的目的。

(4)放养密度

①商品鱼放养密度:金鱼的生长速度、体形等,除与水质、饵料有关外,还与单位面积内的饲养尾数有关。放养密度越小,金鱼的发育越良好,体形的曲线也越完美。放养密度越大,金鱼越小,表现为体形瘦小,营养不良,外观美感下降,观赏价值降低表 4-4。

表 4-4　5—11 月金鱼放养密度

鱼长/cm	商品鱼密度(尾/平方米)	留种鱼密度(尾/平方米)
2～3	200～250	100～150
4～6	100～150	50～80
7～9	50～100	30～40
10～12	20～30	10～15
13～15	10～15	5～8

②家庭水族箱放养密度:家庭水族箱饲养观赏鱼,尾数不要太多(表 4-5)。

表 4-5　水族箱(120 cm×50 cm×45 cm)观赏鱼放养密度

月份	鱼长/cm	放养密度(尾/平方米)
4—5	7～9	6～8
6—9	7～9	5～7
10—12	10～12	4～6
1—3	10～12	7～8

(5)四季饲养要点

①春季:春天气温适宜,是金鱼和锦鲤的繁殖季节。金鱼的饲养工作主要集中在亲鱼的产卵和仔鱼护理上。当水温在 18～22 ℃时,亲鱼会出现相互追逐的繁殖活动。一般在下午或傍晚时,将亲鱼换入新水中,第二天黎明就有产卵活动。临产前的金鱼应饲养在绿水中,以水色、水质的稳定来控制亲鱼的性欲活动。产卵完毕后的亲鱼,应饲养在淡绿色的水中,或在清水中掺些绿水,用绿水保持亲鱼的性腺正常发育,一般 7 天后可进行第二次产卵。繁殖期间的亲鱼应尽量投喂活饵。在江南地区,每年的六月前后都有梅雨季节,这时阴雨连绵,各种有害细菌、寄生虫大量繁殖,这是金鱼的发病季节,无论亲鱼还是幼鱼都应采取绿水饲养,减少换水次数,维持水质稳定,尽量减少刺激,投饵也应减少,特别是气压偏低闷热的日子,要特别注意投饵量。遇有发病的金鱼,应及时隔离,并用药物提前预防。

②夏季:夏天气温较高,水温多在 25 ℃以上,水中有害细菌、寄生虫明显减少,金鱼很少患病。由于水温过高,水中藻类明显增多,水色转绿时间加快,水中溶氧量减少,这时的饲养工作的重点是

防止金鱼中暑和缺氧。中午前后，应用遮阴网或芦帘将池遮盖 2/3，既可防止水温升高过快，也可给鱼提供一个避暑的地方。夜晚要加强观察，尤其下半夜 3—5 时是鱼类最易缺氧的时间。遇到严重缺氧的鱼池，要及时兑水或换水。如有充氧设备，傍晚应及时开启。白天如发现饲水水色变绿或有烫尾的鱼，都应及时换水。露天饲养锦鲤时更要注意及时换水，傍晚都要开启充氧设备。

③秋季：秋天水温适宜，春季产的幼鱼都已达到成鱼阶段，这时应重点加强投饵，保持观赏鱼体形的肥美，所以催肥工作是秋季的饲养重点。当水温在 18～22 ℃时，是水中有害细菌繁殖旺盛的时候，应加强观察和药物预防，避免观赏鱼的大批发病和死亡。由于秋天很少出现像梅雨季节数十天阴雨连绵的天气，观赏鱼的发病程度较轻。但由于水温适宜，秋天仍是观赏鱼发病较多的季节。只要积极预防，一般都可安然度过。

④冬季：冬天气温较低，水温多在 10 ℃以下，观赏鱼的发病率较低。此时鱼类的体长已很难再增加，但鱼类的肥胖度却可增加，观赏鱼都已发育成型，这是观赏鱼购销最繁忙的季节。这时的饲养重点是保持水质稳定，保持观赏鱼的健康。当水温较低时，应及时将金鱼移到室内或暖房过冬，或将鱼池水位加深到 40～50 cm，避免鱼类冻伤。在北方，由于气温常低于 0 ℃以下，观赏鱼必须移到室内或暖房过冬。对于北方室内越冬的金鱼，最好将室温控制在 7 ℃以上，使金鱼有觅饵活动，投饵可隔日或每三日进行一次。若将水温提高到 18～22 ℃，金鱼可提前进行繁殖。

（6）日常观察

①观察内容：观赏鱼的日常观察非常重要，可以及时发现有病的个体或发病前期的鱼群，观察部位主要有体表、鳃部、眼睛、嘴巴、鱼鳍等，这些都是鱼类易发病的部位。正常金鱼，体表光洁鲜艳，沉浮自如，食欲旺盛，体腹端正，尾鳍舒展。有病的个体，离群独游，神情呆滞，投饵不食，体色暗淡，体表黏液增多，仔细观看体表会有白点或棉絮状菌丝或皮肤充血红肿等。鱼群聚集缸角或互相挤在一起，这都是发病的前兆。正常的金鱼，鳃丝鲜红色，鳃盖开启自如。有病的个体，鳃丝暗淡发白，或腐烂或有絮状菌丝黏附，鳃盖开启无力，呆滞池边或角落。健康的金鱼各鳍发达舒展，起伏自如，有病的金鱼各鳍伏卧，无力伸展，鳍条上有白点或充血腐烂。若鱼鳍有粒粒气泡，属于烫尾，只要更换新水就会消失。有肉瘤的金鱼，肉瘤鲜艳丰满，有病的个体，肉瘤萎缩，暗淡无光，或有腐烂痕迹。正常的金鱼，眼球明亮，光彩熠熠，眼珠转动自如，炯炯有神。有病的金鱼，两眼无神，并附有一层白膜或絮状菌丝。健康的金鱼，嘴关节灵活，觅饵自如，有病的个体，嘴关节失灵，并出现红肿或腐烂。正常的金鱼，食欲旺盛，经常在池底或池边觅食。有病的个体，呆滞一角，投饵不食。正常的金鱼，粪便成条，颜色灰黑。有病的个体，粪便不成条，呈乳白色或有气泡。饲水为清水或绿水较适宜鱼类生长，若水色白浊或呈褐色，要及时更换。

②观察时间：观察金鱼的时间常因外界气温的变化而调整。春天多集中在黎明时，观察金鱼的浮头情况、水溶氧含量等，从而确定当天的投饵量及水质处理。夏季酷暑炎热，观察时间多集中在下半夜到黎明时，主要观察金鱼的浮头情况以及时注水或换水，或开启充氧设备。冬季观察时间多集中在中午。喂食时，主要观察金鱼的觅食活动，及时发现投饵不食的病鱼。中午主要观察金鱼的休息状态，有无烫尾现象，饵料有无剩余。傍晚主要观察水色的变化，水质是否变坏，金鱼有无浮头，以预测金鱼会不会半夜缺氧浮头。金鱼的观察时间选择非常重要。

（7）十二月令饲养表

1 月：本月气候严寒，是一年中最寒冷的季节，应做好金鱼的保暖工作，如有条件，可将金鱼移到室内或暖房越冬，尽量减少水质更换，投饵工作集中在中午。

2 月：2 月下旬，气温逐渐回暖，应加强金鱼的投饵工作。一般 30 天左右更换一次水。挑选亲鱼，降低放养密度，加强亲鱼催肥，为亲鱼的繁殖做好前期准备。

3 月：江南地区 3 月的平均气温为 10 ℃左右，有时气温会高于 20 ℃。由于春天气温开始上升，饲水中有机物腐败速度明显加快，如遇数日东南风劲吹，气温明显上升，要及时更换观赏鱼的越冬老水，以防金鱼缺氧。3 月的后期，观赏鱼的性腺已发育成熟，如果这时用室温提高水温，金鱼会提前繁殖。在天气晴朗时，将不同品种的金鱼按一定比例饲养在一个鱼池中，做好产巢的准备。

4月：清明节前后，观赏鱼进入繁殖季节，工作重点应转移到亲鱼护理和鱼卵孵化。产卵的金鱼多在淡水中稳定性欲，待有发情行为时，再换入新水中产卵。每日清晨应观察亲鱼活动情况，及时放入鱼巢。同时做好鱼卵的孵化和仔鱼的护理工作。

5月：正是江南地区观赏鱼的繁殖旺期。合理地安排亲鱼，做好亲鱼的第二次、第三次产卵工作，对尚未产卵的亲鱼，加强喂养和水质调理。对于尾鳍分叉的幼鱼，要及时换水和挑选，一般约7天换水一次。5月是金鱼烂鳃病发病季节，亲鱼应尽量饲养在绿水中，减少换水次数，让亲鱼以健康状态进入梅雨季节。

6月：江南地区大部分进入梅雨季节，也是观赏鱼一年一度的发病季节。遇有阴雨连绵的天气，要定期定时进行药液泼洒和水质调理，特别是天气闷热的日子，更要及时观察，及时处理水质，以防金鱼长时间轻度缺氧导致身体不适，进而诱发疾病。6月幼鱼已进入转色阶段，要注意营养，做好幼鱼的筛选工作。

7月：已进入高温季节，月平均气温在25 ℃左右，此时的工作重点是防止金鱼中暑和烫尾，并加强换水。7月有时会出现35 ℃的高温天气，要注意鱼池遮阴。金鱼的投饵多集中在上午7—8时，4～5天换水一次。金鱼的幼鱼多数已进入筛选后期，应及时调整放养密度，加强幼鱼催肥。

8月：一年中平均气温最高的一个月，露天鱼池要加深水位，工作重点是加强防暑，注意观察金鱼的烫尾现象和下半夜的浮头情况，必要时2～3天全部更换一次水。金鱼的投饵量要保持在7～8成饱，避免水中有残饵剩余，残饵腐败会造成水质恶化。加强下半夜的观察工作，防止金鱼因缺氧而全池闷缸死亡的发生。

9月：9月上旬仍是高温天气，9月下旬气温逐渐降低，金鱼的饲养重点是加强育肥，增加投饵量。一般7～10天换水一次，加强观赏鱼的疾病预防，控制饲水由清水向绿水转化，稳定金鱼的体况，加强金鱼的催肥。

10月：气候渐渐转凉，约15天换水一次，换水时应保持金鱼的新旧水温平衡。露天鱼池可考虑适当降低水位。10月是观赏鱼一年中第二次发病季节，应注意药物预防，加强金鱼的催肥工作，为金鱼越冬打好基础。

11月：气温渐冷，水温多在10 ℃左右。金鱼食欲正常，约20天换水一次，换水时注意新旧水温平衡，观赏鱼尽量饲养在绿水中，加强对有病个体的药物治疗。

12月：气温下降，本月的工作重点是金鱼的防寒保暖。金鱼的食欲明显下降，约30天换水一次，投饵工作延迟到中午前后，鱼池的放养密度可适当增大，水色以绿色为主，露天鱼池水位要适当加深。

2. 热带观赏鱼的饲养管理

（1）水温与光照 热带鱼对水温要求严格，适宜水温为14～35 ℃，健康成鱼能够忍受的最大温差为±2 ℃，幼鱼为±1 ℃，患病鱼为±1 ℃。否则，热带鱼极容易感冒。一般来说，冬天养殖热带鱼需要加热升温和保温，当水温降至20 ℃以下时，热带鱼开始拒食，游泳活动能力明显减弱，免疫力下降。长期在15～20 ℃的水中饲养热带鱼，容易发生各种疾病。冬天饲养热带鱼的水温还应根据不同的品种而定。对于慈鲷科中的神仙鱼和七彩神仙鱼，水温应保持在25 ℃以上；对于花鳉科和鲤科等热带鱼而言，水温只需保持在20 ℃以上；对于大多数慈鲷科、鲇科、攀鲈科和古代鱼科来说，水温以保持在22 ℃以上为宜。

光照对热带鱼十分重要，应根据热带鱼不同的发育阶段提供不同强度的光照。孵化时，热带鱼对光照强度的要求偏低，在300～500 lx，但应采取偏红光；鱼苗出膜后，光照强度应提高到3000～5000 lx；幼鱼到成鱼阶段的3个月内，光照强度要求达到8000～10000 lx。光照对热带鱼的影响有三个方面：一是增强体质，适当的光照对热带鱼眼睛的发育和体内钙质的吸收十分重要；二是促进体色发育，色彩艳丽的热带鱼在缺乏光照的环境中饲养1个月，色彩会变得黯淡；三是促进性腺发育，若幼鱼生长阶段缺乏光照，热带鱼的性腺发育会受到很大的影响，往往产出的鱼卵受精率不高，出膜率极低，即使孵成仔鱼，生命力也不强。

（2）水质　在众多观赏鱼之中，热带鱼是比较娇贵的，它对水质的要求较高。其中对水质要求较高的是慈鲷科中的神仙鱼和七彩神仙鱼，其次是脂鲤科鱼和一般慈鲷科鱼，第三是古代鱼科的一些鱼类和鲇科鱼，鲤科和攀鲈科的一些鱼类对水质的要求没有前述鱼类的高，对水质要求最低，最容易饲养的热带鱼是花鳉科鱼类。

①透明度：水体透明度对热带鱼的影响很大。透明度低（即水体浑浊）的水，容易造成热带鱼精神紧张、压抑，免疫力降低，色彩变淡，甚至引起疾病的发生。热带鱼要求是水体透明度达到5 m，一般家庭饲养热带鱼很难用仪器来检测水体透明度，所以应当经常观察，发现水体浑浊或有藻类引起的水华，透明度下降时，应立即启动过滤循环系统，迅速提高水的透明度。

②溶解氧：热带鱼对水体溶解氧的要求比金鱼稍高，应长期保持在5 mg/L以上；幼鱼期或患病时还要更高些，应保持在7 mg/L。否则，水中极易生成一些有害物质，导致疾病发生或促使病害加重。

③pH值（酸碱度）：热带鱼生活的水质条件最好是中性偏弱酸性，有的热带鱼甚至需要中性的水质，如七彩神仙鱼生活环境的pH值为5.5～6。一般来说，弱酸性环境不易产生单胞藻的水华现象，同时能促进水草的生长，这样可以使水体保持较高的透明度。此外，弱酸性环境还易于促进有毒代谢产物氨向氨离子转化，从而不必担心分子氨的毒性。总之，家庭饲养热带鱼的最适pH值为6～7，这样既不容易产生有害物质，又能达到较好的观赏效果。需要特别注意的是，在弱酸性环境下，千万不能突然增加光照度，更不能突然暴晒太阳，否则会引起水中植物强烈光合作用，导致水体pH值骤然上升，引起金鱼和水草死亡。

④硬度：野生热带鱼生活的河道或沼泽地大多数是偏软水或软水。因此，人工饲养热带鱼需要调节硬度。调低硬度最直接的办法是用蒸馏水掺兑，也可采用离子交换树脂对水进行过滤处理。有经验的饲养者经常利用水草的光合作用来降低硬度，或用"老水"掺兑来降低水的硬度。此外，水体长期酸化和长期不换水也会引起水的硬度下降。需要强调的是，水的硬度降得太低，也会引起鱼和水草生长不良。不同品种的热带鱼对硬度的要求不一样，主要与其原来生活的水域硬度有关，一般鲤科、鲇科、攀鲈科鱼类对硬度的要求较低，中等硬度或偏软水都可以饲养；慈鲷科、脂鲤科鱼类对低硬度（软水）的要求较高，特别是繁殖时期，一定要在软水中。总体来说，适应在水草丛中生长的鱼类，或者说与水草共生的鱼类，需要在软水环境中生长发育，繁衍后代。

⑤有害物质：在家庭饲养淡水热带鱼，水体中有害物质毒性最大的是硫化氢，其他有毒性的物质为氨氮、硝基氮及亚硝基氮，其中，亚硝基氮的毒性远比氨氮和硝基氮高。中间代谢产物及有机物也有一定的毒性。这些物质易导致水质败坏，有害细菌滋生，引起热带鱼体质变弱，免疫力降低。预防氨氮中毒，最有效的措施是控制水体pH值在6～7，因为pH值越大，氨氮的毒性越强。相同的量，水体pH值为8时，氨氮的毒性是pH值为6时的几百倍。预防硫化氢中毒和亚硝基氮中毒，最有效的措施是严防缺氧，因为硫化氢与亚硝基氮的产生源于一种还原反应，只有当溶解氧低于2 mg/L时才会发生。因此，有必要给水族箱安置一个间歇开关，防止气泵和水泵长时间运行而损坏，引起意外缺氧。此外，当发生硫化氢中毒时，可以适当添加亚铁离子，以形成硫化亚铁沉淀，除去硫化氢的毒性。

（3）饵料　热带鱼饵料以鲜活饵料为主，并适当辅以冰鲜饵料，缺乏饵料时，可以添加少量的人工配合饵料来充饥。由于热带鱼的繁殖周期较短，一般为几周至几个月，加之它的体色形成比金鱼、锦鲤复杂，因此，热带鱼对饵料中活性物质的要求比金鱼和锦鲤都要高。

①活饵料：活饵料不但可以满足热带鱼快速生长的需要，而且通过捕食活饵，还可以锻炼热带鱼的反应能力，是饲养热带鱼最理想的饵料。一般热带鱼对某种活饵料的摄食兴趣为2周左右，2周过后，就会对这种饵料产生厌食，从而影响其生长速度，因此每隔一定的时间，需要给热带鱼换食另一种活饵料或者冰鲜饵料。

②冰鲜饵料：由于热带鱼活饵料的来源还不稳定，因此需要大量冰鲜饵料的补充。冰鲜饵料包括淡水滤食性鱼类、海水深海鱼类、虾仁、牛心、牛肉、猪心等。投喂时，取速冻饵料100克，趁未解冻

时切成丁,然后用自来水冲去血浆、肉末,即可直接投喂。

③配合饵料:热带鱼对配合饵料的兴趣不是很大,除非饵料有相当好的诱食性。热带鱼配合饵料蛋白质含量应当在40%以上,粉碎度要求在80目以上,且需添加深海鱼油或乌贼鱼油来作诱食剂,同时还要有丰富的微量元素和维生素,而且最好是悬浮饵料。

④植物性饵料:热带鱼的植物性饵料主要是南瓜、麦芽和胡萝卜。投喂这些植物性饵料的主要目的在于提高热带鱼的体质、增强抗病能力,同时加深热带鱼鲜艳的体色。

(4) 水质管理

①定期、定量换水:热带鱼换水量最大不宜超过1/5,最佳的换水方法是每天趁吸取残饵、粪便时换水1/20~1/10,换水时间为下午,每天晚上睡觉前换水也可。

②定期调节pH值和硬度:一般每周调pH值1次,调硬度1次。降低水体pH值时用0.1 mol/L的稀盐酸,升高pH值时用0.1 mol/L的氢氧化钠溶液。降低硬度的方法有两种:一种是添换蒸馏水,最大添加量不超过1/5;另一种则是用阳离子交换树脂过滤,过滤时间不超过2 h。

③定期清理过滤器:饲养热带鱼要求水体透明度非常大,故水族箱上的过滤盒几乎每天都在运转,因此大量的残饵、粪便和鱼类分泌的黏液都集中在过滤盒中,所以必须2周内清理过滤盒1次。具体操作:取出最上面一块海绵,置于自来水下冲洗干净,拧干后放回过滤盒中。如果热带鱼生病,还应把洗干净的过滤盒置于EM菌溶液中浸泡5~10 min,然后再放回过滤盒,这样有助于驱赶过滤盒中的病原微生物,预防疾病的暴发。

(二)不同季节观赏鱼的饲养管理

以热带鱼的饲养为例,根据不同品种的生活习性和生态习性,对水族箱进行布置、设计,尽可能满足它们生长、发育、繁殖等各种条件。热带鱼在众多观赏鱼中是比较娇贵难养的,而且存在着十分明显的季节差异,如果不随着季节气候的变化而加以相适应的护理,那它们随时都有生病死亡的可能。

1. 夏、秋两季的饲养管理 夏、秋两季室内外水温一般在25~30 ℃,是热带鱼生长的最佳时期。这时期,饵料和溶解氧是饲养热带鱼的两个关键。

(1) 水质管理 每天换水1/20~1/10,直接用自来水作换用水;每周检查pH值与硬度1次;每10天左右清理过滤盒1次;每天检查溶解氧,使鱼保持最旺盛的摄食能力和生长能力。每个月检测三态氮的变化情况,测定溶解氧和三态氮可以用比色盒。夏、秋两季由于温度高、摄食量大、残饵和排泄产物较多,故热带鱼对水质要求较高,一般溶解氧在5 mg/L以上,氨氮在2 mg/L以下,亚硝氮在0.05 mg/L以下,pH值稳定在养殖品种要求的范围内。为防止硫化氢的产生,每个月可以向水族箱中添加氯化亚铁或硝酸铁,以降低硫化氢量。

(2) 投饵 夏、秋两季由于温度高,野外各种天然饵料丰富,所以热带鱼活饵料来源丰富。关于饵料的投喂,这里只强调以下两点。

①定量、定时:如果有时间,尽量按照少量多次的原则投喂。定量的标准:一般家庭水族箱饲养鲜活饵料日投喂总量不超过热带鱼体重的4%,人工配合干饵料日投喂总量不宜超过体重的2%。每天投饵2~3次,具体投喂方法应根据个人时间、热带鱼健康状况和天气而定。每次投饵量以热带鱼能在2 min内全部吃完所投喂的饵料为宜。实际上,鱼类是没有胃的,摄入的食物直接靠肠内的消化酶和肠蠕动来消化,因此绝对不可让热带鱼吃得太饱。许多初养者由于没有经验,把鱼儿照顾得太"好",喂得太饱,导致热带鱼腹泻,引起水质败坏,热带鱼很快便生病,结果鱼被活活地"撑死"。

②饵料需要消毒:夏、秋两季温度高,天然饵料营养丰富,但由于各种污染物质在高温下腐败的速度也非常快,因此,夏、秋两季饵料中携带的污染物也最多。一般天然饵料中的污染物有三种:第一种是重金属、农药与酚类的污染;第二种是有害细菌的污染;第三种是寄生虫的污染。因此,从市场上购回的枝角类必须先用干净无余氯的清水漂洗2~3次,每次漂洗时间为1~2 h。漂洗用水最好是养热带鱼换下来的剩水,漂洗时必须充气,必须让枝角类都活着,这样才能让其把大量的污染物吐出来。然后将经过漂洗后的枝角类放入抗生素溶液(如庆大霉素等)中药浴半小时,以杀灭有害细

菌,最后用自来水把药物冲洗掉,才能投喂。这样严格的操作有许多好处,不但热带鱼不容易生病,而且不会造成其他生物污染,例如水蛭虫和环形螺的污染。

（3）配水添鱼　当刚开始饲养热带鱼或者因饲养的密度过大而需要分缸时,配水问题就会非常棘手。这是因为热带鱼比任何观赏鱼都难以适应新的环境、新的水质条件。初养者第一次饲养热带鱼时,由于家里没有养过鱼的大量老水,因此必须先选择最容易适应新水的花鳉科鱼进行试养,这个过程就是科学地养水的过程。起初,只需用一个10～20 L的水体饲养孔雀鱼一类的花鳉科鱼。饲养前先对水体充气、曝气1周左右,然后放养鱼种6～8尾,饿2～3天再逐渐增加投饵量,饵料必须以活饵料为主。然后不换水,每天加20%左右自来水,并每隔1周添加新鱼,按每2升水1尾鱼计算,直到总养殖水体达到水族箱的水体,这时养水过程结束。然后捕出一半左右的花鳉科鱼,再逐步引进您想饲养的名贵品种,同样需要饥饿1～2天,再慢慢地增加投饵量,千万不可突然让鱼吃得太饱。

当水族箱饲养密度过大,或当水族箱发生严重污染,如发现水蛭虫、环形螺寄生时,以及水族箱运行时间太长需要彻底清理时,热带鱼需要换缸。首先要收集所有的老水,并用200目纱绢过滤,再把过滤好的老水与1/4的自来水掺兑,就可以放心地饲养热带鱼了。最后同样需要让热带鱼饥饿1～2天,然后再逐渐增加投饵量,经2～3天再恢复到最大投喂量。

2. 冬、春两季的饲养管理　冬、春两季温度偏低,一般都低于20 ℃,需要一定的加热和保温设备,让热带鱼生活在25 ℃左右的水环境中,同时由于外界温度偏低,天然饵料繁殖慢,有的甚至冻死,因此冬天还必须找到丰富的代用饵料。总之,冬、春季饲养热带鱼最大的问题在于温差与饵料。

（1）水质管理　大量换水容易引起水温的骤变,因此,冬天应每天定时在排污时换去1/20～1/10的老水,直接加入经过预热的自来水。成鱼温差要小于2 ℃,幼鱼温差要小于1 ℃,鱼苗温差要小于0.5 ℃。在冬、春季,热带鱼水族箱需增加光照度,即3000 lx以上,每天照光6 h以上,这样有助于水处理过程中微生态的良性循环。此外,每隔1周左右应检测硬度和pH值1次,并调节到所养鱼类的适宜范围。

家庭水族箱控温一般采用简易控温加热棒即可。关于简易控温加热棒的使用,有如下三个要点。

首先,简易控温加热棒的橡皮封口最好不要浸没在水中,说明书上虽说加热棒可以潜入水中加热,但由于加热时加热棒内部产生很大的气压,冷却时又产生强大的负低压,这种频繁的推吸作用,势必让微量水进入加热棒内部,缩短加热棒的使用寿命。

其次,加热棒有加热丝的部位一定要浸没在水中,特别是当水被蒸发、水位下降时,一定要注意添加新水或把加热棒的位置下移。

第三,由于控温加热棒内部的温感弹簧片在加热棒玻璃管内,温感弹簧片感受到的温度实际上是玻璃管内部的温度,而不是水族箱的实际温度,所以,对于同一个控温在25 ℃的控温加热棒来说,偏大的水族箱实际水温可能低于25 ℃,而偏小的水族箱实际水温要超过25 ℃。

（2）投饵　冬、春季气温低,各种天然饵料急剧减少,这个季节要养好热带鱼必须要做好天然饵料的室内暂养并寻找代用饵料。

①摇蚊幼虫（血虫）的暂养:在塑料盒底部打上小眼,盒底铺上一块比盒底面积稍大的纱布,把买回来的摇蚊幼虫放在纱布上,盖上另一块纱布,每天喷洒养鱼用水1次,并在温度10 ℃以下环境中冷藏。

②水蚯蚓的暂养:用一个深度为5～10 cm的小玻璃盒或瓷盒暂养水蚯蚓,再用一个小塑料盒盛取养鱼缸内的水,并将其冷冻到5 ℃左右。每天用纱网将暂养水蚯蚓的老水滤去,换上冷却的养鱼用水,并置于6 ℃以下的环境中冷藏。暂养水深保持在2～3 cm,千万不可超过3 cm,否则将引起水蚯蚓缺氧死亡。暂养时不要用自来水冲洗,换水时温差不可超过5 ℃,否则将会引起水蚯蚓分泌大量黏液导致自溶而死亡。

③枝角类的暂养:买枝角类时要求卖主充点氧气,以确保回家后大部分枝角类都活着。预先将

饲养热带鱼换下的水冷却到常温,微量充气,气泡要大,每秒冒出 1~2 个气泡,保持水深 20 cm 左右,暂养密度为每 10 L 水体暂养枝角类 100 g。将买回来的枝角类倒入准备好的水槽或脸盆中,吸出活力不强的或刚刚死去的鱼虫,立即消毒冲洗,投喂热带鱼。日常管理只需每天吸去缸底污物和死鱼虫,同时换水 1 次,采用热带鱼缸排出的老水作换用水,换水量最大不超过 1/2,一般每天换水1/3。每天用 200 目纱绢过滤淘米水滤后的乳浊液用于投喂,投喂量以枝角类能在 2~3 h 内吃完为标准。每天投喂 1~2 次,这样买回的枝角类可以暂养到 10 天以上。

(3) 冰鲜饵料的投喂 先将买回来的牛心、牛肉用刀切成整齐的条状,去血浆、白筋和肥肉,冲洗干净,然后切成方块状(每块约 100 g),每个肉块用保鲜袋包装,然后放入 -10 ℃ 以下的环境中速冻。投喂前将速冻饵料切成 1 mm³ 大小的肉丁,在自来水里洗去血浆、肉末,根据鱼的需求投喂,余下的放在冰箱中带水冷藏。这样可连续吃 1 周,1 周后未吃完的饵料必须处理掉。

一般采用鲢鱼、鳙鱼和海水马鲛鱼作冰鲜饵料。先将买回来的整条鱼去掉鱼鳞、头、内脏,再细细剔去脊柱骨、肋骨和带骨刺的鱼鳍,用自来水冲洗干净,然后把鱼肉切成 100 g 大小的小方块,同样用保鲜袋包装,在 -10 ℃ 以下速冻。投喂方法和保存方式与牛心、牛肉的相同。

相比较而言,牛心、牛肉的制作远比鱼肉简单,但是在长期缺乏活饵料的冬天,只投喂牛心、牛肉很容易引发疾病,必须用淡水鱼肉、海水鱼肉或者虾仁来调节口味,补充营养,以增强热带鱼的免疫力。

3. 春、夏交替季节的饲养管理 春、夏两季是自然界中饵料生物繁殖旺盛的季节,因此,热带鱼的饲养也就比较方便。由于鲜活饵料丰富,热带鱼食欲大大增强,体质得到提高。但在春、夏交替的季节,由于气温不稳定,极易造成热带鱼感冒,使热带鱼食欲减退,体表充血,分泌黏液,发生疾病。

(1) 水质管理 每天换水 1/20~1/10,直接用自来水作换用水;每周检查 pH 值与硬度 1 次;每10 天左右清理过滤盒 1 次;每天检查溶解氧,使鱼保持最旺盛的摄食能力和生长能力。每个月检测三态氮的变化情况,测定溶解氧和三态氮可以用比色盒。夏、秋两季由于温度高、摄食量大、残饵和排泄产物较多,故热带鱼饲养对水质要求较高,一般溶解氧在 5 mg/L 以上,氨氮在 2 mg/L 以下,亚硝氮在 0.05 mg/L 以下,pH 值稳定在养殖品种要求的范围内。为防止硫化氢的产生,每个月可以向水族箱中添加氯化亚铁或硝酸铁,使水体浓度达到 0.1×10^6 mg/L,降低硫化氢量。

水族箱的清洗工作完成之后,还必须每隔 3~4 天换新水 1 次,换水量为 1/10~1/5。换进的新水最好直接采用自来水,但必须把自来水的温度调至高于水族箱水温 0.5~1 ℃。

(2) 饵料 热带鱼在春、夏两季可以吃到丰富的鲜活饵料,有枝角类、摇蚊幼虫、水蚯蚓、桡足类等,在这些饵料中,营养最全面的还是枝角类,在枝角类当中,又数容易消化吸收的裸腹溞最好。当枝角类缺乏时,可以适当轮流投喂水蚯蚓和摇蚊幼虫,当摇蚊幼虫缺乏时,可以适当补充些桡足类(淡水桡足类是相对较差的饵料,但冰鲜的海产红色桡足类是较好的饵料)。由于春、夏交替季节微生物大量滋生,河流水质污染较严重,因此,务必做好鲜活饵料的消毒工作。

→ 复习与思考

1. 简述热带观赏鱼的主要品种及特征。
2. 饲养观赏鱼常用的容器有哪些?各有什么特点?
3. 饲养观赏鱼常用的器具有哪些?
4. 试比较不同类型过滤的优缺点。
5. 观赏鱼的天然饵料有哪些?
6. 简述观赏鱼鱼苗的饲养管理要点。
7. 简述金鱼的换水原则和方法。
8. 简述热带观赏鱼水质管理的要求。

实训

实训一　观赏鱼的鉴别

一、实训目的

熟练掌握国内外观赏鱼的种类、名称、外貌特征、性格特点以及饲养要求,能够很好地识别这些观赏鱼种并指出其品系特征。

二、实训材料与工具

温带淡水观赏鱼(红鲫鱼、中国金鱼、日本锦鲤)、热带淡水观赏鱼(红绿灯鱼、七彩鱼、红龙鱼)和热带海水观赏鱼(神仙鱼、小丑鱼)若干,这三个品系的观赏鱼图片若干,测杖、软尺、直尺、电子秤。

三、实训内容与方法

(1)通过图片观察识别不同品系的观赏鱼的特征,熟练说出常见观赏鱼的归属及外貌特征。

(2)通过实物观察识别观赏鱼的特征是否符合品系标准,主要包括体形、体色、游姿和性格等。根据鱼类分类学和观赏鱼的特点,通过测量观赏鱼身体各部位的长度和体重,把观赏鱼体指标数量化,使之更为直观,克服靠肉眼观测带来的误差。

①全长:观赏鱼的全部长度,即从吻端至尾鳍末端的最大长度。

②体长:又称标准长,是从吻端至尾鳍基部的直线长度,也就是全长减去尾鳍的长度。

③体高:多指从背鳍基部至腹基部近垂直的最大高度。

④头长:从吻端至鳃盖骨后缘的直线长度。

⑤吻长:从吻端至眼眶前缘的直线长度。

⑥眼间距:从鱼体一边眼眶背缘至另一边眼眶背缘的直线距离。

⑦眼径:眼眶前缘至后缘的直径长度。

⑧尾炳长:从臀鳍基部到后端至尾鳍基部垂直线的长度。

⑨尾炳高:即尾柄部分最低处的高度。

⑩背鳍长:背鳍最长鳍条的直线长度。

⑪胸鳍长:胸鳍最长鳍条的直线长度。

⑫腹鳍长:腹鳍最长鳍条的直线长度。

⑬臀鳍长:臀鳍最长鳍条的直线长度。

⑭尾鳍长:尾鳍最长鳍条的直线长度。也叫尾长。

⑮体重:通常采用带水称鱼法,把鱼放在盛水容器中称重,所得重量减去容器和水的重量就是鱼体重量。

四、结果

将结果撰写在实验报告纸上。

实训二　观赏鱼的选购

一、实训目的

正确选购宠物观赏鱼,并能判断其优劣,掌握观赏鱼的选购技巧。

二、实训材料与工具

品种、鱼体指标、游姿、体色、健康状态不同的观赏鱼若干。

三、实训内容与方法

1. 品系　通过品系识别的方法,判断观赏鱼属于哪个品系。了解在观赏鱼市场上该品系的价格。

2. 鱼体指标　查阅品系鱼体指标参数,测量该品系观赏鱼身体各部位长度以及体重是否达到标准。

3. 游姿　鳍和脊椎无破损的鱼身体平衡、行动迅速、游泳方式轻松平稳、姿态健康优美。

4. 体色　健康的鱼外观色泽艳丽、花纹鲜明、体表光洁、体形清晰、线条流畅,鳃盖开启自如,全鳍舒展,眼睛有神。

5. 健康状态

(1) 形态:鱼身各部分都不能有畸形。

(2) 活跃程度:群游群栖,打斗嬉戏、抢食积极、胆量很大,用捞网不易捕捉到。

(3) 体表:有光泽,颜色绚丽,鳞片完整无脱落,黏液无浑浊。

(4) 鳍条:各鳍舒展伸直,无破损,具清澈透明感。

(5) 鱼鳃:鳃丝清晰,色鲜红,呼吸平均缓和。

(6) 眼睛:眼球饱满,角膜透明。

(7) 肛门:紧缩,无充血发红和外突。

四、结果

将结果撰写在实验报告纸上。

项目五 宠物兔的饲养与管理

项目导入

　　兔是人们熟悉的小动物,在许多动物故事中,兔总充当主角。兔给人的印象是聪明、机灵、善良、快乐,同时又胆小和弱小。世界各地都有野兔分布,但人们饲养的家兔却往往不是由本地野兔驯养的。家兔的祖先是欧洲野兔,由西班牙人驯养而成。我国家兔是由外国传入的。

　　人类驯养家兔,最初主要是为了吃肉用皮。家兔的肉是营养丰富、滋味美妙的食品和滋补品,家兔的毛皮是柔软轻暖、色泽鲜明的裘皮。兔的温顺优雅、美丽迷人又使它很早就成为人们喜欢的宠物。16世纪罗马人在修道院里养兔以供玩赏取乐。古代许多皇宫和贵族的庭院,都养有兔作为妇女、儿童的宠物。时至今日,兔仍然为人们所喜欢,除了大量饲养作为肉用、毛用、皮用和实验用外,许多有小孩的家庭都喜欢养宠物兔。

　　饲养宠物兔具有简单易行、花费较少、安全性高等特点,给家庭增添许多乐趣。通过饲养宠物兔,还可以培养孩子的爱心、耐心和责任心,使孩子懂得许多有关知识。

学习目标

▲知识目标
1. 了解宠物兔的生物学特性、行为特点和生活习性。
2. 熟悉宠物兔的品种。
3. 掌握宠物兔饲养管理的方法。

▲能力目标
1. 能够识别不同品种宠物兔,并能够挑选适宜的宠物兔,并做好饲养宠物兔的准备。
2. 能够根据宠物兔的营养需要,制作宠物兔饲料;能够为宠物兔挑选适宜的宠物食品。
3. 能够鉴定宠物兔发情,并能够为宠物兔配种。
4. 能够对宠物兔进行精准饲养管理。

▲思政与素质目标
1. 培养学生踏实肯干、勤劳务实的美好品德。
2. 培养学生良好的职业道德意识以及耐心细致的职业素养。
3. 具有较强的自我管控能力和团队协作能力,有较强的责任感和科学认真的工作态度。
4. 关爱宠物,热爱生活,培养学生积极向上的人生态度。

案例导学

　　在众多宠物中宠物兔越来越多地被人喜欢和饲养。最近,李同学就特别想买只宠物兔饲养,可是不知道买什么品种的宠物兔,到哪里去购买,至于如何饲养管理就更不清楚了。怎样识别宠物兔品种?如何选购宠物兔?怎样对其进行饲养管理?让我们带着这些问题学习宠物兔的饲养管理。

任务一 宠物兔的认知

兔是食草动物,性格温顺,没有什么自卫能力,在弱肉强食的动物界中为了保存其物种,经长期进化形成独特的生理形态和生活特性。尽管兔已经过人类数以千年的驯养,其形态特征和生活习性依然保持野兔的基本特性。

一、兔的生活习性

(一)素食性

兔是食草动物,自然状态下只以植物根、茎、叶及种子为生。兔进食量大,为满足生长的营养需要,每天要用大量时间吃东西。其牙齿、胃、发达的盲肠和大肠等一整套特殊的消化系统,都适应其素食的特性。但在人工饲养的情况下,为了增加其营养,可在饲料中加适量的鱼粉、骨粉、蛋粉等动物性食物。

(二)夜行性

野兔以夜间觅食为主,家兔仍然保留野兔昼寝夜出的夜行性,白天比较安静,常闭目睡眠或假寐,晚间则活跃觅食。因此,晚间应给家兔添加足量的饲料和水,通常晚间的采食量占总量的75%左右。但作为宠物饲养的兔,也可通过训练改变其夜行性。

(三)嗜眠性

兔多在日间闭目而眠,而且在某种条件下可很快进入睡眠状态,痛感降低或消失。当把兔背朝下腹朝上仰卧在"V"形架上时,稍以顺毛方向抚摸其腹部并按摩其头部(相当于人的太阳穴的位置),就会使它很快入睡,无须麻醉就可顺利进行打针以至简单手术。而当将其翻转恢复正常体位时,它便很快苏醒过来。

(四)善惊性

兔生性胆小,容易受惊。它的听觉、嗅觉都十分敏锐,一发现情况有异,就受惊逃窜,养在笼中的兔不能远逃,往往受惊时出现踩脚、撞笼等动作。

(五)穴居性

野生兔通常打洞而居,有"狡兔三窟"之称。家兔秉承这种生活习性,也喜欢打洞穴居。家养宠物兔如采取放养的形式,要防范其打洞逃跑。

(六)好斗性

兔群居性差,群养容易发生打斗。特别是雄兔之间,往往因求偶而发生你死我活的打斗,造成咬伤,应加以注意。

(七)啃物磨牙

兔门牙不断生长,太长的门牙会影响摄食,因此它们常通过啃咬硬物来磨短门牙。根据这一特点,兔舍兔笼应用金属类制造,以防止啃咬破坏,且要注意经常投放树枝、竹子、甘蔗之类让其啃咬磨牙。

(八)嗜食粪便

兔有一种"怪癖",就是嗜食自己的粪便。兔的粪有两种,一种是硬粪,一种是软粪,它吃的是软粪,往往是刚从肛门排出就被采食。这种怪癖被认为是因为软粪中含大量消化纤维的细菌及细菌分解纤维而产生的B族维生素、蛋白质,兔摄食后可维持消化道中菌群平衡,增加维生素、蛋白质,并可能由于重复通过消化道而使某些养分进一步被消化吸收。为此,兔舍底面不能用太细小材料制成间隙太疏的空隔,以免软粪一经排出就掉下而兔无法摄食。

（九）厌湿喜干

兔喜欢干燥的环境，潮湿的环境容易使兔患病，特别是幼兔，抵抗力弱，在潮湿不洁的环境中生活很容易罹患各种疾病。因此兔舍要保持干燥清洁，通风清爽。此外，兔怕热不怕冷，天气炎热时要采取防暑降温措施。

二、兔的肢体语言

兔不像猫、犬那样善于用声音来表达感情，它只会发出"咻咻"的轻声。但是，兔会用各种动作来表示其不同反应和情绪。家庭饲养宠物兔时了解它们的"身体语言"十分有必要。

紧张地直立，尾部伸直，双耳向后贴近头部，常是攻击的前奏。兔攻击的武器有前肢、后肢和牙齿。

紧张地坐着，双耳向后贴紧头部，是防御的动作，如果对方有进攻的姿态，它可能会用前脚抵挡。

轻轻地翕动着嘴唇，是为了引起对方注意。这个对方可能是同类，也可能是主人。

用前脚爪抓地面，目的多数是引人注意。如果主人把它抱起来，轻轻拍它或抚摸它，再把它放下，通常它就不会再抓地面了。

兔有时也会像猫、犬那样对主人表示亲昵，动作是舔舐主人，将下巴或面颊在主人脚上磨蹭。

雄兔会用下巴擦家中家具门或庭院中的树，这时它将下巴分泌腺分泌出来的具有标识意义的特殊气味涂抹在这些物体上，以划分势力范围，表示此地盘是我的，外来者不得窜入。雄兔还会把这种气味擦在它满意的雌兔身上，这也表示"它是我的，别的雄兔不得染指"。

当主人用手抚摸或轻拍它，而它用前肢将主人的手推开时，说明"够了，不要再打扰我了"。

屁股着地，身体坐直，是为看清周围的东西；而如果它在门边做这个动作，则常表示想外出或进入。

平卧地面，肚皮贴地，双耳垂下，眼睛半合，表示想睡，希望主人不要骚扰它。

背部着地滚动或侧翻，表示十分惬意，这和猫、犬狗的动作类似。

四肢蜷缩，常是寒冷或有病。

三、兔的品种

兔的种类繁多，世界上饲养的家兔有 60 多个品种，200 多个品系，当中有 45 个品种已被美国兔子繁殖者协会承认，我国目前饲养的品种有 20 多个。

（一）兔的分类

兔的分类方法有多种，可以按照兔的用途、兔的体型及毛发长短进行分类。

（1）按照用途分家兔和宠物兔。

①家兔：根据家兔的产品方向和利用情况的不同，家兔分为肉用兔、毛用兔、皮用兔、肉皮兼用兔等种类。常见家兔有中国白兔和灰兔、新西兰兔等品种。

肉用兔主要有加利福尼亚兔、新西兰兔、比利时兔、法国公羊兔等品种；毛用兔主要有德系安哥拉兔、中系安哥拉兔等品种；皮用兔有玄狐兔、银狐兔、海文那兔等品种；肉皮兼用兔有中国白兔、日本大耳兔等很多品种。

②宠物兔：包括很多品种，如垂耳兔、雪兔、猫猫兔、茶杯兔、巨型安哥拉兔等。其中巨型安哥拉兔毛发比较长，可以做美容，修剪漂亮的发型。

目前市面上常见的宠物兔类型有荷兰垂耳兔、长毛垂耳兔、荷兰侏儒兔、狮子兔、安哥拉兔等。

（2）按照体型大小分大型兔、中型兔和小型兔。大型兔的体重在 3～7 kg，中型兔的体重在 2～3 kg，小型兔的体重在 2 kg 以下。

常见的大型兔有银狐兔、斑点兔等，常见的中型兔有长毛安哥拉兔等，常见的小型兔有侏儒兔、波兰兔等品种。

（3）按照毛发长短分长毛兔和短毛兔。

（4）根据耳朵软硬可分为硬耳兔和软耳兔。

（5）按品种可分为垂耳兔、西施兔、道奇兔等品种，这些兔的形象各异，但都十分可爱。

（二）兔的品种

1. 中国家兔 也称中国白兔、中国本白、小白兔，原来主要作为肉用兔，故又有"菜兔"之称。本品种是由我国培育而成，遍布全国各地。中国家兔毛色以纯白为多，但也有咖啡色、灰色、黑色及杂色等。这种兔体型较小，成年兔体重 1.5～2.5 kg，眼睛多数红色，嘴较尖，双耳短而厚、直立，被毛短而密，皮较厚（图 5-1）。中国家兔抗病力强，粗生易养，适应性强，而且繁殖快，每年可繁殖 5～6 窝，每窝平均 10 只左右。此兔娇小玲珑，活泼可爱，特别是纯白如雪的毛和红宝石的眼睛交相辉映，十分惹人喜爱，是较为优良的品种。

图 5-1　中国家兔

彩图 5-1

2. 青紫蓝兔 原产于法国。该兔毛色以淡蓝为主，其特征是每根毛都分为五段颜色：基部为深蓝色，往上依次是乳白色、珠灰色、白色，毛尖则为黑色，以白色所占比例大小而使总体看起来呈较浅或较深的蓝灰色。腹下、小腿内侧和尾巴下面的毛色多为白色或浅灰色，眼睛四周显浅灰色的圈，眼珠黑色，两耳和蹄为黑色，头后顶有浅灰色的三角领域，基部黑色。雌兔颌下有肉髯。该兔双耳较长，常一只竖立一只下垂。青紫蓝兔是优良的肉皮兼用兔，体型有标准型和大型两种，前者成年兔体重 3～3.55 kg，后者成年兔体重约为 4.5 kg。该兔体格强壮、生长快、适用性强。美丽的毛色使青紫蓝兔成为受欢迎的宠物（图 5-2）。

图 5-2　青紫蓝兔

彩图 5-2

3. 喜马拉雅兔 原产于喜马拉雅山麓，由此得名。该兔最大的特点是在纯白毛色的基础上，鼻

Note

端、双耳、尾巴、前脚、后足均为黑色,配上半透明的红眼睛,十分惹人喜欢(图5-3)。喜马拉雅猫、喜马拉雅豚鼠也因具有这种特殊的毛色而得名。该兔体型中等,成年兔体重4 kg左右。喜马拉雅兔体格健壮,喂养粗放,适应性和繁殖力都较强,是肉皮兼用兔和实验兔,也是高雅可爱的宠物兔。

图5-3　喜马拉雅兔

4. 美国长毛垂耳兔　俗称美种费斯垂耳兔,属宠物兔,是小型兔之一。体型较娇小,标准体重为1.5~1.8 kg,眼珠黑色,头圆,颈短,面扁平,耳长并下垂。成年兔的毛很浓密,一般长3.8~5 cm,柔软度比幼兔差。有19种认可的颜色,如黑色、蓝色、白毛蓝眼、白毛红眼、朱古力色、浅紫色、乳白色等。美国长毛垂耳兔性格文静胆小,属于夜行性动物,它们的进食时间在清晨及晚间,因此主人不要以为它们日间没有胃口。

图5-4　美国长毛垂耳兔

5. 黑优兔　产于我国北京密云平谷一带山区的品种,由青紫蓝兔和银灰兔杂交而来,现在我国各地均有喂养。该兔毛色纯黑油亮,幼兔颈、腹侧和耳端缀有白色毛。黑优兔体型大,成年兔体重在5 kg以上,肉质优良,肉皮兼用,生长快,耐寒而抗病,繁殖力强,每窝10~12只(图5-5)。

6. 力克斯兔　原产于法国,又称海狸兔、獭兔、天鹅绒兔等,是著名的裘皮用兔。该兔全身披浓密的绒毛,直立柔软,具有绢丝的光泽,毛色以深咖啡色为多,还有纯白、浅褐色以至天蓝色等多种,绚丽多彩,令人喜爱(图5-6)。

图 5-5 黑优兔

图 5-6 力克斯兔

7. 安哥拉兔 著名的毛用兔,原产于土耳其,因培育改良而形成法系、英系、中系、德系、日系等多种支系的安哥拉兔。该兔具粉红色的眼睛,纯白毛色为多(法系有黑蓝色者),像绢丝般细长柔软、闪闪有光的毛长达 10 cm 左右,每年可产 250~400 g 甚至高达 1000 g 的兔毛。兔毛可加工成高级毛线,其织物轻暖柔软,美观舒适。中系安哥拉兔形如狮子头,像波斯猫一样惹人喜爱。作为宠物兔,安哥拉兔的缺点是体质较弱,长毛较难料理(图 5-7)。

8. 荷兰兔 原产于荷兰。该兔毛色以黑色为基调,鼻端至额顶耳根有一近三角形的白毛区域,胸背围绕白色毛带,四肢也为白色,毛色独特,形态美观。这种兔容易与人亲近,性格十分温顺,两耳较小,母兔下颌有肉髯,体型较小。成年兔体重 3 kg 左右,一般作为肉皮兼用兔。其小巧、优雅、乐于与人亲近也使它成为理想的宠物兔(图 5-8)。

9. 波兰兔 波兰兔原产于波兰,为迷你型家兔,体重小于 1.6kg,身圆头短,两只耳朵竖起并靠在一起,长度 76 cm 以下,长毛浓密(图 5-9)。

10. 侏儒海棠兔 侏儒海棠兔别名侏儒荷达特、侏儒熊猫兔,原产于德国,性格活泼、警觉,好奇心强,容易和人相处,属个性相当可爱的品种。侏儒海棠兔的体型娇小,体重小于 1.36 kg,属迷你型兔,肩部至臀部呈圆弧状,头大,耳短,耳朵不长于 7 cm,眼珠深咖啡色,眼睛周围的毛是黑色的,构成

彩图 5-7

图 5-7 安哥拉兔

彩图 5-8

图 5-8 荷兰兔

彩图 5-9

图 5-9 波兰兔

黑色眼线,所以称为熊猫兔。侏儒海棠兔可分为两种:一种是全身为纯白色,在眼睛部位带有黑色眼线(图 5-10);另一种同样有黑色眼线,只是雪白身体上还带些斑点。

彩图 5-10

图 5-10 侏儒海棠兔

此外,还有日本大耳兔、比利时兔、磨光兔等品种。

任务二 养兔用具准备

一、笼舍

生产性养兔通常是集中大量饲养,采取单层重叠式、双联重叠式或双联单层式等。家庭养兔数量少,以玩赏为目的,笼舍与前者不同。一般家庭养兔,可在阳台、室内或门前院子选择阳光充足、通风良好、便于消毒和清洁的地方,放置兔笼。兔笼可用竹、木条或铁条、铁丝网做成,其大小一般与成年兔体长成比例,长为体长的 2 倍,宽为体长的 1.5 倍,高为体长的 1.3 倍。兔笼应有活动、方便取出清洁的底板,上面有用板条制成的漏缝作为笼底,并开有一门(图 5-11)。兔笼一般高出地面 30~40 cm 放置。可用一钉有横条的木板放于门口斜靠地面,成为兔外出活动时进出的桥梁。

二、草架、食槽和饮水器

草架是用来放青粗饲料的,一般设置在兔笼内,贴连在笼壁成外斜向上的"V"形。其上开口宽20 cm 左右,高 30 cm 左右,长度视所养兔的多少而定。

食槽是用来盛放精饲料的,可以用铁皮做成小槽,悬挂在笼的前壁上,也可选择厚重宽底的陶瓷器皿(如猫、犬的食盆),放置在笼底上。

饮水器是供兔饮水用的,可用底部宽平、较重、不易打翻的陶瓷器皿,也可用自动饮水器。自动饮水器可以自己制作(用一个 500 mL 的输液用玻璃瓶,在橡皮瓶塞上插入一根弯曲的玻璃管,或像输液那样插入一根连着胶管的大号针头,一个自动饮水器就做成了)。将玻璃瓶盛上清洁的水,倒置悬挂于笼壁上,滴管口伸进笼内,高度以兔稍抬头便可舐到为宜,当兔用舌舐管口时,水会自动流出;不用舌舐管口时,水便不会流出。

三、产箱

产箱是供母兔产仔、哺乳的箱子,一般用木板或纤维板做成,其形状可参见图 5-12。木板(或纤维板、多层夹板)厚 1 cm 左右为宜。产箱做好后应将进出口挡板的棱角打磨光滑,以防母兔和仔兔进出时被割伤。

图 5-11　兔笼

图 5-12　产箱

四、梳理器具

梳理器具包括梳子、毛刷、洗涤用的盆、电吹风、毛巾等。

任务三　宠物兔的饲养管理

一、宠物兔的营养与饲料

兔是食草动物，在自然状态下以植物的根、茎、叶和种子果实为食。兔有发达的盲肠和大、小肠，对粗纤维有很强的消化能力。兔因以营养价值较低的植物为主食，所以必须有较大食量才能满足其生长发育的需要。兔每天要采食相当于其体重 10％～30％的青饲料。

根据国外的研究，兔每增长 1 g 需要 95 kcal 的消化能，体重 3 kg 的兔每日新陈代谢所需要的能量约为 200kcal。而每千克鲜苜蓿的能量是 620 kcal 消化能，每千克干苜蓿的能量是 2200 kcal 消化能，每千克大麦的能量是 3330 kcal 消化能。一般而言，饲喂每千克有 2500 kcal 消化能的饲料能满足兔迅速生长的能量需要，而妊娠和哺乳的母兔则需要 2500～2900 kcal（消化能）/kg 的饲料才能满足要求。

兔所需的营养物质同样包含碳水化合物、蛋白质、脂肪、矿物质、维生素、水。为了使家养宠物兔获得较丰富的营养，必须给予一定的精饲料，但是并非用精饲料完全取代青粗饲料。缺乏一定数量青粗饲料时兔的健康反而会受影响，通常会发生肠胃疾病、营养不良等症状。这是因为缺乏富含粗纤维的青粗饲料时，兔的消化道内壁缺乏刺激，上皮细胞和消化腺结构和功能发生变化，加上盲肠、大肠的细菌生态受到影响，会导致腹泻、吸收不良等。另一方面，青粗饲料含有丰富而多样的矿物质，当矿物质缺乏时，兔也会发生疾病。

一般兔的饲料有下面几种。

1. 青饲料或多汁饲料　包括青草、植物块根、块茎等，如苜蓿等豆科植物、芦苇等禾本科植物的新鲜茎叶，甘蓝、萝卜、薯类等块根块茎。其中豆科植物营养价值优于禾本科植物，薯类营养价值优于蔬菜类。此类饲料适口性好。

2. 干饲料和精饲料　干草等纤维含量高，消化率较低，适口性差，只宜在冬天缺乏青粗饲料时作为补充饲料。精饲料以麦、玉米、大米及粮食副产品如麦麸、米糠、玉米糁等富含淀粉的饲料为主，饲喂前宜粉碎、浸软或煮熟。蛋白质补充饲料含蛋白质多，以大豆饼、花生饼、干的牛奶副产品等为代表。

3. 混合饲料　以干草、粮食、豆类为主，加入适量的鱼粉、骨粉、蛋粉、矿物质、维生素等混合而成，通常制成干燥颗粒状，或用鸡鸭的饲料代替。混合饲料营养价值高且均衡，但仍需配合青粗饲料，不宜完全饲喂混合饲料。

下面介绍一种混合饲料的配方和不同时期兔的饲粮配方。

混合饲料配方如下。

(1) 基础混合料:内含大麦23%,麦麸15%,玉米27%,大豆饼或花生饼20%,鱼粉10%,酵母粉1%,蛋粉2%,骨粉1%,食盐1%。

(2) 青饲料干粉:内含苜蓿草粉60%,脱水蔬菜粉40%。

将以上两种材料对半混合,制成颗粒饲料。该混合饲料的主要营养成分有粗蛋白18%~23%,粗脂肪3%~4%、粗纤维9%~12%,以及磷、钙、钾、钠等多种矿物质和多种维生素,营养较为全面,具有易消化吸收、投料方便、清洁卫生等优点。不同生长发育阶段的兔饲粮配方见表5-1,实践中不必拘泥,可参照给料。

实际喂养中,大麦、小麦、玉米、燕麦、高粱等粮食可相互代替,大豆饼和花生饼也可相互代替,苜蓿干草可用其他豆科植物如三叶草、紫云英、花生秧等取代。将这些饲料粉碎,混匀后用水调成半干不湿状饲喂,并适当补充青饲料、维生素以及抗生素等。宠物兔常用饲料配方见表5-1。

表 5-1 宠物兔常用饲料配方

宠物兔的类型	饲料组成	饲料占比/%
生长期	苜蓿干草	50
	玉米	23.5
	麦麸	5
	大麦	11
	大豆饼	10
	食盐	0.5
一般成年兔	三叶干草	65
	燕麦	29.5
	大豆饼	5
	食盐	0.5
妊娠母兔	苜蓿干草	50
	燕麦	29.5
	大豆饼	10
	鱼粉	9
	骨粉	1
	食盐	0.5
配种公兔	苜蓿干草	45
	燕麦	30
	鱼粉	10
	大豆饼	12.0
	蛋粉	2.5
	食盐	0.5

续表

宠物兔的类型	饲料组成	饲料占比/%
哺乳母兔	苜蓿干草	40
	小麦	20
	高粱	22
	大豆饼	12.5
	鱼粉	5.0
	食盐	0.5

二、宠物兔的繁殖

（一）种兔的选择

根据兔的生长周期，一般将45天内的称为仔兔，45～90天称为幼兔，4～6月龄称为中兔，7～18月龄为青年兔，19～30月龄是壮年兔，30月龄以上就算是老年兔。兔寿命在8年左右。

识别成年兔性别比较容易。将兔两后腿分开，并拉开尾巴以暴露阴部，公兔可见到左右两个睾丸和阴茎，母兔则可见三角形的外阴。区别幼龄兔公母较为困难，但细心观察辨别，也可认清。一般公兔发育较快，活泼喜动，母兔则体型较小（同窝兔比较），性格较温顺，分开双腿以暴露阴部后观察，公兔外阴离肛门较远，阴部呈"O"形，而母兔外阴与肛门距离较近，阴部呈"V"形。兔是繁殖力很强的动物。公兔5月龄、母兔4月龄就达性成熟，出现性活动，能够交配产仔。但此时兔身体其他器官尚未完全发育成熟，过早配种对亲兔发育和后代都不利。一般认为，兔初次配种的年龄是公兔7～10月龄，母兔6～8月龄。

留种的兔要身体健康，发育正常，遗传特征明显。根据其本身的表现确定是否留作种用。

（1）头部　头部可反映出兔子的体质类型。头过大一般为粗糙型，头小而清秀为细致型，头大小适中并与躯体大小相称为结实型。眼睛要明亮圆睁，没有泪水和眼垢，眼球颜色应符合品种要求。除垂耳兔外，兔子两耳直立，单耳或双耳下垂是不健康的表现。耳朵大小、形状和耳毛的分布也应符合品种或品系的要求。

（2）躯体　胸部要求宽而深，背腰要求宽广、平直、过分上突或下陷是骨骼纤细、发育不良的表现。臀部要求丰满、宽而圆，腹部不能过大或下垂。

（3）四肢　要求行走自如，伸展灵活，不内屈或外展，健壮有力，肌肉发达。

（4）被毛　被毛颜色和长短应符合品种特征。要求被毛浓密有光泽，毛色暗淡是营养不良的表现。毛色要纯正，毛密度要大。

（5）其他　公兔要求性欲旺盛，睾丸大而匀称。隐睾或单睾不能作种用。母兔要求有效乳头4对以上。公兔和母兔外生殖器官无炎症，肛门附近无粪尿污染或溃烂斑，爪、鼻、耳内无疥癣。经常流产、产后不肯哺乳、有咬吃仔兔恶癖的母兔以及性情凶暴、好斗成性的公兔或母兔不宜留种。对于那些仔兔时曾得过病的一概不得留种。1只公兔可配10只母兔。

超过36月龄的公、母兔繁殖能力下降，后代品质受影响，因此不宜再用来繁殖。

（二）配种

兔是诱发性排卵的动物，在交配的刺激下才会排卵。母兔发情周期为8～15天，发情持续3天左右。发情时，母兔烦躁不安，在笼中不停跳动，用后脚拍打笼底，用下颌摩擦笼舍、家具、树木等，外阴红肿湿润，追爬其他兔，有的还有拔毛、打洞、衔草等动作。用手抚摸其背部时，母兔贴地伏卧，翘尾抬臀，做出接受公兔交配的姿势，当外阴出现红肿稍带青紫色时，是交配的最佳时候。公兔终年可以发情交配。交配时选择气温不高不低、环境安静的时候，将发情母兔放进种公兔的笼中，让其自然交配。当母兔入笼后，公兔就会追逐。正常情况下，母兔略作逃避后就伏卧接受交配。公兔爬上母兔身体并用前肢紧抱母兔,母兔翘尾抬臀相迎。公兔阴茎插入母兔阴道进行射精,然后发出尖锐的"咕咕"声,后肢蜷缩,向一侧倒下,表示交配完成。整个过程约 1 min。如公兔起来后再三跺脚,说明交配顺利结束。此时用手在母兔屁股上拍打一下,以防精液外流,再将母兔捉出。为了提高受孕率,8 h 后可以复配一次。

当出现母兔逃避公兔或公兔对母兔不感兴趣时,应换公兔,因为有的兔对配偶有所选择。

个别情况下,母兔不发情或不愿交配时,可用强迫法配种。方法是用一细绳拴住母兔尾巴,用手将母兔颈皮和双耳捉住,固定至伏卧姿势,拉紧细绳使尾巴抬起,同时托起它的臀部,让公兔爬跨交配。

正常情况下,交配后 10～12 h 母兔排卵受孕。

（三）妊娠和分娩

兔平均妊娠期为 30 天,但怀上的仔兔多时,往往提前临产,反之则推迟。

母兔交配后六七天,常有打洞、衔草行为。若正常受孕,在交配半个月后可见母兔体侧饱满,毛色光泽柔润,并可在腹壁摸到蚕豆大小的胎儿。注意摸时动作要轻柔,并与粪球区别。

母兔妊娠时应增加营养,加强管理,并做好分娩的各种准备。妊娠期间不要随意捉母兔,避免母兔受惊吓和剧烈活动。

孕兔的产前预兆:衔草拔毛营造产窝,阴户红肿,乳房膨大,可挤出乳汁,粪便变稀,腹痛不食等。此时应将产箱放入笼内,并在产箱中放入棉絮之类的垫料,协助母兔进入。母兔分娩时环境宜安静,光线不要太强。

分娩时,母兔拱背,后肢向腹部弯曲呈蹲坐姿势,头在两前肢之间伸向阴部。随着腹部的阵缩,仔兔顺次娩出,母兔会咬断脐带,吃掉胎衣,舔干仔兔身上的血和黏液。全部产完需 20～30 min。有经验的母兔产后会再拔下胸、腹、乳房周围的毛。拔毛对泌乳有帮助。初产兔不会拔毛,可由主人帮它拔毛。

母兔产仔后口渴,应准备足够清洁的饮水,并在水中加入少量食盐,以防产后口渴无水而吃仔。母兔产仔后,主人要把带血的垫料及粪便等脏物清理干净,换上新的垫料,清点仔兔并做好登记。

（四）仔兔的哺乳

母兔产仔后要给予足够的营养和饮水,注意增加饲料中蛋白质含量,可适当加入动物性饲料如鱼粉、骨粉、蛋粉,或用小鱼、蚯蚓等煮粥喂,使母兔有足够的乳汁分泌。

仔兔出生后 1 h 即可进行第一次哺乳。产后 2 天内的初乳营养丰富,且含抗体,应尽早让仔兔吃到初乳。母兔每天哺乳 4～5 次,通常 1 次在清晨,1 次在傍晚,2～3 次在白天。

仔兔出生时全身无毛,眼睛紧闭。4 天后开始出毛、有听觉,12 天开眼,18 天开始外出活动。15 天左右可逐渐教仔兔吃些鲜嫩容易消化的饲料,如豆芽、红萝卜丝拌麦麸等。

如果出现母兔乳汁不足,可以用滴眼液包装瓶装上牛奶或羊奶进行人工哺乳,每天 4 次,每次以喂饱为止。也可替仔兔找保姆兔,方法同给猫、犬找保姆(寄母)。

仔兔在 40 天左右可以断奶,分笼饲喂,独立生活。

三、宠物兔的饲养管理要求

（一）饲养管理的一般原则

1. 饲喂方法 兔采食具有多餐性,一天可采食 30～40 次。自由采食条件下,日采食量的 60%～70% 是在早晨和入夜时食入。

兔日采食的次数、间隔时间、采食饲料的量,受饲料种类、给料方法及室内温度等因素的影响。以青饲料、干草为主的日粮,兔日采食次数及总量均高于精颗粒饲料;如果每日喂一次,采食量会减少,而采用任吃的方法,采食量可提高 90% 以上。室温 30 ℃时,同类饲料的日采食量为 20 ℃时的60%。如室温维持在 15 ℃,采食量可提高 15%。

促进兔采食,可采用任吃或多餐限量的饲喂方法。任吃,可提高兔日采食量和日增重,节省劳动力,宜在集约化兔场采用。但此法一般适用于颗粒饲料,耗料较多。实行多餐限量饲喂的方法,有利于提高饲料利用率,降低饲养成本,但必须坚持定时定量的原则,使兔养成定时采食、休息、排泄的习惯,以利于消化液的分泌,促进食物消化吸收。否则,会打乱兔的进食规律,造成饲料浪费,易诱发消化系统的疾病,轻者引起兔胃肠吸收、消化腺分泌功能紊乱,重者将导致肠胃炎。

一般要求日喂 3~5 次,精、青、粗饲料可单独交叉投喂,也可同时拌和喂给。喂料的顺序、次数、喂量应根据季节、兔的月龄、不同生理阶段进行适当调整,但在一定的时间范围内要保持相对稳定。根据兔的习性,早晚供给充足的饲料是提高兔日采食量的重要环节。

2. 饲喂量 成年兔有一个较大的胃,中型兔胃的容积可达 300 cm^2,能容纳 60~80 g 糊状物或 130 g 颗粒饲料。幼兔断奶之后,日采食量迅速增加直至采食干物重量达到体重的 5.5%,这个水平一直维持到兔成年。

兔的采食量是有限的,在有限的采食量的情况下需获取充足的营养。为了保证兔在一定时间内快速生长,达到理想的生长速度,饲料的质量很关键。如果给予过多的精饲料,尤其是玉米,不仅会造成饲料浪费,还会导致胃肠发酵而引起消化紊乱和使长毛兔得毛球病;相反,若喂给过多的低浓度、大体积的青饲料、粗、多汁饲料,则不能满足兔生长、繁殖及生产的营养需要,将导致生产力的下降。

3. 饲喂颗粒饲料 兔的牙齿具有不断生长的特性,喜欢啃咬较硬的食物,对各种饲料的喜食顺序是青绿多汁饲料、颗粒饲料、粉状饲料等。为避免挑食,最好制作或购买全价配合颗粒饲料。

用全价配合颗粒饲料喂兔可以满足兔的营养需要,提高饲料利用率,降低饲料成本;可以充分利用各地的饲料资源,降低饲料费用;加入兔需要的各种微量元素及添加剂,可提高饲料的营养价值,有益于兔的生长、繁殖和健康;可以增强饲料的适口性和消化性,减少饲料浪费,提高饲料利用率;便于运输和保存;利于饲料保持均质性;有助于减少兔疾病的传播。

4. 科学更换饲料 饲喂兔原则上要做到四定:定量、定时、定质、定顺序。但随着兔日龄的增大及季节的不同,必须更换饲料。

更换饲料时,无论是数量的增减,还是种类的改变,都必须坚持逐步过渡的原则,日喂量的增减不应超过 10 g,每次加入的新饲料不宜超过 1/3。一般要 1 周时间才能将饲料更换完毕,否则,将引起兔食欲不振,进而发生消化障碍。

5. 饮水的供应 饮水的供应对于壮年兔、青年兔、中兔、幼兔甚至仔兔,均具有极为重要的作用。要保证兔的正常采食,尤其以颗粒饲料为主的情况下,要维持其生理活动,完成营养物质在体内的消化、运输、吸收及残渣的排泄都离不开饮水的供应。

日给水量可根据兔的年龄、生理状态、季节和日粮的类型确定。在 20 ℃室温条件下,兔的需水量为干饲料的 2~3 倍;室温上升到 30 ℃时,需水量增加 50%。兔对水的吸收与食盐相关,加喂适量的食盐,对减少兔的腹泻有好处。当日粮中含青饲料较多时,兔的供水量可减少,但绝不能不供水。使用颗粒饲料饲喂兔时,必须使用自动或半自动化供水系统,以保证兔有充分的饮水;在农村,可就地取材,如用瓷盅、瓦罐、石碗等代作饮水器,随时供给清洁的饮水。

6. 创造良好的环境条件 兔的品种多,生产特点各异,但它们都有共同的生物学特性:胆小、怕热、怕潮、昼伏夜行、不喜欢群居等,还具有粪多尿浓,易于污染环境的特点。一定要根据兔的生物学特性,为其创造适宜的环境条件,才能养好兔。

(1)保持兔舍、笼具的清洁、干燥和空气新鲜 兔舍的环境要求:湿度一般要求不超过 70%,氨气低于 30 mg/kg,二氧化碳低于 3.5 mg/kg,硫化氢低于 10 mg/kg。要达到上述指标,必须坚持每天打扫笼舍,清除粪尿,洗刷食具,勤换垫草。还要防雨淋、太阳直晒,保证通风透气,尤其是饲养仔、幼兔的舍内风速以 30 cm/s 为宜。

(2)保温、防暑 仔、幼兔在 25 ℃的室温条件下生长发育快,成活率高;15 ℃的室温条件下,成年兔的生产成绩最好;相反,室温低于 5 ℃或高于 30 ℃,持续时间越长,对仔、幼兔和成年兔的危害越大。养兔规模较大的兔场,须设置防暑、保温设备。家庭小规模饲养时应加强管理。

（3）保持环境安静　遇突然惊吓，除引起兔惊慌骚动导致2～3天的减食外，对种兔配种和母兔产仔影响更大。所以，饲养人员进行各种操作时，应该有序，动作要轻，不要随意捉兔或更换位置。要尽量避免外来人员参观，禁止猫、犬出入。

（4）分群饲养、专人管理　3月龄以内的幼兔，可实行群养。为使每只兔都能正常生长，均匀采食，应按日龄大小和个体强弱实行归类分群饲养。

（二）种公兔的饲养管理

种公兔应具备种性纯、发育良好、体质结实、性欲旺盛、精液品质优良等特点。饲养管理水平的高低，除直接影响其生长发育、体质、性欲的强弱和精液的质量外，在一定程度上将决定其遗传潜力的发挥和后代的生活力。因此，种公兔的饲养管理应强调以下技术要点。

1. 营养的供给要全面、均衡　公兔的种用价值，主要取决于精液的数量和质量。而精液质量与摄取的营养物质，特别是蛋白质、矿物质和维生素有着密切的关系。长期喂低蛋白质饲料会引起精子数量下降，但如蛋白质过多，会使活精子数减少，导致受孕率下降和产活仔数减少；如果日粮中缺钙，种公兔会出现精子发育不全、活力降低、四肢无力，性欲减退；缺乏维生素，尤其是维生素A时，精子总数减少，畸形增多。实践证明，供给丰富的青饲料或适量的胡萝卜等含维生素多的饲料，可显著提高家兔的繁殖成绩。

种公兔的饲养，还应注意营养供给的均衡性。精子的生成需较长的时间，整个过程中要保证营养均衡，否则会降低精液品质，影响种公兔的遗传性能的发挥。

2. 饲料的适口性要好，体积要小　公兔的食欲不如幼兔、母兔旺盛。要充分保证种公兔的营养需要。在饲料的选择上，应特别注意其消化性、适口性，不宜喂给过多的低浓度、大体积、水分多的粗饲料和多汁饲料；否则，不仅会造成营养不良，还会导致公兔腹部膨大，影响配种效果。

3. 要合理使用种公兔　充分发挥良种公兔的作用，实现多配、多生、多活，必须合理使用种公兔。首先，公、母比例要适当：一般商品兔场和专业大户，公、母比例以1∶（8～10）为宜；种兔场应不大于1∶5。其次，种公兔在配种旺季，使用不能过度，每天最多交配2次，连续配种2天后应休息1天；青年公兔只能每日交配1次，配种1天后应休息1天。在配种旺季，日粮的供给量应增加25%左右，并添加5%～7%的动物性蛋白质饲料，使蛋白质水平达到17%；保证青饲料供给。配种时只能母兔"嫁"到公兔笼内，否则，会影响配种效果。在炎热的夏季，尤其是南方，应减少或停止种公兔的配种活动。严格控制初配年龄，公兔3月龄后实行单笼喂养，防止早配及打架斗殴致伤致残。换毛期间应尽量减少配种。配种后应及时做好配种记录，以观察配种繁殖性能。

（三）种母兔的饲养管理

种母兔是兔群的基础。无论是种兔生产，还是商品兔生产，养好种母兔，提高繁殖成活率，是增加生产效益的重要前提。种母兔有空怀期、妊娠期和哺乳期3个阶段，其生理状态有显著差异，饲养管理要求也有所不同。

1. 空怀期　对空怀期种母兔应喂给充足青饲料和适量的混合精料，以恢复种母兔因哺乳而消耗的体力，保持不肥不瘦的最佳繁殖状态，促进正常发情排卵、再受孕怀胎。应随时根据空怀期种母兔的情况调整饲料量。长毛兔在配种前提前剪毛，可促进其发情排卵受孕。对长期不发情的种母兔，可采用异性诱导或人工催情。

2. 妊娠期　妊娠期的任务是保证母兔维持其生命活动和子宫增长、胎儿及乳腺发育的营养需要；排除一切可能引起流产的人为、环境因素。提高母兔的产活仔数、仔兔的初生体重，为仔、幼兔健康发育打下基础。

胎儿的生长发育主要在妊娠后期，即受孕21天至分娩。此期胎儿的增长量约等于初生仔兔体重的90%。体重3 kg的母兔，妊娠后期胎儿和胎盘的总重量约600g，其中干物质占18%，蛋白质占10.5%，脂肪、灰分各占4.3%、2%。母兔妊娠前期的饲养水平稍高于空怀期即可，营养过高，易诱发胚胎早期死亡。到妊娠后期，需供给充足的营养。为避免母兔产后因乳汁分泌过多、过快而引发乳腺炎，临产前1～2天宜适当控制精饲料量。

对妊娠母兔，供给的饲料要求营养好、易消化、体积小。切莫喂发霉、腐烂变质和受冻饲料。环境应保持安静，不要随意抓妊娠母兔，尤其在妊娠后15～25天，否则易引起流产。

临产前2～3天，应将清洁的产箱放入母兔笼内。产箱里应铺上干净而松软的垫物，如干草、碎薄木片或玉米须等，厚度约7 cm。

母兔临产时，因腹痛而拒食，外阴唇红肿、湿润。母兔一般在产前7～8 h拔毛衔草做窝。约有2/3的母兔在凌晨到中午期间产仔。对初产母兔、毛用兔和母性不强的母兔，要提前做好接产准备。

母兔正常产仔，多在30 min内完成，无须人工护理。但需要供给母兔充足的饮水，最好是淡盐水；保证母兔不受惊吓。对超过预产期1～2天的母兔，应检胎，通过观察胎儿活动发现有无问题，及时采用人工催产，以保母、仔平安。

产完仔后，母兔会自动跳出产箱。这时应及时取出仔兔称重、计数，并清除产箱内的污物、死仔，重新换上干净的垫物，放回仔兔，用母兔拔下的毛遮盖好，将产箱放在能保温防鼠的地方，及时喂给母兔鲜嫩的青饲料。经常检查母兔的乳头、乳房，防止发生乳腺炎。

3. 哺乳期 从分娩至仔兔断奶，这一时期为哺乳期。一般历时28～42天，视仔兔的发育情况及生产方式而定。哺乳母兔为了维持生命和分泌乳汁，每日要消耗大量的营养物质，尤其是蛋白质和钙、磷，而这些物质只能从饲料中得到补充，因此，必须保证饲料的质量，要求粗蛋白不低于17%，消化能为11 MJ/kg，粗纤维为12%左右，钙占1.0%～1.2%，磷占0.4%～0.8%。每天供给充足的优质青绿、多汁饲料和饮水，尤其在泌乳高峰即产后16～20天。经常检查母兔的泌乳情况，若发现乳汁不足，除增加精饲料、青饲料的喂量外，必要时可增喂豆浆、米汤、红糖水、花生等催乳。多喂胡萝卜和蒲公英等青绿、多汁饲料也有催乳作用。若仔兔少、乳汁多，应适当减少精饲料和青绿、多汁饲料，并改常温水为冷盐水，以防发生乳腺炎。如发现乳房有硬块、红肿应及时采取通乳和热敷等防治措施。要坚决剔除发霉、变质饲料，以防止由此引起母兔泌乳量减少，乳质降低，仔兔下痢或消化不良。要保持笼舍和母兔乳房的清洁卫生，舍内空气新鲜。冬季注意保暖，以减少低温造成的母兔体能的消耗。夏季注意防暑，以免母兔减少日采食量。笼具要光滑、平整，以防造成母、仔兔损伤。若母、仔兔分养，要定时哺乳，一般分娩初期每天哺乳一两次，每次35 min，以培养仔兔独立活动能力，减少球虫病的感染概率。

（四）仔兔的饲养管理

1. 保证仔兔早吃奶、吃饱奶

（1）及时吃到初乳 在仔兔出生后10 h内，应使其吃到初乳。初乳营养丰富，含有丰富的免疫球蛋白，可提高仔兔的免疫能力，并具有轻泻作用，能帮助仔兔排出胎粪。对有奶不喂的母兔，要实行人工强制哺乳。

（2）按时哺乳 乳腺分泌以黎明前后最为活跃，规模大、种母兔多的兔场，应实行早上哺乳一次的方法。对带仔数较多的母兔，可采用早、晚各一次哺乳的办法。无论每日哺乳几次，都应按时，以利于母兔泌乳、休息和仔兔的消化吸收。饲养人员应观察仔兔是否吃饱。吃饱的仔兔，肤色红润，肚大腰圆，安睡不动。缺奶的仔兔，皮肤皱缩发白，瘦弱体小，在窝内乱爬不眠。若发现缺乳，应及时处理。

（3）及时调整仔兔 母兔的窝产仔数差异较大，最少的仅为1只，多的可达10只以上。根据母兔的泌乳性能，为保证仔兔吃足奶，皮、肉用兔的适宜带仔数为6～8只，毛用兔为4～6只，小型及迷你型宠物兔适宜带仔数为5只左右，若母兔带仔过多应及时调整（把一些仔兔给产期相近的少仔母兔寄养）。为防止母兔"认生"而抓咬养仔，开始寄养时可在母兔鼻孔外涂擦碘酒，或提前数小时将需寄养的仔兔放入母兔生仔的产箱中，使母兔难以辨别养仔。但对纯繁种兔场，一般不主张寄养，以避免弄错血缘。产仔过多时，只有淘汰多余的公仔兔或弱仔。

2. 做好保暖防冻工作 做好保暖防冻工作是培育仔兔、幼兔，提高成活率的一个关键措施。初生仔兔窝温不宜低于30 ℃，室温不低于15 ℃，如见仔兔皮色发青，在窝内不停窜动，表明产箱内温度过低,须及时调整,保温可根据实际情况因地制宜,用热炕、火墙、空调等创造一个适宜仔兔生长的小环境。夏季应注意降温,取出部分产箱内的垫草及覆盖的兔毛,以保证窝温不高于 40 ℃。

3. 及早补饲 开眼后的仔兔,生长发育加快,需要的营养物质也越来越多,应及早补饲。

(1)补饲饲料的配制 仔兔补饲饲料可单独配制,也可采取母仔同料。其营养水平需保证粗蛋白 18%~20%,消化能 41.0 MJ/kg,粗纤维 10%~12%。饲料要新鲜,容易消化,配料时加入 1% 的含抗球虫药物的仔兔专用添加剂。

(2)补饲方法 从 16 日龄开始诱食,18 日龄开始补饲。喂量由每只 4~5 g/d,逐渐增加到 10~20 g/d,保证饮水供应,补饲饲料应持续喂到 35~45 日龄。在规模较大的种兔场,母仔不宜分开喂养,但应为仔兔专设补饲槽,统一供给补饲饲料。

4. 科学断奶 仔兔一般在 30~45 日龄断奶,但应根据不同品种、生产用途、季节和体质强弱等具体情况而定。毛用兔、皮用兔在寒冷季节,可适当延长哺乳时间,32~42 日龄断奶;商品肉兔则可提早于 28~30 日龄断奶;宠物兔可控制在 30 日龄以上,如果仔兔体质较弱,要推迟断奶。

为减少仔兔因断奶而发生应激并发症,断奶时最好实行离奶不离笼的方法,做到饲料、环境、管理三不变。

5. 预防疫病 仔兔采食时误食母兔粪便、饲料中的各种微生物和寄生虫后极易感染仔兔黄尿病、脓毒败血病和球虫病,严重影响仔兔的生长和健康。为防兔瘟的发生,断奶后最好进行一次兔瘟疫苗的接种,还要根据当地常见传染病情况,定期做好预防工作。

复习与思考

1. 宠物兔的生活习性有哪些?
2. 宠物兔的饲料如何配制?
3. 仔兔的饲养管理技术要点有哪些?

实训

实训一　宠物兔的性别鉴定

一、目标要求

熟练掌握初生仔兔、断奶幼兔、成年兔的性别鉴定方法。

二、材料用品

初生公、母仔兔各 5 只,断奶公、母幼兔各 5 只,成年公、母兔各 5 只。

三、方法步骤

(1)抓兔 先抚摸兔使其勿受惊,然后一手抓住颈部皮及双耳轻轻提起,另一手迅速托住兔的臀部,让重量主要落在托住兔体的手上(图 5-13)。这样既不伤兔,又可防止兔抓伤人。

(2)固定 将兔固定,可将兔腹部向上固定在操作台上,也可用左手抓住兔的双耳及颈部皮固定,右手拇指和食指轻压阴部两侧皮肤,观察其生殖器部位。

(3)性别鉴定 对不同年龄的兔进行性别鉴定。

①初生仔兔:主要根据阴部的形状和与肛门的距离来区别。孔洞呈"U"形,大小与肛门相似,距离肛门较近者为母兔;孔洞呈"O"形,略小于肛门,相距较远者为公兔(图 5-14)。

②断奶幼兔:直接检查外生殖器。其方法是将幼兔腹部向上,用中指和食指轻压阴部两侧皮肤,公兔呈"O"形并翻出圆柱状突起;母兔则呈"V"形,下边裂缝延至肛门,没有突起。

③成年兔:能够看到突起的阴茎并能摸到阴囊的为公兔;阴部呈"V"形,下边裂缝延至肛门,没

图 5-13　兔的抓抱

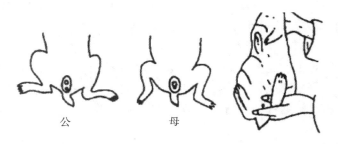

公　　　　母

图 5-14　公母兔性别鉴定

有突起的为母兔。

四、注意事项

（1）抓兔时不要只捉双耳，易造成年兔耳的损伤；防止兔后躯上卷抓伤操作者。不要长时间单手提抓妊娠母兔，以免造成流产。

（2）学习鉴定公、母兔时通过对照可准确掌握。

（3）固定好兔体，防止被抓伤。

实训二　宠物兔的年龄鉴定

一、目标要求

熟练鉴定不同年龄兔的年龄。

二、材料用品

准备不同年龄的兔若干只。

三、方法步骤

在没有记录的情况下，兔的年龄可以从爪的颜色和长相（图 5-15）、牙齿生长情况、皮板厚薄方面识别。

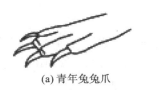

(a) 青年兔兔爪　　　　　　　(b) 老年兔兔爪

图 5-15　通过兔爪辨年龄

（1）青年兔　眼睛明亮，行动活泼，门齿洁白、短小、排列整齐。白色兔趾爪基部呈红色，尖端呈白色；有色兔趾爪较短而平直，隐藏在脚毛之间，皮板薄而紧密。

（2）老年兔　眼神呆滞，行动迟缓，门齿黄暗、厚而长、排列不整齐，有时破损。白色兔的趾爪颜色：1岁时红色与白色相当，1岁以下红色多于白色，1岁以上白色多于红色。有色兔的趾爪随年龄的增长逐渐露出脚毛之外。皮板厚而松弛。

项目六 宠物鼠的饲养与管理

扫码看课件

视频：
宠物鼠的
饲养与管理

项目导入

　　本项目包括宠物鼠的认知、宠物鼠的选购、宠物鼠的饲养管理和实训四个部分。通过对本项目的学习,要求学生了解宠物鼠的生物学特性,熟悉宠物鼠的常见品种以及有关宠物鼠的饲养设备,在此基础上初步掌握宠物鼠的饲养与管理。

学习目标

▲知识目标

　　1. 通过学习本项目内容和查阅有关书籍,熟悉宠物鼠的生物学特性、形态特征和生活习性。

　　2. 了解宠物鼠的品种以及有关宠物鼠的饲养设备。

　　3. 要求初步掌握宠物鼠饲养管理要点。

▲能力目标

　　1. 通过学习图片内容或者视频资源能够识别不同品种的宠物鼠,且能运用已掌握的知识挑选较为合适的宠物鼠,为饲养宠物鼠做好准备。

　　2. 在掌握书本理论知识的基础上能够对宠物鼠进行科学的饲养管理。

▲思政与素质目标

　　1. 培养学生吃苦耐劳、热爱劳动的美好品德。

　　2. 培养学生良好的职业道德意识和精益求精的职业素养。

　　3. 具有较强的自我管控能力和团队协作能力,有较强的责任感和科学认真的工作态度。

　　4. 关爱宠物,热爱生活,培养学生积极向上的人生态度,使其对以后的职业生涯有着较为明朗的路线规划。

案例导学

　　随着社会的发展,居民生活变得多姿多彩,常见的宠物如猫、犬已经不能满足人们对于新鲜事物的好奇心了,特别是对于异宠一族有着浓厚兴趣的群体而言,他们对于异宠的养护有强烈的诉求。社会的包容性、开放性已经打破了过往的束缚,追求个性化的生活方式逐渐被多数群体所接受,但还是会有部分群体对饲养宠物存在偏见,特别是对鼠这一类不常见的宠物。那为什么会有人喜欢养这种异宠呢? 养宠物鼠需要注意什么呢? 这么多宠物类别,该如何区分呢? 怎样从各个方面去养好宠物鼠呢? 现在让我们带着疑问学习宠物鼠的饲养与管理。

任务一　宠物鼠的认知

宠物鼠,是指人类为了观赏或者趣味而饲养的鼠类。鼠的分类比较广泛,有许多不同的品种,在日常生活中,以仓鼠为主。仓鼠是仓鼠亚科动物的总称,共七属十八种,主要分布于亚洲,少数分布于欧洲,中国有三属八种。除分布在中亚的小仓鼠外,其他种类的仓鼠两颊均具有颊囊,从臼齿侧延伸到肩部。可以用来临时储存或者搬运食物回洞储藏,故名仓鼠,又称腮鼠、搬仓鼠。

一、仓鼠的形态特征

仓鼠有一对不断生长的门牙,三对臼齿,呈交错排列的三棱体。臼齿具有齿根,或者不具有齿根而终生能够生长。仓鼠亚科各种类动物基本都属于中小型鼠类。仓鼠属于头小身体大的鼠形啮齿动物。体长 5～28cm,体重 30～1000 g。体型短粗。尾短,一般不超过体长的一半,部分品种不超过其后腿长度的一半,甚至根本看不到。无鳞,上覆密毛;某些物种的雄性比雌性大,尾部毛色差异较大,一般为灰色、灰褐色或沙褐色。臼齿突呈瘤状,排成两纵列,左右齿突不相对或近乎相对。仓鼠有双腔胃,大多数没有胆囊。它们的大肠和盲肠中度复杂。

二、仓鼠的生活习性

仓鼠以植物种子为主食,喜欢食坚果,除此之外,植物嫩茎或者嫩叶也作为其食物来源,偶尔也会吃小虫。在其食物组成中还需要充足的水分,但仅仅依靠吃植物来摄取水分是远远不够的。仓鼠多数不冬眠,冬天依靠储存食物来生活。少数品种在寒冷的天气进入不太活跃的准冬眠状态。仓鼠主要在夜间活动,其视力较差,所以只能分辨黑白两种颜色,而且对于物体的形态只能模糊辨形。仓鼠的被毛毛色比较复杂。繁殖状态:每年 2～3 胎,每胎 6～11 只,平均寿命为 2～3 年。部分仓鼠品种和人类较为亲近,如近些年较为流行的加卡利亚仓鼠、罗伯罗夫斯基仓鼠等。仓鼠使用化学物质进行交流。雄性用它们大的皮脂腺侧腺来标记领域。事实上,这些腺体的大小与个体在优势等级中的地位相关,腺体越大,动物的优势就越大。

仓鼠主要栖息在林区、灌木丛以及地势较低的丘陵,但在农区,多见其在树木和灌丛的根基挖洞造窝,或者利用梯田埂和天然石缝间穴居。它们常在地面以及倒木上奔跑,善于爬树,行动较为敏捷,且时不时发出刺耳的叫声。

由于宠物鼠的种类众多,生活环境、栖息地以及繁殖状态不同,所以其生物学特性也不同。

三、宠物鼠的品种

(一)罗伯罗夫斯基仓鼠

1. 形态特征　体长 65～100 mm,通常不超过 90 mm,眼较大,耳大而长圆,耳与后足约等长。罗伯罗夫斯基仓鼠是仓鼠亚科中体型较小的种类,体型小,四肢短,尾短,稍露出体外。前后肢的掌部有白色密毛。体背灰驼色。腹面白色。体侧的背腹色分界明显而略直。眼后上方与耳之间具有一明显的白色毛斑。白色毛斑之后,耳外侧前方具有一块略呈灰色的毛区。耳背面上方毛呈黑色,下方为黄白色,耳背面基部为纯白色。头骨较窄而长,背面稍隆起,最高处在顶骨前部。牙齿大而呈长方形,上颌门齿较细小,两门齿基部靠近成一条缝(图 6-1)。

2. 生活习性　性格温顺,反应灵敏,擅长奔跑。多在夜间活动,活动范围较小。食性复杂,主要以种子、果实和植物的根、茎、叶为食,也吃昆虫,特别是甲

彩图 6-1

图 6-1　罗伯罗夫斯基仓鼠

虫。有储粮习性。食量不大,但对所遇食物都尽可能用颊囊搬回洞中,储存在仓库中,不冬眠,冬季活动频繁。主要栖息于荒漠、半沙漠以及干草原植被较为稀疏的沙丘,或者在沙丘间的灌木丛。

3. 繁殖方式　从 3 月开始繁殖直至 9 月,有的甚至可达到 10 月,妊娠期约为 3 周,每胎 4～8 只,每年的 5、6 月为繁殖高峰。

(二)倭仓鼠

1. 形态特征　体型较小,体长为 80～103 mm,毛短而柔软,腹部有浅黄色和浅灰色的绒毛,背部和头部是木棕色的,绒毛很短,在两耳间到尾巴上有一条清晰的木炭条纹,脚上的肉垫和尾巴被白色皮毛覆盖。除此之外,倭仓鼠也有一个颊囊,雄性倭仓鼠要比雌性体型大(图 6-2)。倭仓鼠有以下几个特征可以与加卡利亚仓鼠区分开。①倭仓鼠的耳朵要比加卡利亚仓鼠小。②倭仓鼠的下层绒毛是深灰色的,而加卡利亚仓鼠的是白色的。③倭仓鼠背腹部相连处的皮毛是淡乳黄色的。

图 6-2　倭仓鼠

2. 生活习性　与其他仓鼠亚科的成员一样,倭仓鼠在地下隧道系统内居住。倭仓鼠的洞穴包括水平方向和垂直方向。巢通常建立在隧道的尽头,由干燥的绝缘材料(包括草、羽毛和羊毛等)组成。洞穴通向一个窝室和食物储藏室。主要通过视觉、嗅觉、听觉和触觉进行感知。而在所有的感官中,主要依赖于气味。野生的倭仓鼠,无论雄性还是雌性都可以利用尿液和粪便来识别领土。此外,位于耳朵后面的源自腹侧皮脂腺和哈德氏腺的分泌物不仅用于区域识别,还用于通信。其口腔皮脂腺也用于标记所有进入或者离开颊囊的内容物。此类仓鼠在夜间或者黄昏活动,不冬眠。以植物性食物为主,例如树皮或茎、种子、花卉、谷物、坚果、昆虫和软体动物。他们生活在草原、半沙漠、沙漠、沙丘以及山脉。

3. 繁殖方式　倭仓鼠的繁殖次数因品种以及地理位置不同而有所差异,野生倭仓鼠品种每年繁殖 3～5 次,而圈养品种全年繁殖。育种开始于 4 月和 5 月,并在 9 月下旬或者 10 月初结束。每胎 1～12 只,平均数量为 8 只。妊娠期为 13.5～22 天,平均妊娠期为 17.5 天。出生时,倭仓鼠完全无自理能力,无毛。存在门牙和小爪子。幼体主要依靠父母的照顾,直到出生后大约 17 天才断奶。雌性仓鼠主要负责照顾幼体。雄性仓鼠可以通过消耗羊水、胎盘和胎膜来协助完成分娩过程。

(三)加卡利亚仓鼠

1. 形态特征　属于小型种类,体长为 75～100 mm,短阔,耳较圆,露出毛外。四肢和尾均短小,掌部、趾部均被白色长毛覆盖,掌垫隐而不见。幼年个体呈灰色,而成年个体呈棕色。加卡利亚仓鼠背部的条纹在两肩之后很明显。背毛基部深灰色,约占毛长的三分之二。端部棕色,毛尖部棕黑色。身体腹面从喉至胸腹部为灰白色;毛基部深灰,占毛长的三分之一,毛尖部呈污白色。体侧背腹毛之间有明显的分界线,形成三个大的波纹。腹侧的灰白色毛向背侧方突入,形成基部连续的三块灰白色斑块。第一块白斑在前肢的前上方,第二块白斑在身体中部,第三块白斑在后肢的前上方。另外,在尾基两侧各有一个小型的灰白色斑块,在各斑块的上缘与背毛交界处形成波状棕黄色界线。尾背面灰棕色,端部污白色,与腹面相同。头骨较狭长,脑颅较圆,背腹扁平。上颌骨的颧突较宽,呈三角形,板状。鳞骨颧突较小,颧骨较细。鼻骨后部及额骨前部中央向下凹陷,形成一道浅纵沟。顶尖骨较大,呈三角形,位于脑颅中央后方。臼齿有 2 纵列齿突。第一臼齿有 3 对齿突,第 1 对齿突尖距离较近。第二臼齿有 2 对齿突,第 2 对齿突的外侧前方有一个尖形小突起,突起略低于第 1 对齿突,而齿突的齿缘随着年龄的增长被磨蚀。第三臼齿有 2 对齿突,最后 1 对齿突外侧略低,与内侧齿突相连(图 6-3)。

彩图 6-3

图 6-3　加卡利亚仓鼠

2. 生活习性　夜间活动,黄昏后出洞,日出前停止地面活动。在傍晚和拂晓活动最为频繁。常沿着固定的路线活动,活动范围较小,一般在几十米之内,最多不超过百米。耐寒力较强,冬季仍然可见其在外活动。生性胆怯,遇有惊扰,迅速钻入草丛中躲藏。居住的洞穴较浅、构造简单。常筑于沙丘的斜坡上,洞道和巢室距地面较浅。洞道较短,末端为巢室和仓库等。有进洞后堵塞洞口等习性。常栖息于干旱的草原和荒漠草原。喜欢干燥环境,多见于植被稀疏的沙地、灌丛化的草场、干枯的河床沿岸等处。

3. 繁殖方式　多在春夏季繁殖,繁殖月份因饲养方式不同而有所差异。自然条件下为 4—9 月,人工饲养条件下 2—11 月均可繁殖,一年可产 2～3 窝,夏季怀孕率最高。每窝产 4～6 只,最多可达 9 只。妊娠期 18～19 天。加卡利亚仓鼠寿命为 1～2 年。

(四)金丝熊

1. 形态特征　金丝熊属于中型仓鼠,成年鼠重量在 100～125 g,体长 120～165 mm,尾长 13～15 mm,后足长 19 mm,耳长 21～22 mm,它们在体型上明显小于东欧和西亚的原仓鼠,比中国的罗伯罗夫斯基仓鼠大。和许多仓鼠一样,金丝熊有一个钝的口鼻部,相对较小的眼睛,一对大大的耳朵和一条短的尾巴(约 1.5 cm)。毛发上端为亮红棕色,也有一些呈金黄色,背部中央颜色较深,耳朵下方有黑色条纹,有些前额上可能有一片黑色的部分,面部两侧各有一条黑色条纹从颊囊延伸到脖子上。胸部外侧的毛发为黑色,胸部中央有白色细长条纹,腹部为乳白色或灰色或白色(图 6-4)。

2. 生活习性　金丝熊是一种独居的、夜行的杂食性啮齿动物,以种子、坚果和昆虫等为食物,其中包括蚂蚁(蚁科)、苍蝇(双翅目)、蟑螂(蜚蠊目)和黄蜂(膜翅目)。它栖息的洞穴长达 9 m,11 月至次年 2 月间可能会冬眠。作为许多不同食肉动物的食物来源,金丝熊通过在洞穴中寻求庇护并保持

Note

警惕避免被食。主要通过气味标记进行交流,但它们也使用各种听觉信号。

3. 繁殖方式　在金丝熊与异性的互动中,雌性会通过短暂的一系列步骤准备配对,它将后腿展开,使尾巴向上,并保持这个姿势 10 min 左右。雄性会跟随雌性,嗅并舔它的生殖区域。成年雌性金丝熊的排卵取决于光周期,只要光周期很长,排卵就会无限期地持续;若光周期很短,或者处于光照不足、阴暗的环境当中,则会停止排卵。但 5 个月后,雌性仓鼠会适应这个短的光周期环境开始自发排卵。金丝熊的妊娠期为 16 天左右,这是哺乳动物当中最短的妊娠期。平均每胎有 8～12 只幼体。断奶发生在 19～21 天,幼年仓鼠在一个月大时性成熟。在某些情况下,雌仓鼠可能会通过食子来控制幼体的数量,目的是保证其他仓鼠能有更大的概率活下来,在野外资源有限的情况下,这也是一种生存的策略。在圈养条件下,食子往往是对某些人为干扰所做出的反应。

彩图 6-4

图 6-4　金丝熊

（五）豚鼠

1. 形态特征　豚鼠的体型在啮齿类动物当中属于偏大的一种,体重在 700～1200 g,体长在 20～25 cm。身材短小,但是强壮有力,头部较大,占身体的三分之一,眼睛大而圆,耳朵短小,贴着头部,毛发粗糙且很容易脱落,没有尾巴。豚鼠脊柱由 36 块脊椎骨组成,其中颈椎 7 块、胸椎 13 块、腰椎 6 块、荐椎 4 块、尾椎 6 块。肋骨 13 对,包括 6 对真肋、3 对假肋、4 对浮肋。前脚平直而强健有力,一般有 4 个脚趾,每个脚趾上都有尖利的爪;后脚有 3 个有爪的脚趾,而且都比较长。豚鼠靠脚底走路,行走时脚跟着地。豚鼠门齿很短,白齿呈棱镜状,总是不断生长。除了各自有特定的腺体外,雌雄两性都是相似的。体毛有黑、白、灰、褐、巧克力色等,也有具各色斑纹的(图 6-5)。

2. 生活习性　豚鼠栖息于岩石坡、草地、林缘和沼泽。集成 5～10 只的小群,穴居,夜间活动,以植物性食物为食,主要包括提摩西草、苜蓿草、燕麦草、大麦草、小麦草等,喜吃青椒、生菜、圣女果等新鲜果蔬,但不能过量喂食果蔬等水分含量较高的食物,容易导致腹泻。禁食十字花科植物和含淀粉类的食物。豚鼠喜欢群居,不喜欢攀登和跳跃,其活动、休息、采食多呈集体行为。习性温顺,胆小易惊,有时发出吱吱的尖叫声,喜干燥清洁的生活环境。豚鼠嗅觉、听觉较发达,对各种刺激有极高的反应性,如对较大的噪声和气温突变等极为敏感,故在空气浑浊和寒冷环境中易发生肺炎,受惊时易引起流产。豚鼠咀嚼肌发达而胃壁非常薄,盲肠特别膨大,约占腹腔容积的三分之一,粗纤维需要量比家兔还多,但不像家兔那样易患腹泻性疾病。豚鼠不再存在于它们的野生原生草原栖息地。它们能够在各种环境中生存,它们可以生活在广阔的海拔范围内,且自身耐受温度的范围也十分广泛,例如,可以承受从白天 22 ℃ 到夜间 -7 ℃ 的大范围温度。

3. 繁殖方式　豚鼠繁殖率高,抗病力强,性成熟早,在出生 1～3 个月时,性周期短,一般为 16

天左右,属于晚成性动物。雌鼠的妊娠期较长,平均为 63 天(59～72 天),每年可产 6 胎左右。豚鼠为全年多发情性动物,并有产后性周期,在正常情况下全年都表现出性周期的循环。在哺乳期的某个时间内有可能受孕,称产后性周期或反常妊娠。豚鼠的平均寿命为 4～5 年,相较于仓鼠而言,寿命较长。

彩图 6-5

图 6-5 豚鼠

(六)花枝鼠

1. 形态特征 花枝鼠毛色像奶牛一样黑白相交。最常见的毛色是由前肢到头为巧克力色或黑色,称为头巾。背部白色的居多,但有黑色斑点或中间有一条黑毛。花枝鼠有一条很长的尾巴,尾巴长度接近于体长,尾巴上也常有黑色斑块(图 6-6)。

彩图 6-6

图 6-6 花枝鼠

2. 生活习性 由于人类的长期饲养,一般雄花枝鼠更温顺易驯,花枝鼠非常爱干净,不需要我们帮它洗澡,饲喂之后,它们都会把自己收拾得干干净净。通风情况不是很好时,应保证笼子干净,否则,味道会很大。花枝鼠温顺,如果不是抓疼了或者弄伤了,它们一般情况下不会咬人。花枝鼠一般白天休息,晚上活动,但由于人类的长期饲养,其生活作息会与主人同步。花枝鼠个体较其他鼠类大,因此需要比较大的活动空间,尤其是纵向空间。专用鼠粮、干草以及新鲜的蔬果都可作为鼠的日

Note

常饮食来源。

3. 繁殖方式　花枝鼠成年之后，一年四季都可以繁殖，平均一胎产 10～20 只小鼠，繁殖率比较高。

（七）蜜袋鼯

1. 形态特征　蜜袋鼯的身体像鼯科，并具有一条很长但不能抓东西的尾巴。蜜袋鼯鼻子至尾巴长 25～63 cm。雄蜜袋鼯要比雌蜜袋鼯大。蜜袋鼯身披毛茸茸的蓝灰色外衣，耳朵薄而尖，眼睛大又圆，体态轻盈娇小，肚子呈奶油色，背部贯穿一条与众不同的黑斑。在野外，蜜袋鼯几乎同叶子和树枝等自然环境融为一体，肉眼稍不注意就很难辨别出来。蜜袋鼯的前额、胸部及泄殖腔有臭腺。雄蜜袋鼯以臭腺来划定地盘，前额的臭腺很明显，因为前额是秃的。雄蜜袋鼯的阴茎分叉，雌蜜袋鼯腹部中央有育幼袋。蜜袋鼯每只脚有 5 个趾头，除了后脚的对趾外，每趾都有爪，后脚第二及第三趾是部分融合的，最特别的是它们的翼膜，由第五指延伸至第一趾，当脚伸直时，翼膜就可以帮助它们滑翔 50 m 左右。作为树栖动物，蜜袋鼯会使劲地蹬其强有力的后腿，从一个高树枝滑翔至另一个高树枝。长长的尾巴有助于蜜袋鼯在四肢着陆前掌握身体的方向和稳定性(图 6-7)。

图 6-7　蜜袋鼯

2. 生活习性　蜜袋鼯是一种有袋动物，大多数时间都在树上活动。蜜袋鼯的身体两侧拥有滑行膜，从手关节延伸到脚踝，有利于它们在树林间滑行。蜜袋鼯属于杂食性动物，以昆虫、蜥蜴等小动物为食，偶尔也吃一些富含花蜜的花朵和水果，经常在夜间出来寻找食物。蜜袋鼯属于群居动物，常常 40～50 只成群地在同一地盘活动。为了躲避目光犀利的捕食者，蜜袋鼯很少在白天冒险活动，而是全家或者大群地挤在树洞里呼呼大睡，直到黑夜来临，才会悄悄溜出藏身的洞穴。为了防止其他蜜袋鼯来捣乱，蜜袋鼯首领会用气味给每一位家族成员做上标记。如果有陌生的蜜袋鼯闯进本家族的森林领地，一大家子的蜜袋鼯就会马上驱赶入侵者。

3. 繁殖方式　成熟的蜜袋鼯每年可交配 2～3 次，每次可以产 1～2 只幼体，妊娠期为 2～3 周。小蜜袋鼯是在母亲的育幼袋中成长的。初生幼体会自行爬入母亲的育幼袋中，咬住乳头不放，这一时期持续约 40 天的时间；之后会继续在育幼袋中成长一个月左右，然后会攀住母亲到处活动。小蜜袋鼯大约在 4 个月就可以完全断奶离开母亲自行进食了。

（八）毛丝鼠

1. 形态特征　短尾毛丝鼠体型较大，体长 30～38 cm，尾长 10 cm 左右；长尾毛丝鼠体型较小，体长 24～28 cm，尾长 14～15 cm。各国饲养的几乎都是长尾毛丝鼠。毛丝鼠外形好似具有长尾的兔，但耳朵较兔小，呈钝圆形；前肢短小，有 5 趾，不善于刨挖，却善于巧妙地摆弄；后肢发达，有 4 趾，善于跳跃；尾长而蓬松，似松鼠。成年雌鼠大于雄鼠，一般雌鼠体重 510～710 g，雄鼠体重 425～570 g。仔鼠出生重 40～50 g。毛丝鼠背部和体侧的被毛为灰蓝色，腹部被毛逐渐变为白色。体毛主要由绒毛组成，绒毛密而均匀，每个毛囊内簇生 50～60 根，每根毛发的直径细如蛛丝，每丛绒毛中有一根针毛，直径为 12～15 μm。被毛呈灰蓝色，毛干呈现出深浅交替的色带，接近毛根部为深蓝色，毛干中段为白色,毛尖的颜色因个体不同而有所差异,分为浅、中、深色,但从鼻尖到尾端的脊背部接近黑色,两侧稍浅,腹部有狭窄的分界明显的白色色带。通过人工杂交现已育成青玉色、米黄色、木炭色、黑色、白色和银色等。毛丝鼠的切齿十分发达,呈橙黄色,露于唇外(图6-8)。

彩图 6-8

图 6-8 毛丝鼠

2. 生活习性 毛丝鼠性情温顺,喜欢群居,胆小怕惊,善于跳跃,习惯于白天休息,晚上出来觅食,活动。平时雌雄个体和睦相处,极少打斗,只有在繁殖季节偶尔发生争斗现象。雌雄毛丝鼠交配时,发出柔和的像鸽子一样的"咕咕"声。毛丝鼠喜欢吃鲜嫩多汁的植物,也喜欢吃树皮、干草和种子。在进食时姿势很像松鼠,后肢坐立,用前肢抓取食物,一点一点地塞进嘴里。沙浴是毛丝鼠最重要的习性,喜欢在沙盘中打滚、嬉戏、清洁身体,并且有啮齿动物咬嘴的习惯。毛丝鼠喜欢干燥阴凉的环境,适宜温度是 20～30 ℃,但 30 ℃以上均不适宜其生长。雨水多、气候多变、环境潮湿和寒风都对毛丝鼠的生长发育不利。毛丝鼠的寿命一般为 15～20 年。栖息于安第斯山脉地区海拔 500～1200 m 的岩缝、岩洞及灌木等极地气候的环境中,或者干燥的高山岩石地带。

3. 繁殖方式 毛丝鼠雄鼠生殖器官没有明显的季节性变化,常年都有良好的性欲和配种能力。毛丝鼠全年均可繁殖,但交配多在 12 月至次年 3 月,盛夏和秋季(7—10 月)配种率较低。雌鼠的性周期为 28～35 天,妊娠期为 110～124 天,每年 2～3 胎,每胎 1～4 只,以 2～3 只为多。产后一天内即发情,断乳后 10 天左右再次发情。初生幼体全身被毛,重 35g 左右,出生后即能跑动,哺乳期 45 天左右。第一次发情月龄变化幅度较大,早熟的在 3 月龄左右,而晚熟的到了 9～11 月龄;幼龄雌鼠通常在 4～6 月龄性成熟。

(九)松鼠

1. 形态特征 松鼠有 35 属,212 种。不同种类的松鼠,形态特点也有所不同。欧亚大陆北部温带针叶林带广泛分布的欧亚红松鼠是松鼠的典型代表,是大众熟知的松鼠形象的原型。分布在欧亚大陆东端的欧亚红松鼠冬季背毛黑而腹白,夏季背毛灰间棕红色;而分布在欧亚大陆西端的欧亚红松鼠背毛全年均为棕红色。灰间棕红色是北美洲森林中多数松鼠的主要色调。欧亚红松鼠在分布范围内从东至西不同地理群体毛色的变化也是历史上松鼠从北美大陆起源,演化进入欧亚大陆这一过程的真实反映。在中国,东北地区和新疆的泰加林是欧亚红松鼠的天然分布范围,而华北等地的阔叶林和针阔混交林中分布更为广泛的松鼠是岩松鼠。岩松鼠体型比欧亚红松鼠小,耳朵上不具有长毛簇,色偏灰黄,更多的会下到地面上活动,而不是树上,尤其在多岩地带,因此得名。花鼠也是中国温带地区常见的松鼠。这种背部长有黑白相间纵纹的小动物会花更多时间在地面觅食,并常捕食小动物,还喜欢啃食树皮。赤腹松鼠胆子很大,而且可适应受到干扰的林缘生境,因此也能很好地生活在城市公园绿地中。在大城市的城市公园以及周边地区都生存着赤腹松鼠，也是中国南方城市居民最易见到的野生哺乳动物。

（1）欧亚红松鼠　体长 20～22cm，尾长 18cm，体重在 300 g 左右。随季节和分布地点不同，身上的被毛也会呈现不同的颜色，在古北区，该物种的毛色比其他哺乳动物具有更多的变化，有淡红色、棕色、红色、黑色等，甚至完全黑化。欧亚红松鼠胸腹部的皮毛是白色或奶油色（图 6-9）。

（2）岩松鼠　体长与欧亚红松鼠相等，全身由头至尾基及尾梢均为灰黑黄色。背毛基灰色，毛尖浅黄色，中间混有一定数量的全黑色针毛。腹毛较背毛稀软，毛基为灰色，毛尖呈黄白色。眼周毛为白色，形成细的白眼圈。耳后毛和下颌毛为白色。吻端至眼并后达耳廓毛色带黄，隐约如一条黄纹。头部其他部分较背毛色深。尾毛长而蓬松，尾毛尖呈白色，当尾上翘时，形成两道白边，很容易识别（图 6-10）。

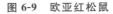

图 6-9　欧亚红松鼠

图 6-10　岩松鼠

（3）花鼠　头部至背部毛呈黄褐色，正中一条为黑色，自头顶部后延伸至尾基部。旁边两条为黑褐色，最外两条为白色，均起于肩部，终于臀部。尾毛：上部尾黑褐色，下部尾橙黄色。耳壳为黑褐色，边为白色。背毛黄褐色，臀部毛橘黄或土黄色，因背上有 5 条黑色纵纹，所以称为五道眉花鼠（图 6-11）。

（4）赤腹松鼠　体背自吻部至身体后部为橄榄黄灰色，体侧、四肢外侧以及足背与背部同色。腹面呈赤红色，尾毛背腹面几乎同色，与体背基本相同。尾后端可见黑黄相间环纹 4～5 个，尾端有长 20 mm 左右的黑色区域。耳壳内侧淡黄灰色，外侧灰色，耳缘有黑色长毛，但不形成毛簇（图 6-12）。

图 6-11　花鼠

图 6-12　赤腹松鼠

2. 生活习性　松鼠最爱吃松子，每到秋天，它们吃饱之后，还将采集的松子埋藏到泥坑里，挖一个坑埋几粒，再用土盖上。到第二年春天，被松鼠忘了的"地下粮食"不久长成了红松苗，因此，松鼠还称为森林的"播种能手"。

（1）欧亚红松鼠　没有特定的活动范围，主要营树栖生活，在日间活动，夜晚休息。生性活泼，善于纵跳，可从一棵树上纵身一跃跳到4～5 m远的另一棵树上。觅食时多单独行动，胆怯并拒绝分享食物。食粮主要是种子，真菌、鸟蛋、浆果和幼枝等也是食物来源。欧亚红松鼠有储藏食物过冬的习惯，每年到了秋季，它们就开始忙忙碌碌地储藏食物，准备冬季的食物。

（2）岩松鼠　岩松鼠晚上活动，与欧亚红松鼠不同，其主要营地栖生活，在岩石缝隙中筑巢，比较机警，胆大，常见其闯进山区民宅院内，遇到惊扰后，迅速逃离，奔跑一段后常停下回头观望。攀爬能力强，在悬崖、裸岩、石坎等多岩石地区活动自如。清晨活动时常发出单调而连续的嘹亮叫声。岩松鼠喜欢吃油性干果（如油松松子、核桃、山杏、栗子等都是其喜食的食物），窃食谷物等农作物。有储食习性，将干果存在树洞等处，一只岩松鼠可能有多个储藏食物的地点。岩松鼠最大的特点在于其不冬眠，但冬季活动量较小，主要在日出之后活动，其天敌主要是食肉的猛禽和猛兽。

（3）花鼠　花鼠食性比较杂，食豆类、麦类、谷类及瓜果等。春季侵入农田挖食播种的作物种子，秋季利用颊囊盗运大量粮食，一个仓库存粮可达2.5～5 kg。花鼠对于食物储藏的记忆力不强，所以在一定程度上还起到了"播种"的作用。白天在地面活动多，晨昏之际最活跃，在树上活动少，善于爬树，行动敏捷，陡坡、峭壁、树干都能攀登，时不时发出刺耳叫声。花鼠是一种半冬眠动物，当冬天即将来临之时，花鼠会大量进食而积储脂肪，为冬眠做准备。一到冬天，花鼠立即停止进食，当体温降至1 ℃时就进入冬眠，此时脉搏每分钟一次，维持着最低的代谢循环，以防止冻僵。

（4）赤腹松鼠　赤腹松鼠多栖居在树上，借树枝的变权处，上下搭架，围上树叶以及细茅草攀物，从外表看形似鸟窝，在山崖石糙和山区农村屋檐下也有它们的窝巢，也有在松树或者其他乔木树枝上筑巢的。有时还能利用鸟类弃巢加以改造，或者在近山区居民住房的屋檐上及天花板里作巢。食性较杂，栗子、玉米、桃、李、山梨、龙眼、荔枝、枇杷、葡萄、农作物、昆虫、鸟卵及蜥蜴等都可作为食物来源。坐着进食，用前足送食入口。一般早晨或者黄昏的活动较为频繁，有一定的活动路线。喜欢群居，善于高攀，跳跃能力极强，故有"飞鼠"或"镖鼠"之称。

3. 繁殖方式　松鼠的生殖状态与食物获取状况密切相关。每年可以生育2次，分别在2、3月和7、8月交配，妊娠期为38～39天，但如果食物获取不足，则春季交配会被推迟或消失。婚配制度是一雄多雌或混交制，交配前有求偶行为，优势雄鼠会获得更多的交配机会。初生雌鼠通常第二年开始生育，其生育能力与体重密切相关，只有超过一定体重的雌性松鼠才具备生育能力，而且体重越大，能够生育的后代越多。幼体由雌鼠单独哺育，哺乳期超过10周。

（1）欧亚红松鼠　每到交配季节，雌性达到所需的体重后，就会进入发情期。雄性利用雌性发情期间独有的气味寻找雌性。通常多只雄性追逐一只雌性，直至其中一只占明显的优势，而这一只一般是体型较大的个体。它们会交配数次，并且与不同的对象进行多次交配。每年最多生育2次，每窝数量3～4只，最多达6只，每胎仅重10～15 g。在出生第21天欧亚红松鼠便会慢慢长出毛发，眼睛在3周后才睁开，40天左右便能进食硬的食物。欧亚红松鼠的寿命一般为3年，个别达7年，但最多不超过10年。

（2）岩松鼠　每年繁殖1次，春季交配，每胎可产2～5只，最多8只。6月开始出现幼鼠，秋末为数量高峰期。雄鼠的阴囊从2月下旬至9、10月均外露。5、6月阴囊特别膨大。9、10月雌鼠的乳头均已萎缩，说明此时已停止繁殖。岩松鼠的寿命为3～12年。

（3）花鼠　每年繁殖1～2次，每胎产仔4～5只。3个月时性成熟，妊娠期和哺乳期均为1个月。

（4）赤腹松鼠　此类松鼠繁殖期较长，全年均能繁殖，但以5月和12月为高峰。一般从2月起至9月，每个月都有妊娠个体。每胎通常有2只，也有1只或3只的，一般情况下3、4月脱毛和换毛，8月开始更换冬毛。

任务二 宠物鼠的选购

一、养鼠用具准备

（一）笼子

各种不同的宠物鼠都需要笼子作为自己的"小家"，对于家养宠物鼠，首先要强调的是一鼠一笼，叙利亚仓鼠、加卡利亚仓鼠、倭仓鼠等都必须单独饲养。对于以鼠类作为实验动物的情况可不做此要求，合笼可节约一定的成本。笼子（图 6-13）的大小因宠物鼠体积、重量不一。因为笼子里面除了宠物鼠外，还必须包括宠物鼠的粮食、玩具、垫料等。若笼子大小不适合宠物鼠，则会限制它们的活动，甚至对其性格也会造成一定的影响。对于宠物鼠来说，它们不喜欢过于狭小的空间，拥挤、狭窄的活动空间不会让它们产生相应的安全感，反而会让它们觉得难以忍受，而且太小的笼子不能装置跑轮等运动设备。宠物鼠本身需要很大的运动量，如若不运动，宠物鼠的身体功能会迅速下降，而且笼子上的配件设施要跟上，日常吃喝拉撒玩缺一不可。

（二）垫料

宠物鼠的垫料也是有一定要求的，包括铺垫的厚度以及垫料的材质。铺垫料时必须厚铺，厚铺之后鼠类才会打洞（打洞是它们的天性）。在笼子一边铺上厚的垫料，而另外一边稍微铺薄一点，把跑轮、食盆、玩具等都放到垫料少的那一边。垫料的材质、种类五花八门，基本上用得较为广泛的有木屑、刨花、纸棉三种。根据季节选择垫料的材质，纸棉较厚，保暖效果较好，适用于冬天以及早春季节，而木屑和刨花比较清爽、干燥，多适用于夏季和秋季，不能用棉花去代替垫料，因为棉花会缠到宠物鼠的脚上，限制活动，严重者导致死亡。如若临时缺乏垫料，则可以将厨房专用纸撕成若干个小条作为垫料。

（三）浴沙

浴沙的原料是天然硅砂，经高温杀菌制成，粉尘较少。浴沙是宠物鼠洗澡的必备工具。有的动物不能用水洗澡，因为很怕水，而且水洗很容易造成动物感冒、湿尾甚至溺水死亡等情况，所以为了动物们的健康，不能用水洗澡的动物就用浴沙或者尿沙代替水，这样既可以保证动物的安全又能保持身体的干燥、清洁。通过沐浴可加强运动量，确保宠物鼠的健康；浴沙粉尘极少，可避免宠物鼠的呼吸系统及眼睛受损，且能预防脱毛以及各种皮肤病。浴沙有多种香味可以选择，可有效去除动物身上的异味，保持动物干爽及清香。若某些宠物鼠不喜欢带味道的浴沙，则可换成纯净的浴沙。在沐浴之前，先准备浴室、浴沙（图 6-14），浴室的大小适合宠物鼠的体积大小即可。比较熟练的宠物鼠可自行在浴室内打滚，自行沐浴清洁，完事之后甩动身体即可抖掉身上多余的浴沙。

彩图 6-13

彩图 6-14

图 6-13 宠物鼠笼子

图 6-14 宠物鼠的浴室与浴沙

二、宠物鼠的选购原则

（1）要选择健康的宠物鼠（如眼睛明亮有神），最方便的方式就是观察宠物鼠眼睛周围有没有分泌物,还要观察有没有流鼻涕。

（2）要看宠物鼠的耳朵形状是否完好,有没有被咬过的痕迹,据此可以判断出生后是独笼养还是合笼养。

（3）观察宠物鼠的牙齿有没有伸到外面,毛色是否有光,有没有掉毛或者肿瘤。

（4）观察宠物鼠行走时是否正常,有没有僵硬的感觉,检查四肢是否健全。

（5）观察宠物鼠的后驱有没有被尿渍或者粪便污染（可能有拉稀的情况）。

（6）要选择活动能力强、精力充沛、健康的宠物鼠。

（7）除以上原则外,还要看它亲不亲近人。

任务三　宠物鼠的饲养管理

宠物鼠的人工饲养需底盘面积大于 0.5 m^2 的笼子（可提供多个藏身之处,材质可以是纸或者木头等）。垫料厚度不小于 20 cm,窝材的原料应该柔软,包括无尘的刨花、纸棉等。侏儒类仓鼠都需要的跑轮直径应当大于 20 cm,另外,合适的跑轮应该拥有一个封闭的奔跑曲面。如果使用玻璃或者塑料制成的笼子,请务必敞开顶部以便通风。每天清理尿湿的垫料、食盆和饮水器,每月清理整个笼子但建议保留一部分垫料以便宠物鼠适应熟悉的味道。

一、豚鼠

（一）饲养管理

饲养箱需要建立清洁卫生制度,每周至少换垫料 2 次,食具当天清洗,室内要定期消毒。豚鼠听觉好,胆小、易受惊吓,因此环境应保持安静,噪声在 50 dB 以下,最适合温度为 $20\sim24 \text{ ℃}$。超过30 ℃时,豚鼠体重减轻,流产、死胎、死亡率高;低于 15 ℃时,繁殖率、生长发育率均降低,疾病发生率上升。湿度应保持在 $40\%\sim60\%$。温度过高或者过低都会导致豚鼠抵抗力下降,易患疾病。氨浓度在 20 mg/L以下,气流速度为 $10\sim25 \text{ cm/s}$。氨浓度的高低与豚鼠肺炎发病率密切相关。豚鼠需要一定的活动面积,哺乳期所需要的活动面积更多,一般体重 300 g 的豚鼠大约需要 300 cm^2 的活动面积,800 g 的豚鼠则需要 1000 cm^2。

为了保持饲养箱内的干燥,建议使用滚珠饮水器。豚鼠的食盆避免选择塑料或者其他会被啃食的材料,应当选择陶瓷或者不锈钢质地,有一定分量且不容易被打翻。饲料可在早晚各加一次,如果是幼年期的豚鼠,则需要遵循少量多次的原则。

（二）注意事项

禁止喂食洋葱、葱、蒜、韭菜、生姜、巧克力、咖啡等食物。豚鼠对于纤维素需求量比较大,饲料中粗纤维比例低,容易导致严重脱毛和相互啃食等现象。由于豚鼠自身不能合成维生素C,所以必须从饲料中获取,体重 100 g 的豚鼠每日必需 $4\sim5 \text{ mg}$ 的维生素 C。妊娠期或哺乳期的豚鼠则需要 $30\sim40 \text{ mg}$,维生素 C 的补给主要依靠每日饲喂新鲜多汁的绿色蔬菜,北方的冬季可用胡萝卜和麦芽等代替。采用在饮水中加入维生素 C 或混合颗粒饲料中添加微量元素、维生素、必需氨基酸等以代替青饲料,效果也比较好。

二、花枝鼠

（一）饲养管理

不要给予花枝鼠过多的葵花子或者高热量食品而导致营养不均衡。过胖的花枝鼠夏天容易中暑,皮肤脂肪过厚容易导致脱毛。葵花子可作为磨牙的食物,但不宜过多,1 个星期 $3\sim5$ 颗便足够。不要认为花枝鼠是不用喝水的,应给予花枝鼠足够的水（注意应为纯净水或者白开水,不能直接饮用自来水,因为自来水中含有致病微生物或者寄生虫）。

蔬果类食物营养丰富,但是再好的食物也要控制摄入量,一次喂食太多容易造成腹泻甚至死亡。为了避免蔬果类食物中农药残留,请用清水清洗干净后再喂食。

开封过的粮食以及零食,请用密封袋或者密封罐储存起来,对于滋生虫蚁、过期、变质、发霉的食物尽早丢弃,以免误喂,对健康造成影响。

(二)注意事项

饲养方法类似于仓鼠,但不像仓鼠那样娇气,一般常见蔬果类都可以喂食,但禁止喂食人吃的食物(若盐分过高,调味过重,会增加花枝鼠的身体负担)。尽量不要晒太阳,花枝鼠怕热,夏天请使用散热片、冰袋、大理石为它们消暑、降温。禁止使用"三无"粮食。花枝鼠活动空间不宜过小,要保证花枝鼠有足够的活动空间。

三、蜜袋鼯

(一)饲养管理

蜜袋鼯属于白天休息、晚上活动的动物。在巢箱当中需要放入树枝,以便蜜袋鼯上下活动,蜜袋鼯用前脚抓住树枝的动作也可以帮它磨平指甲。如果有多只蜜袋鼯,最好把新成员放入不同的饲养箱中隔离开。蜜袋鼯白天要在暗处休息,所以要选择一个遮光性较好的巢箱。若巢箱不能满足条件,则需要将巢箱置于阴暗的空间中。虽说木制鸟用巢箱容易被排泄物弄脏,也容易被蜜袋鼯咬坏,但这种材质的巢箱透气性很强,只需要定期换新的巢箱。蜜袋鼯巢箱见图6-15。

图 6-15 蜜袋鼯巢箱

喂蜜袋鼯时以专用饲料为主,苹果、香蕉、胡萝卜、番薯等小块蔬果为辅。蜜袋鼯是杂食性动物,可以买一些昆虫饲料喂食。为了避免巢箱底部被排泄物弄脏,可以在底层上方铺上一层带网眼的隔板,下面再铺上报纸或者卫生纸。

(二)注意事项

蜜袋鼯作为宠物被饲养的时间还很短,并没有发现什么特殊的疾病,但发生普通疾病如消化道、呼吸道、泌尿系统等疾病时,如若不重视,严重时可导致动物死亡。能为蜜袋鼯治病的医院并不多,主人在平时就要关注蜜袋鼯的健康状况,一旦发现异常,尽早去医院救治,以免耽误最佳救护时机。

四、毛丝鼠

(一)饲养管理

饲养毛丝鼠环境条件要求比较严格,在中国普遍采用室内笼养方法。主要设施是房舍、笼具和调温、调湿以及采光设备等。若大群养殖,要建在地势较高、向阳干燥的非闹市区。窗要开小些,南北窗不要对开,防止空气对流。冬日要有取暖设备,最好是水暖或气暖,室内温度最好不低于 5 ℃,

产仔时,室温不低于 12 ℃;夏季室内不宜太热,室内最高温度不超过 32 ℃。北方冬季寒冷,多在室内饲养。一般用组合式铁丝鼠笼(最好用镀锌铁丝笼),每个笼的体积为 50 cm×45 cm×10 cm,或 60 cm×30 cm×30 cm,笼舍通道口径为 13 cm×13 cm。铁丝笼舍的网眼为 2.4 cm×1.2 cm。如用竹木材料,笼子容易被啃坏。雄性和雌性在非发情繁殖期间应该分开饲养。笼内除了设饲槽、饮水管、跳板之外,雌性妊娠产仔前笼内应放活动式木制产箱,规格为 30 cm×25 cm×20 cm。此外,鼠笼内放置沙盘(沙盘由木制或者铁皮制成),规格为 30 cm×15 cm×8 cm,内装 4 cm 厚干燥而洁净的细沙,最好放少量滑石粉。此外,笼中还可放入一些细木棍,供鼠磨牙。

毛丝鼠是一种草食性小动物,饲料来源广泛,饲养设备简单。毛丝鼠的消化道特别长,盲肠发达,因此在人工饲养条件下,通常饲喂干草、谷物和青饲料,或者配合饲料,包括草本植物、蔬菜、野菜、桑叶、榆叶以及谷物等,白菜等含水量太多的蔬菜不宜饲喂。精饲料除各种谷物之外,还可饲喂麦麸、玉米面等。青饲料与精饲料等搭配应根据季节、气温和毛丝鼠粪便干湿情况决定。妊娠期的雌性要加强维生素和蛋白质的饲喂。幼鼠出生后,继续补充营养,保证幼鼠有充足的营养来源,可提高幼鼠成活率。对于毛丝鼠的饲喂量应该根据其生物学特性,科学地给予控制。饲喂量过大不仅浪费食物,增加成本,而且导致毛丝鼠过饱而减少运动量,从而影响其生长发育,甚至引起肠胃疾病。毛丝鼠白天活动量小,饲喂量也相应减少,而夜间相反。成年毛丝鼠体重在 500g 左右,日采食量约为体重的 5%。其中颗粒饲料占比 80%,干草和青饲料占比 20% 左右。饲喂鲜青饲料比如鲜草时,先晾晒,去除多余的水分。不能饲喂含水量多的蔬菜。干草要切短,谷物要磨碎,防止尖锐的谷物和干草损伤口腔。细粉饲料易进入肺部引起异物性肺炎。湿料易腐败,饲喂后易引起肠炎。饲喂的饲料品种要稳定,从饲喂干草到鲜草或者从饲喂鲜草到干草都必须逐步进行,换饲料时必须经过过渡期,防止鼠类因不适应饲料的转换而出现肠胃疾病。同时要保证全天饮水器内有清洁饮水。

（二）注意事项

环境要求比较严格,加强卫生防疫尤为重要。第一,要保证空气新鲜,水源干净、充足;第二,不能与其他动物接触或者同群饲养;第三,注意防止老鼠侵害,杜绝老鼠进入饲养室和饲料室。

 复习与思考

1. 怎样做好宠物鼠的饲养管理?
2. 如何区分倭仓鼠和罗伯罗夫斯基仓鼠?
3. 针对仓鼠的湿尾症,我们该如何预防、治疗?
4. 针对宠物鼠的腹泻性疾病,我们可以从哪几个方面入手预防、治疗?
5. 简述各种仓鼠繁殖方式的特点。
6. 宠物鼠的饲养管理包括哪几个方面?
7. 宠物作为人类的小伙伴,日益成为我们生活的一部分。我们该采取什么行动去保护这些小动物? 又该怎样去改善它们的自然栖息地?

实训

实训一 宠物鼠的鉴别

一、实训目的

熟练掌握国内外宠物鼠的种类、名称、外貌特征、性格特点以及饲养要求,能够很好地识别这些宠物鼠种并指出其品种特征。

二、实训材料与工具

仓鼠、花枝鼠、蜜袋鼯、豚鼠、毛丝鼠、松鼠若干,各品种的宠物图片若干,体尺、直尺、电子秤。

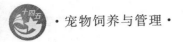

三、实训内容与方法

（1）通过图片观察识别宠物鼠的特征，熟练说出常见宠物鼠的归属及外貌特征。

（2）通过实物观察识别宠物鼠的特征是否符合品种标准，主要包括体型、外貌、眼睛、耳朵、躯体、四肢、头部、尾部、被毛、毛色、步态和性格等。通过体尺和电子秤测量宠物鼠的体高、体长、耳朵长、四肢长、尾长、被毛长和体重，把鼠体指标量化成数据，使之更为直观，克服靠肉眼观测带来的误差。

①体高：宠物鼠在水平地面以正常姿势站立，头顶到地面的垂直距离。用直尺量取。

②体长：宠物鼠在水平地面以正常姿势站立，鼻尖到坐骨结节的直线距离。用直尺量取。

③耳朵长：耳朵根部至耳尖长度，用于鉴别品种。用直尺测量。

④四肢长：四肢基部到四肢顶部长度，用于鉴别品种。用直尺测量。

⑤尾长：尾巴基部到尾尖长度，用于鉴别品种。用直尺测量。

⑥被毛长：被毛的长度，用于鉴别品种。用直尺测量。

⑦体重：通常带笼子称重，所得重量减去笼子重量即得鼠体重。

四、结果

将结果撰写在实验报告纸上。

实训二　宠物鼠的选购

一、实训目的

正确选购宠物鼠，并能判断其优劣，掌握宠物鼠的选购技巧。

二、实训材料与工具

品种、体型、眼睛、被毛、耳朵、步态、性格和健康状态不同的宠物鼠若干。

三、实训内容与方法

1. 品种　通过品种识别的方法，判断宠物鼠是哪个品种。了解在宠物市场上该品种宠物鼠的价格。

2. 体型　身材匀称、结实的宠物鼠一般都是一窝里面体质相对好的，更容易饲养。体型太小的宠物鼠往往是一窝里面体质较弱的，应避免选择。

3. 眼睛　眼睛清澈明亮有神，精神状态好，反映鼠体健康。避免选择眼睛无法完全睁开、呆滞无神、眼角有眼屎的宠物鼠。

4. 被毛　健康的宠物鼠全身被毛浓密、顺滑、有光泽，不掉毛。如果被毛稀疏、无光泽、不顺滑或者掉毛，说明宠物鼠生病或已经是高龄鼠。

5. 耳朵　观察耳朵是否有咬痕，如果有咬痕，说明这个宠物鼠比较软弱或生病而被其他宠物鼠欺负咬伤。

6. 步态　观察四肢是否健全，行走是否具有协调性。要避免选择原地旋转、沿着一条路线来回走动、行为刻板的宠物鼠。

7. 性格　性情温顺，对人表现出善意的好奇心的宠物鼠是首选。避免攻击人的宠物鼠，过于活泼的宠物鼠也不能选择，这样的宠物鼠往往可能正在生病。

8. 健康状况　观察尾部是否清洁，排出的粪便是否有形状。避免选择粪便干燥坚硬、腹泻或患湿尾症的宠物鼠。

四、结果

将结果撰写在实验报告纸上。

项目七　宠物蜥蜴的饲养与管理

扫码看课件

项目导入

本项目主要介绍宠物蜥蜴的饲养与管理,包括蜥蜴的认知、蜥蜴的选购、蜥蜴的饲养管理、实训四个部分。通过本项目的学习,要求了解蜥蜴的生物学特性,熟悉宠物蜥蜴的常见品种以及养殖设备,掌握宠物蜥蜴的饲养与管理。

视频:

蜥蜴的饲养

与管理

学习目标

▲知识目标

1. 了解蜥蜴的生物学特性、行为特点和生活习性。

2. 熟悉宠物蜥蜴的品种。

3. 熟悉宠物蜥蜴养殖设备。

4. 掌握宠物蜥蜴饲养管理的要点。

▲能力目标

1. 能够识别不同品种宠物蜥蜴,挑选适宜宠物蜥蜴,并做好饲养宠物蜥蜴的准备。

2. 能够对宠物蜥蜴进行精准饲养管理。

▲思政与素质目标

1. 培养学生吃苦耐劳、热爱劳动的美好品德。

2. 培养学生良好的职业道德意识以及精益求精的职业素养。

3. 具有较强的自我管控能力和团队协作能力,有较强的责任感和科学认真的工作态度。

4. 关爱宠物,热爱生活,培养学生积极向上的人生态度。

案例导学

现如今人们的生活多姿多彩,养猫养犬已经不能满足人们对新鲜事物的好奇心了,很多人喜欢追求个性化的生活方式。为什么会有人喜欢养蜥蜴这种宠物呢?养宠物蜥蜴需要注意什么呢?让我们带着这些问题学习宠物蜥蜴的饲养与管理。

任务一　宠物蜥蜴的认知

蜥蜴,俗称"四脚蛇",又称"蛇舅母",在世界各地均有分布。蜥蜴属于冷血爬虫类,其种类繁多,地球上大约有 3000 种,我国已知的有 150 余种。大多分布在热带和亚热带,其生活环境多样,主要是陆栖,也有树栖、半水栖和土中穴居。多数以昆虫为食,也有少数种类兼食植物。蜥蜴是卵生,少数卵胎生。蜥蜴与蛇有密切的亲缘关系,二者有许多相似的地方,周身覆盖以表皮衍生的角质鳞片,

Note

泄殖肛孔都是一横裂,雄性都有一对交接器,都是卵生(或有部分卵胎生种类),方骨可以活动。

蜥蜴是爬虫类中种类最多的族群,体型差异很大,从数厘米大的加勒比壁虎,到近 5 m 长的科莫多龙都有。有些被称为蛇蜥的种类脚已经退化,只留下一些脚的痕迹构造。它们因为有眼睑和耳朵,所以能与蛇区分。

大部分的种类为肉食性,以昆虫、蚯蚓、蜗牛甚至老鼠等为食。但也有以仙人掌或海藻为主食,或是杂食性的。

蜥蜴亚目与其近缘的蛇亚目合计占整个现存爬虫类的 95％,共分 18 科,3000 多种。热带地区种类和数量最多。从北极到非洲南部、南美洲和澳大利亚皆有分布。体重最轻者不足 1g,最重者多于 150 kg。身体多细长,具长尾,多具 4 肢,除鼻孔、口、眼及泄殖腔开口外,体表覆以鳞片,有一对眼睛和一对耳孔。如无外耳孔,则鼓膜位于表面,有些种于头和体鳞下真皮内有骨鳞。鳞的表面覆以一层角蛋白。

某些蜥蜴具鳞器官,鳞片锯齿状边缘突出刚毛,可能司触觉。许多蜥蜴,尤其是避役(变色龙)和安乐蜥,能改变体色,可从亮绿色变为深巧克力褐色,体上线、带斑纹亦可忽隐忽现。变色机制为黑色素细胞中色素颗粒的移动,颗粒集中时色浅,分散时色深。有些蜥蜴颈部具可伸展的皮褶,头上有角或盔,或喉部有棘或皱褶等。头颅的前部由薄的软骨和膜构成。眼睑多可动,两眼之间隔以薄层垂直的眶间隔,眶后骨与鳞骨形成的骨杆上有一个颞孔。上腭能相对于颅的其他部分而运动,有方骨,口可大张而便于吞食猎物。

蜥蜴生物学特性千变万化,主要的原因在于,世界上各个角落存在着各种各样不同的种类,例如生活在沙漠、平原、森林、海边的习性大不相同,但是也会有一些共同之处。下面我们就来介绍一下蜥蜴的生物学特性。

一、蜥蜴的生活规律

蜥蜴的生长环境各异,生活于地下、地表或高大的植被中,沙漠及海岛中均可见。仅存的海生种为加拉帕戈斯群岛的海鬣蜥,食海藻。有几种蜥蜴部分水栖,食淡水生物。对蜥蜴最为重要的环境因素为温度,许多种有其最适温度,会晒太阳以升高体温,使之高于气温。昼长对蜥蜴亦有影响。大部分蜥蜴为卵生,卵产于所挖穴中,树木、岩石的裂缝中,或落叶层下。有些蜥蜴(尤其是生活于高海拔、高纬度地区者)为卵胎生或胎生。多无护卵习性,但五线圆筒蜥在孵化期间守在卵边。少数种有孤雌生殖。泄殖肛孔位于尾基部腹面,是尾与躯干部的分界。孤雌生殖型为两个两性种的杂种。许多壁虎将卵产于同一地点。豢养条件下吉拉毒蜥的寿命可达 25 年,壁虎达 20 年。

多数蜥蜴昼间活动,壁虎多在薄暮至破晓之间活动,并能发出很大的声音(而大部分蜥蜴不能发声)。蜥蜴的捕食方式为静候或搜寻。许多蜥蜴能将尾部自割,断下的尾能迅速扭动以分散捕食者的注意,使蜥蜴得以逃脱。许多蜥蜴有领域行为(包括领域表演)或求偶表演。许多种有股孔,可能用来分泌化学物质以吸引异性。蜥蜴的经济意义不大。某些鬣蜥可食,有些可制革。壁虎栖于居室,可捕害虫,但可能会传播沙门氏菌。蜥蜴是生物学的重要研究材料,又常饲为玩赏动物。

二、蜥蜴的繁殖与寿命

蜥蜴类具交接器,行体内受精。一般在春末夏初进行交配繁殖。有的种类的精子可在雌性体内保持活力数年,交配一次后可连续数年产出受精卵。在一部分蜥蜴中只发现雌性个体,据研究,它们是行孤雌繁殖的种类。这类蜥蜴的染色体往往是异倍体。有的正常行两性繁殖的种类,在一定环境条件下会改行孤雌繁殖,研究者认为,孤雌繁殖有利于全体成员都参与产生后代,有利于迅速扩大种群,扩大生存领域。

多数种类蜥蜴系卵生,一般于夏季产卵于温暖潮湿且隐蔽的地方。卵的数量为一二枚到十几枚不等。卵的大小与该种个体的大小有一定的关系。壁虎科的卵略近圆形,卵壳钙质较多,壳硬而脆。其他种类蜥蜴的卵多为长椭圆形,壳革质而柔韧。

有的蜥蜴卵在母体输卵管后段("子宫")就开始发育,直到产出仔蜥,称为卵蜥蜴胎生。石龙子科中不少种类为卵胎生,其余各科蜥蜴多为卵生。同一属中有的种类为卵生,有的种类则为卵胎生。譬如南蜥属中多线南蜥为卵胎生,多凌南蜥为卵生。又如滑蜥属中两个相近种秦岭滑蜥为卵胎生,而康定滑蜥却为卵生。我国特产动物鳄蜥在当年年底仔蜥就在母体输卵管内发育成熟,但延滞到第二年5月才产于母体外。解剖妊娠后期的鳄蜥发现,成熟仔蜥已无卵黄,而母体输卵管壁布满微血管网。可能发育后期的仔蜥依靠母体提供营养,应属于少数胎生蜥蜴之一。

蜥蜴一般每年繁殖一次。但热带温暖潮湿环境中的一些种类,如岛蜥、多线南蜥、蝎虎、疣尾蜥虎与截趾虎等则终年都可繁殖。

蜥蜴的寿命主要根据动物园饲养的资料获取:飞蜥2～3年,岛蜥4年,多线南蜥5年,巨蜥12年,毒蜥25年,最长的纪录大概是一种蛇蜥,54年。这些数字并不完全反映自然界的实际情况,仅供参考。

蜥蜴是变温动物,在温带及寒带生活的蜥蜴于冬季进入休眠状态,表现出季节活动的变化。在热带生活的蜥蜴,由于气候温暖,可终年活动。但在特别炎热和干燥的地方,也有夏眠的现象,以度过高温干燥和食物缺乏的恶劣环境。蜥蜴的活动可分为白昼活动、夜晚活动与晨昏活动三种类型。不同活动类型的形成,主要取决于食物对象的活动习性及其他一些因素。

个体蜥蜴的活动范围很局限。树栖蜥蜴往往只在几株树之间活动。研究过的几种地面活动的蜥蜴中,如多线南蜥等,活动范围平均在1000 m²左右。有的种类还表现出年龄的差异。刚孵出的壁虎多在孵化地水域附近活动,成年后才转移到较远的林中活动。

大多数蜥蜴以动物性食物为主,主要是各种昆虫。壁虎类夜晚活动,以鳞翅目等昆虫为食物。体型较大的蜥蜴如大壁虎蛤蚧,也可以小鸟、其他蜥蜴为食。巨蜥则可吃鱼、蛙甚至捕食小型哺乳动物。也有一部分蜥蜴如鬣蜥以植物性食物为主。由于大多数种类可捕食大量昆虫,蜥蜴在控制害虫方面所起的作用是不可低估的。很多人以为蜥蜴是有毒动物,这是不对的。已知的有毒蜥只有两种,隶属于毒蜥科,且都分布在北美洲及中美洲。

三、蜥蜴尾巴的自截与再生

许多蜥蜴在遭遇敌害或受到严重干扰时,常常把尾巴断掉,断尾不停跳动吸引敌害的注意,自己逃之夭夭。这种现象叫作自截,可认为是一种逃避敌害的保护性适应。自截可在尾巴的任何部位发生。但断尾的地方并不是两个尾椎骨之间的关节处,而是同一椎体中部的特殊软骨横隔处。这种特殊横隔构造在尾椎骨骨化过程中形成,因尾部肌肉强烈收缩而断开。软骨横隔的细胞终生保持胚胎组织的特性,可以不断分化,所以尾断开后又可自该处再生出一新的尾巴。再生尾中没有分节的尾椎骨,而是一根连续的骨棱,鳞片的排列及构造也与原尾巴不同。有时候,尾巴并未完全断掉,于是,软骨横隔自伤处不断分化再生,产生另一条甚至两条尾巴,形成分叉尾的现象。我国壁虎科、蛇蜥科、蜥蜴科及石龙子科的蜥蜴,都有自截与再生能力。

四、蜥蜴的变色与发声

蜥蜴的变色能力很强,特别是避役类,以其善于变色而获得"变色龙"的美名。我国的树蜥与龙蜥多数也有变色能力,其中变色树蜥在阳光照射的干燥地方通身颜色变浅而头颈部发红,当转入阴湿地方后,红色逐渐消失,通身颜色逐渐变暗。蜥蜴的变色是一种非随意的生理行为变化。它与光照的强弱、温度的改变、动物本身的兴奋程度以及个体的健康状况等有关。

大多数蜥蜴不会发声。壁虎类是一个例外,不少种类可以发出洪亮的声音。蛤蚧鸣声数米之外可闻。壁虎的叫声并不是寻偶的表示,可能是一种警戒或占有领域的信号。

五、宠物蜥蜴的品种

(一)鬃狮蜥

中文名:鬃狮蜥。

学名:*Pogona vitticeps*

地理分布:澳洲中、东部内陆。干燥森林及沙漠。

繁殖方式:卵生。每胎可产 11～26 枚卵。

习性:栖息于沙漠等各式各样的环境,半树栖型,日行性。

体形特征:全长约 40 cm,最长可达 49 cm。体型粗大。位于体侧的棘状鳞,生长方位均不尽相同。背部及颈背上覆满棘状鳞。当遭受威胁时,这种蜥蜴会张开嘴及将带刺的咽喉膨大以恐吓对手,其中文名即由此而来(图 7-1)。

食性:以昆虫或植物为食。

图 7-1　鬃狮蜥

(二) 中国石龙子

中文名:中国石龙子。

学名:*Plestiodon chinensis*

地理分布:国内分布于四川、安徽、福建、广东、贵州、海南、香港、湖北、湖南、江苏、江西、上海、台湾、云南、浙江等地。

繁殖方式:卵生。每年 5—7 月繁殖,每次产卵 5～7 枚。卵白色,椭圆球形。多产于石下或草根、树根下的土洞中自然孵化。室内人工孵化期约为 53 天。

习性:生活于低海拔的山区,平原耕作区。活动在树林下和公路旁的落叶杂草丛中及乱石堆间。

体形特征:雄性全长 20～30 cm,雌性全长 18～22 cm,尾长为头体长的 1.5 倍左右(图 7-2)。

食性:以各种昆虫为食,如象鼻虫、鼠妇等,亦吃小蛙、蝌蚪等脊椎动物。

图 7-2　中国石龙子

(三) 瑶山鳄蜥

中文名:瑶山鳄蜥。

学名:*Shinisaurus crocodilurus*

地理分布:广西大瑶山区。

繁殖方式:卵生。

习性:栖息于山地溪流,半水栖型。

体形特征:全长 30～40 cm,头呈纵扁状,尾部与鳄尾酷似(图 7-3)。

食性:以昆虫、蝌蚪、小鱼或蚯蚓为食。

彩图 7-3

图 7-3　瑶山鳄蜥

(四) 新加利多尼亚巨人壁虎

中文名:新加利多尼亚巨人壁虎。

地理分布:新加利多尼亚。

繁殖方式:卵生。

习性:树栖性。

体形特征:一种外形十分吸引人和有趣的夜行壁虎,容易饲养(图 7-4)。

食性:杂食性(植物和动物)。

彩图 7-4

图 7-4　新加利多尼亚巨人壁虎

(五) 犀牛鬣蜥

中文名:犀牛鬣蜥。

学名:*Cyclura cornuta*

地理分布:西印度群岛。

Note

繁殖方式:卵生。每胎可产 20～30 枚卵。孵化 3 个月。

习性:日行性,地栖性。擅长攀木。敌人靠近时,会立刻钻入岩石中躲藏。若无处可躲,会以猛冲的方式逃开。本种为草食性较强的杂食性鬣蜥。在幼体的饲养中以肉食为主。

体形特征:全长 1 m,成体以灰色为底色,具有黑色横纹。在幼年阶段,体色则以绿色为主。此外,尾部覆盖有棘状大型鳞片。鳞列间另有至少 1 列的小型鳞片(图 7-5)。

食性:以果实为食。

图 7-5　犀牛鬣蜥

(六)西部蓝舌蜥

中文名:西部蓝舌蜥。

学名:*Tiliqua occipitalis*

地理分布:澳洲南半部。

繁殖方式:卵生。

习性:栖息于各种干燥环境,地栖型。

体形特征:全长 30～45 cm,头侧前鳞的大小约与其他头侧鳞相当。位于顶间鳞至颈部间,覆有 2～4 列大型的多角状鳞片,体鳞数 38～42 列,外形与细纹蓝舌蜥极为相似(图 7-6)。

食性:以无脊椎动物为食。

图 7-6　西部蓝舌蜥

(七)桃舌蜥

中文名:桃舌蜥。

学名:*Tiliqua gerrardi*

地理分布:澳洲东部海岸。

繁殖方式:卵生。

习性:栖息于湿润森林区或雨林中,但亦有不少个体生活于干燥林内。

体形特征:全长 42～48 cm,颈部略呈蜂腰状,躯体细长,体鳞数 30～34 列。后肢长度为躯干长的 25%～30%,尾部则为躯干长的 110%～140%。幼体舌头略呈蓝色,长至成体后则会转变为桃红色(图 7-7)。

食性:以地表的昆虫或陆栖蜗螺为食。

图 7-7 桃舌蜥

彩图 7-7

(八) 台湾攀蜥

中文名:台湾攀蜥。

别名:台湾龙蜥。

学名:*Japalura swinhonis*。

地理分布:台湾平地至海拔 1500 m 的山区。

繁殖方式:卵生。

食性:以各种小型昆虫及其幼虫为食(图 7-8)。

图 7-8 台湾攀蜥

彩图 7-8

(九) 砂鱼蜥

中文名:砂鱼蜥。

地理分布:北非和中东。

繁殖方式:卵胎生。

习性:地栖性,是很独特的沙漠品种。喜爱挖穴,大部分时间都在沙堆中挖穴,甚至躲在沙堆下享受日照,当猎物走过时,亦会把猎物埋在沙堆下,受惊时,会迅速地窜回沙堆下,因此被称为砂鱼蜥

（图 7-9）。

食性：以多种昆虫等为食。

图 7-9 砂鱼蜥

（十）沙漠鬣蜥

中文名：沙漠鬣蜥。

学名：*Dipsosaurus dorsalis*

地理分布：北美西南部，墨西哥西北部。

繁殖方式：卵生。6—8 月产卵，每胎可产 3～8 枚卵，8—9 月即可孵化。

习性：栖息于长有矮木或多岩草稀的沙漠地带。地栖性，多生活在地表洞穴附近。日行性，体温偏高。

体形特征：全长 30～40 cm，4—5 月交尾，此时，成体的腹侧部会呈现出粉红色光泽。依产地不同，分成 3 个亚种（图 7-10）。

食性：以草食为主，偶尔也会捕食昆虫。

图 7-10 沙漠鬣蜥

（十一）美洲绿鬣蜥

中文名：美洲绿鬣蜥。

学名：*Iguana iguana*

地理分布：墨西哥到南美洲。河岸的森林。

繁殖方式：卵生。每次产 20～40 枚卵。

习性：雄性美洲绿鬣蜥有非常强的领域性，相遇时会做一些展示动作，如摆动头部及摇晃喉部垂肉，并侧对着对手，且站高一点使自己看起来比较强壮。尾巴很长，可用来当防御的武器，游泳时可推动身体，以及躲避敌害（被抓时尾巴会脱落）。

体形特征：美洲绿鬣蜥是世界上广为人知的蜥蜴。幼体体色为亮绿色夹杂蓝色的花纹，等成熟后，体色会变暗淡。优势的雄性会展现出亮橙色的前肢和淡色的头。有 2 个亚种，一种是中美洲绿鬣蜥，其吻端有类似角的小突出物；另一种是南美洲绿鬣蜥，其吻端没有突出物（图 7-11）。

食性：成体以草食为主，幼体及亚成体以昆虫为主。

图 7-11　美洲绿鬣蜥

彩图 7-11

任务二　宠物蜥蜴的选购

一、养殖用具准备

（一）饲养器皿

想养好宠物蜥蜴，就要给宠物蜥蜴提供良好的生活环境，其中饲养容器是最基本的。一般养宠物蜥蜴的容器可为玻璃缸、塑料盒、亚克力盒、聚氯乙烯箱以及木质箱体。①玻璃缸的优点：透明度高，相对耐热。缺点：重，不保温，易碎。②塑料盒的优点：价格低，轻，携带方便。缺点：透明度低，不耐热，空间狭小，只适合体型较小的宠物蜥蜴的饲养。③亚克力盒的优点：透明度高，轻。缺点：容易有刮痕，不美观。④聚氯乙烯箱的优点：轻，热量散失速度慢。缺点：质地较软。⑤木质箱体包括杉木箱、免漆板箱和橡木箱，其中杉木箱的价格较低、较轻、不易碎、保温较好等特点使其成为最常见的饲养容器。市面上出售的杉木箱的尺寸（长×宽×高）一般是 60 cm×40 cm×40 cm、80 cm×40 cm×40 cm、120 cm×60 cm×60 cm，这些尺寸基本可以满足大部分宠物蜥蜴的饲养，一些体型较大而需要饲养空间较大的品种，可以直接让商家定做适合尺寸的爬虫箱。宠物蜥蜴饲养垫材一般有沙子、杨树木屑、树皮、石子、椰土、报纸、人工草皮和合成材料。其中沙子、杨树木屑、石子、椰土、树皮因粉尘较大，排泄物不容易清理，易造成误食，所以不推荐使用。人工饲养环境下，一般以报纸和合成材料作为垫材者居多。它的优点是成本低、清理方便，相对其他垫材而言，不会滋生细菌，所以推荐使用。

（二）饲养用具

水盆、食盆、攀爬物是必不可少的。水盆、食盆的材料一般有玻璃、陶瓷、塑料、树脂。其中树脂材料价格较高且内壁不光滑、不易清理,所以推荐选用其他材料。水盆尽量选择较重的材质,不容易被宠物蜥蜴打翻,水盆的深浅主要由宠物蜥蜴个体大小和品种来决定。方便的话再放置一个供宠物蜥蜴躲藏、休息的窝。灯具也是不能缺少的,绝大多数宠物蜥蜴需要较多的光照以便辅助自身吸收钙质和消化食物。灯具主要有 UVA 灯、UVB 灯、陶瓷灯、夜灯。UVA 灯的主要功能是为宠物蜥蜴提供白天活动和摄食所需要的热量;UVB 灯是为宠物蜥蜴提供可以帮助钙质合成的紫外线;陶瓷灯和夜灯在夜晚为宠物蜥蜴提供热量。陶瓷灯的优点是耐用、不易碎,缺点是温度太高、蒸发水分过快;夜灯的优点是温度合适,缺点是易碎、使用寿命过短。对于需要加温的品种,还要加置增温和控温器材。现在较为常用的加温工具主要有加温灯泡、加热垫(毯)、加热石等。其中带有温度控制器的是首选。

二、宠物蜥蜴的选购

(一)整体外貌

(1)观察皮肤是否干净、整洁、结实、有弹性,有无抓伤或咬伤的痕迹,是否有暗红色或橘红色的斑点,是否有很多皱褶,是否暗淡无光。

(2)观察腹部是否有烫伤的迹象(因为用底部加温器很容易造成烫伤),腹部有没有沾有粪便或其他脏物。通常有脏物的个体是比较体弱或有病的。

(3)观察泄殖孔有没有沾有粪便或尿酸盐(白色物质)。如果有的话,有可能该个体染有寄生虫。

(4)当拨弄它的肢体时,观察是否有反抗。体弱多病的个体的反抗会比较弱。

(5)检查全身是否有肿块、不正常突起,后腿形状是否正常、有无硬结或肿块。硬结可能是骨折,肿块可能是缺钙引起的骨骼病。观察它爬行时体态是否正常,如有无跛脚,四肢是否有力,脚趾和尾巴是否完整,有无缺少或折断。

(二)头和五官

(1)观察眼睛有无朦胧,是否眼水多,有无沉淀物。

(2)观察鼻子是否有黏液,是否流鼻水。

(3)观察口腔内部是否呈苍白色或暗红色,上下腭和舌头是否有不正常的斑点,下腭两边是否一样大。

任务三　宠物蜥蜴的饲养管理

一、豹纹守宫

(一)外貌特征

豹纹守宫幼体身上分布着不规则的紫褐色和黄色条纹,随着年龄增长,深色条纹会分散成很多斑点,底色亮黄,因而得名豹纹守宫。现在很多人培育出各种品系,其中不乏颜色艳丽的,所以豹纹守宫是基因突变的物种(图 7-12)。

(二)生活习性

豹纹守宫是夜行性守宫,白天大多藏在岩缝中,入夜后出来觅食,豹纹守宫会捕食小型昆虫,人工饲养可以投喂面包虫和人工养殖的各种蟑螂。豹纹守宫尾巴有自割和再生功能,在遇到捕食者而无法逃脱的情况下会舍弃尾巴,借此分散捕食者注意力,趁机逃之夭夭,这对于它来说并不致命。此后,断尾处血管封闭愈合,然后会再长出新的尾巴,但是新的尾巴比原来的要短一些,所以应该尽量避免在饲养过程中使豹纹守宫感受到威胁。豹纹守宫尾巴里储存脂肪和水,食物短缺时依靠消耗尾巴里储存的物质维持生命,值得注意的是,当豹纹守宫瘦到一定程度,尾巴里的脂肪和水消耗殆尽

图 7-12　豹纹守宫

时,它会拒绝自割行为。

（三）饲养条件

（1）容器　豹纹守宫饲养简单,不需要什么复杂的设备,只要一个躲避处和食盆、水盆就行。一个大号的塑料饲养盒就能够让它使用一生。

（2）食物　喜欢吃活食,杜比亚蟑螂、樱桃红蟑螂、面包虫、蟋蟀等都可以投喂,国外很多养殖场只投喂面包虫就可以把它养得很健康。

（3）补钙　豹纹守宫需要补钙,但是不需要添加维生素 D_3,建议把食物裹上钙粉即可。

（4）打扫　使用 A4 纸当垫材是最简单的。豹纹守宫有在固定地点排泄的习惯,可在它排泄的地点放一张纸巾,发现排泄物就更换。定期清洗水盆、食盆、饲养盒,防止滋生细菌。

二、蛙眼守宫

（一）外貌特征

蛙眼守宫体长 7～10 cm,最长可达 15 cm 以上。淡褐色,分布深色斑点或者条纹。全身覆盖大型鳞片,表皮脆弱,眼睛没有眼睑,耐干旱。生气的时候会摇动尾巴,以示警告。相对于豹纹守宫来说,蛙眼守宫颜色单调很多(图 7-13)。

图 7-13　蛙眼守宫

（二）生活习性

蛙眼守宫是夜行性守宫,栖息于沙漠地带,生活习性和豹纹守宫相同,性情温顺,遇到好奇的东西会用舌头舔舐,遇到危险尾巴同样会自割,但是蛙眼守宫的尾巴没有豹纹守宫那样粗壮。

（三）饲养条件

饲养箱：使用透明亚克力饲养箱，底部铺上爬宠钙沙，可以完全仿野生造景以增加观赏性，饲养环境内放置食盆和水盆。

食物：蛙眼守宫主食昆虫。蟋蟀、蟑螂、面包虫都可以作为主食投喂。

三、绿鬣蜥

（一）外貌特征

绿鬣蜥在幼年期体色是绿色的，成年后大部分个体颜色转为棕色，背上有一排长长的背刺，下巴处有一个鼓膜盘（图7-14）。

彩图 7-14

图 7-14　绿鬣蜥

（二）生活习性

绿鬣蜥是日行性的树栖型蜥蜴，是素食动物。一生大部分时间生活在靠近水源的树冠上，清晨会从躲避的洞穴中爬出来，在树冠上选择一个阳光好的位置恢复体温和状态，然后再开始觅食和进行其他活动。

（三）家庭饲养

（1）饲养箱　绿鬣蜥是树栖型蜥蜴，可以使用杉木箱，但是一定要有高度，还需要放置攀爬用的树枝或者藤条。

（2）垫材　市面上很多垫材可以使用，也可以使用报纸，要注意避免误食。绿鬣蜥是树栖蜥蜴，一般不在地面活动，不使用垫材也可以。

（3）温度　饲养绿鬣蜥需要加热灯加温，白天稳定在 28～32 ℃，晒点温度为 32～38 ℃，夜晚只需要 23～26 ℃ 即可。另外，还需要一个 UVB 灯。

（4）食物　幼年绿鬣蜥会捕食昆虫，成年后则以植物为主，主要投喂富含纤维素的植物，可以偶尔喂水果，但是不能过量。

四、鬃狮蜥

（一）外貌特征

鬃狮蜥全长约 40 cm，最长可达 49 cm，身上覆盖棘状的鳞片。受到威胁时会张开嘴，撑开咽喉处棘状鳞恐吓对手（图7-15）。

（二）生活习性

鬃狮蜥是日行性半树栖型蜥蜴，主要生存在沙漠地区，以昆虫或植物为食。

彩图 7-15

图 7-15 鬃狮蜥

（三）饲养条件

（1）器材 需要一个足够大的平箱，可以接 UVA 灯、UVB 灯和加热灯。在饲养箱内放置一个能够攀爬和休息的沉木，可在饲养箱内形成温度梯度以供其自行选择。

（2）温度 日间 33～38 ℃，夜晚 25～28 ℃，依靠温控器调节温度。

（3）食物 鬃狮蜥可以接受大部分昆虫和蔬菜，不需要过度照顾，但需定期补钙。

复习与思考

1. 怎样挑选适宜的宠物蜥蜴？
2. 蜥蜴的生物学特性有哪些？
3. 简述绿鬃蜥的饲养和管理要点。

实训

实训一 宠物蜥蜴的鉴别

一、实训目的

熟练掌握国内外宠物蜥蜴的种类、名称、外貌特征、性格特点以及饲养要求，能够很好地识别这些宠物蜥蜴种并指出其品种特征。

二、实训材料与工具

丽纹龙蜥、豹纹守宫、高冠变色龙、绿鬃蜥、蛙眼守宫、鬃狮蜥、中国水龙、犀牛鬣蜥、红眼鹰蜥若干，各品种的宠物蜥蜴图片若干，体尺、直尺、电子秤。

三、实训内容与方法

（1）通过图片观察识别宠物蜥蜴的特征，熟练说出常见宠物蜥蜴的归属及外貌特征。

（2）通过实物观察识别宠物蜥蜴的特征是否符合品种标准，主要包括整体外貌、体型、头部、颈部、躯干、四肢、尾巴、表皮、步态和性格等。通过体尺和电子秤测量宠物蜥蜴的体高、体长、四肢长、尾长和体重，把宠物蜥蜴的身体指标量化成数据，使之更为直观，克服靠肉眼观测带来的误差。

①体高：宠物蜥蜴在水平地面以正常姿势站立，头顶到地面的垂直距离。用直尺量取。

②体长：宠物蜥蜴在水平地面以正常姿势站立，鼻尖到尾根的直线距离。用直尺量取。

③四肢长：四肢基部到四肢顶部长度。用直尺测量。

④尾长：尾巴基部到尾尖长度，用于鉴别品种。用直尺测量。

⑤体重:通常带笼子称重,所得重量减去笼子重量即得蜥蜴体重。

四、结果

将结果撰写在实验报告纸上。

实训二　宠物蜥蜴的选购

一、实训目的

正确选购宠物蜥蜴,并能判断其优劣,掌握宠物蜥蜴的选购技巧。

二、实训材料与工具

品种和健康状态不同的宠物蜥蜴若干。

三、实训内容与方法

1. 品种　通过品种识别的方法,判断宠物蜥蜴是哪个品种。了解在宠物市场上该品种宠物蜥蜴的价格。

2. 外貌　健康的蜥蜴鳞片无破损,尾巴末端为尖圆状,爪尖完整。鼻子无异常分泌物,上下腭无奇怪斑点或红疹。

3. 眼睛　在白天,健康的蜥蜴的眼睛明亮有神,眼球会不停地转动以保持警觉并寻找食物。

4. 动作　健康的蜥蜴四肢健全完整,抓握力强,爬行平稳、速度较快,捕食敏捷。

5. 尾巴　健康的蜥蜴睡觉时,尾巴会卷起来或者用力缠绕在树枝上。

6. 精神状态　健康的蜥蜴比较活跃,靠近它或者逗它的时候,它有正常的反应。

四、结果

将结果撰写在实验报告纸上。

主要参考文献

［1］ 徐相亭,秦豪荣. 动物繁殖［M］. 北京:中国农业大学出版社,2008.

［2］ 李艳娟. 家养宠物一本通［M］. 汕头:汕头大学出版社,2014.

［3］ 秦豪荣,吉俊玲. 宠物饲养［M］. 北京:中国农业大学出版社,2008.

［4］ 杨久仙,刘建胜. 宠物营养与食品［M］. 北京:中国农业出版社,2007.

［5］ 李术,田培育. 宠物学概论［M］. 北京:中国农业科学技术出版社,2008.

［6］ 家宠趣多编委会. 世界名犬图鉴［M］. 长春:吉林科学技术出版社,2015.

［7］ 吉俊玲. 威武迷人冷傲独立的松狮犬［M］. 南京:江苏科学技术出版社,2008.

［8］ 刘方玉,廖启顺. 宠物饲养技术［M］.2 版.北京:化学工业出版社,2015.

［9］ 李和国,吴孝杰. 宠物饲养［M］. 北京:中国农业大学出版社,2021.

［10］ 李家瑞. 特种经济动物养殖［M］. 北京:中国农业出版社,2002.

［11］ 李文艺,陈琼. 宠物饲养与保健美容［M］.重庆:重庆大学出版社,2011.

［12］ 王珍珊,王素荣. 宠物饲养［M］. 北京:中国农业大学出版社,2019.